U0203622

植物健康必知，实务操作宝典

花木修剪
基础全书

景观专家 树医 李碧峰 著

河南科学技术出版社
·郑州·

contents

目 录

Chapter 2

修剪必学九堂课

contents

景观树木修剪标准作业流程

十大类植物修剪图解示范

contents

自 序

提升景观美质就从修剪开始

个人有幸出生于园艺世家，自幼即经常目睹彰化田尾的阿公李朝宗氏手持剪刀修剪盆景与花木，于是竹筒厝三合院前的侧柏与七里香绿篱经年方方正正地围塑院前，各色奇花异果亦欣欣向荣结实累累，就连自由奔放生长的九重葛也能像一对和平鸽般地树立门前。儿时的我对于阿公的神乎其技，着实充满了崇敬与仰慕。

家父李重一先生也是园艺景观界的知名前辈，在我尚未接触家族园艺事业前，住在新竹的童年生活印象总是：父亲腰间佩带着剪定铗，在园子里东修修、西剪剪地照顾花草，或拿着圆锹随师傅们到处去挖树或种树，父亲喜爱修剪花木的习惯，延续至今七十余年了，迄今从未改变。

因此，手持剪定铗工作就成为园艺世家的传承象征仪式了，若要说我开始拿剪定铗去修修剪剪的年纪，可从十三岁起在新竹春节花市及假日花市卖花的时候算起；为了销售花木而开始认识、介绍、推广花木的栽培与应用技术，从中也不知不觉地拿起剪刀修剪，无形中也就热爱起园艺、进而玩起景观造园工作，甚至拒绝联招读省中而报考农专、最后就读桃农园艺科，一路从景观设计、施工营造到维护管理、医治树木，展开园艺景观专业工作的生涯。

其间除了向父母亲请教，也遵循父亲书柜里的中、英、日文的诸多专业书籍，依照其中的图解、表格所示进行修剪，然而每每遭到极大的挫败与损失，被我修剪而整死的花花草草也不算少数，而误打误撞创造酒瓶兰多分干树形的奇迹也是在这时发生！最后检讨修剪失败的原因不外乎是：曲解或不解书中的图示说明、或因作业年历与区域环境的不契合、或是地区性的植栽特性之差异。

随着年龄渐长、实务工作经验不断累积，慢慢地也琢磨出一套自家修剪的章法，并经由业务工作演练、记录、编写资料与汇整，而集成了更进一步的技术资料。个人也深刻认知到“整枝修剪”对于提升景观绿美化品质极具重要性，在景观维护管理作业的项目中是属于较高难度、较具技术性、亦是最重要的、更是最能立即展现成果的首要项目，且花木植栽在景观造园的诸多构成元素中，堪称最具生命力与自然美。因植栽种类品项繁多，修剪上要考量配合四季节气的变化与环境风土的限制因素，往往让有心者却步或难以适从。坊间虽有整枝修剪“技术规范”或“图解专辑”，但总是无法完整叙述修剪的各项要领、或是缺乏系统化的介绍与详细说明作业步骤方法，因此就萌生了出版本书的想法。

《花木修剪基础全书》历经了近两年的编辑与校修终于面世，特别要感谢《花草游戏》张淑贞总编辑及其团队的辛劳与协助以及对于品质的坚持，才能使本书呈现系统简明、图文并茂、浅显易懂的特色；同时也感谢内人叶明惠提供给我一个能够专心工作与写作的家庭与生活环境；感谢参与书中实务示范的工作伙伴及摄影师，及大方提供拍摄场地的台北市政府工务局公园路灯管理处、新竹县立文化中心、竹东萧如松艺术园区、峨眉产业文化观光旅游服务中心、峨眉天主堂、新竹县立照门小学、新埔镇五埔里霄里溪自行车道停车场；更要感谢为本书热情推荐的诸位前辈与师长好友。

花木植栽整枝修剪的课题繁多，本书亦难以言尽，故目前汇集成书的成果，也只是一个开始而非总结，个人亦深信：整枝修剪技术将会随着多加运用而更纯熟、精进，谨以此书向所有为园艺景观奉献心力的：我的家人、亲友、工作伙伴与客户致敬，感谢有您！期待我们一同为提升环境景观美质而努力！

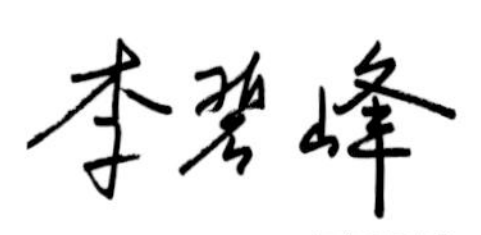

2011.12.08 于新竹

再版序

视树犹亲——善用“自然式修剪”让树木与我们的生活环境共存共荣！

《花木修剪基础全书》在2011年12月初版面市之后，持续受到许多从事园艺景观相关实务的工作者及爱树、护树同好朋友的喜爱与支持鼓励，尤其对于本书的诸多内容也经常给予肯定及意见指教！

经常有人笑称我是妇产科的树医生，因为他们说看了我的书之后，本来的芭乐、西印度樱桃不会生的，现在结果累累；玉兰花不会开的，现在满庭芬芳；阿里山的樱花、校园里的杜鹃无法有花季时，现在可以适时缤纷盛开了；原本玫瑰花要开不开的，现在也可以不时地绽放采摘了。

也有另一些人说我是急救科、整形外科的树医生，因为树倒了、断了、残缺了，经由我的书，或是听过我的课之后，大家就可以好好地的把树木的生命救回来！让树木慢慢恢复生机！也逐渐恢复了树木的健康与美观。

这些读友的赞美、支持与鼓励，都是促成本书可以编辑得更好与再进步的动力来源！所以这本《花木修剪基础全书》能够在持续修改三版后，于新的2016年初夏，让我有想要再一次增加篇幅、大量修改再版的想法。新版《花木修剪基础全书》增加个人五年来的研究心得，盼望可以满足更多读友对我的期待，也能让默默支持我的广大读友真正获益。

树木不论在都市公园绿地及街道中，或是在校园、庭院、乡间村里，都是重要的绿色资源。若能借由“自然式修剪”维持良好的健康与姿态，无形中更能凸显树木的绿美化效果与机能，并且也可以间接有助于环境景观的植栽维护管理更加简便务实。

所以我们呼吁大家重视及推广“自然式修剪”的方法，因为树木修剪得好，不仅可以让树木拥有自然原树形的姿态，且能兼顾树体结构的均衡分布发展与健康发育，更可以降低病虫害而减少药剂使用。除此之外，还能减低风阻以防风灾断折、适度调节养分而促进开花结果、避免养分消耗而减少肥料施用、维持树形美观而获得最佳观赏效果等，有诸多效益。

然而，一直以来社会上也充斥着部分错误的修剪观念与做法，像是认为树木不断长高会被台风吹倒，因此就以“截顶打梢”的剃光头方式大幅强剪，变成了电线杆树，之后就长成像扫把树一般！其实，这样不仅伤害树木的生命，而且依然没有改善与解决问题；

再者，许多修剪下刀的位置与角度不够精准到位，以致修得愈多，伤口愈多！严重时伤口甚至会无法顺利愈合或是愈合不良，而感染腐朽菌或遭受白蚁类危害，最终让树木走上生长不良或是死亡之路。所以针对不当观念的厘清，是增订版《花木修剪基础全书》必须加以导正之处。

近年来，各级政府机关单位已逐渐重视树木修剪的课题，也经常进行相关规范修订编制、职业教育训练、技术研习观摩等活动。因此需要重视如何落实相关的实务工作教育训练，如何让人明白个中十二不良枝判定、疏删W判定、短截V判定的三部曲修剪方式，如何使人认识“自脊线到领环外移下刀”的重要性，这些基本技巧都攸关公园绿地、行道树的修剪与维护管理成效。所以如何强化这些技术做法的精进与落实，也是增订版《花木修剪基础全书》多加着墨的地方。

或许大家所重视的修剪相关课题并非只有以上这些，而我也尽可能地为大家着想那些实际会面临到的课题，在这次增修新版中多多增加详图、照片或说明补充，以求大家借由本书有更充分的理解，并且有更多的认知与讨论。

其实，修剪树木的技术并不难！一学即会！但是却难在其修剪的心态与观念判断！所以说：修剪之道存乎于心。心态对了自然修树就会正确！如果我们都可以“视树犹亲”——把树木当作亲人般来对待与关怀，并且使用“自然式修剪”工法，这样就可以让树木与我们的生活环境共存共荣！也为我们所生活的环境空间，在未来增加更多的历史与记忆、创造更多“珍贵老树”的“场所精神”空间。

这本增订版《花木修剪基础全书》的编辑、校对、修正等繁杂工作，特别要感谢麦浩斯《花草游戏》张淑贞总编辑及其团队的辛劳与协助！因为大家对于品质的坚持，才能使本书能够再度呈现系统简明、图文并茂、浅显易懂的特色。

在此我也要很诚挚地再次感谢为本书热情推荐的诸位业界前辈与师长好友，在您的支持鼓励与督促鞭策之下，让我更加成长，并且不敢松懈地前进。

谨以本书向所有爱树、护树、修树、移树、种树、养树及奉献心力的家人、朋友、工作伙伴与客户致敬，感谢有您，才能成就今天的美丽成果！

期待我们共同为提升环境景观美质而坚持与努力！

也要继续“视树犹亲”，用“自然式修剪”让树木与我们的生活环境共存共荣！

2016.06.01 于新竹

Chapter 1
修剪问题一箩筐

Q 01

公园里的花木一定要修剪吗?

有一次我在某个植物园区进行修剪课程的示范教学，不料却有民众因此拍照投诉表示：应该尊重自然，所以主张植物园的树木不应该修剪。为此，植物园区的管理单位也特别召开会议，邀集专家学者与我一同集思广益，要给民众一个回应。

我个人的回应是：景观植栽毕竟和森林植物是不一样的，景观园艺植栽是需要适当地采取整枝修剪等维护管理措施，所以修剪是否正确极为重要。

后来经过数月，经由我示范修剪的那些树木，因为学员们修剪下刀的位置都很正确，所以后续它们的生长势和成长状况都较之前有所改观。

自然森林中的花草树木因为未受人类的干扰与破坏，因此可以任其自然成长，或茁壮或进行生态演替的消长，所以无需进行修剪与维护管理，反而更需要加以自然保育与生态保护。

但在人类居住的城乡环境里，我们为了应用景观植栽达到绿化美化的功效，所培育栽种的花木皆是属于人为培育选拔，因此若放任生长，则可能会导致杂乱无章、景观不良，所以定期与适度地进行花木修剪，绝对是园艺景观维护管理的重要工作。

这棵小叶榄仁未维护修剪前失去了原树形该有的层次感。

修剪后恢复层次分明的树形，是不是也比较健康又漂亮呢？

修剪花木有什么好处?

修剪花木是庭园景观维护管理的重要作业项目之一，透过整枝修剪可以使景观面貌有非常大的改变与立即可见的成效。

花木修剪可以调节植栽的生长势（常简称为树势）、防止徒长，进而可使营养集中、促进开花结果，也能使植栽的造型更有美感而增加其观赏价值，并改善植栽美学的表现，使景观环境空间更加协调。此外，还能增进植栽的正常生长，并减少非正常性的落叶落花落果量，减少病虫害，促使植栽更健康。

花木植栽应该多久修剪一次呢?

某小学校长找我去看一下校园里的杜鹃为何一直都不开花，经我察看后发现：平户杜鹃的枝叶茂密、造型优美，可以说是修剪得非常专业。但问题出在修剪得太勤了，每个月都仔细地进行修剪，因此杜鹃需要半年花芽分化的顶芽就一直被剪掉，当然就一直不开花了。因此我向校长建议，请校工平时对杜鹃别太认真，每年只需在花开后的一个月即在 3~5 月间修剪造型即可。校长接受了我的建议，果然，学校里的杜鹃就年年盛开了。至于花木植栽应该多久修剪一次，这个问题就好像是问一个人的头发应该多久要剪一次一样没有正确答案，因为花木的修剪时间，会因植物的品种特性而有所区别，也需要视其栽培的目的及需求进行调整。有关强剪可参考 **P.64**“十大类 500 种植栽强剪适期速查表”。

要让植物正常开花，和修剪有关系吗？

我曾经承接某研究院区的景观维护管理工作，接手时正是八月。我把庭园绿地中的日本小叶女贞绿篱，由过去十年习惯的边角弧度从直角修剪成倒圆角，之后若遇有徒长枝叶就每个月巡剪一次，结果到了隔年四月间就开满了雪白的花，其实这次修剪能促使开花的原理很简单，答案就是"增加日照量"。原来过去绿篱的边角弧度呈直角，使得侧边枝叶的"受日照量"较少，当修剪成倒圆角之后，增加了侧边枝叶的日照量，使光合作用的自营糖分的蓄积增加；再者利用定期修剪徒长枝来减少植栽养分的无谓消耗，并使养分分配更加合理，因此就能正常开花了。

女贞绿篱修剪前的边缘为方角。

女贞绿篱边角修剪为倒圆角。

绿篱边角修成倒圆角后，因增加日照量而促进开花。

想让植栽长大或长不大，可以靠修剪来控制吗？

我从小就在假日花市工作，有一天隔壁摊位来了专卖盆景的林师傅，他的摊位里陈列着各式各样的盆栽，仔细一看都是我认识的黑松、杜鹃、榉木、榔榆、枫香、黄槿、福建茶、状元红，但是为何栽培数十年的盆栽还是个头那么小？当时年纪小的我心中充满了疑惑，直到后来才知道答案就在于"修剪"！

其实，修剪可以使植栽长大或长不大。比方我们常见的造型绿篱或是百年盆景，就是利用修剪来控制植栽树体的大小，专业上我们称为"抑制修剪"；反之，也可以顺其生理特性进行"促成修剪"，那么它就会愈长愈高大，或愈长愈宽大。

三十年树龄的小叶榕盆景经过不断修剪并配合换盆，可使形体成长受到抑制。

同样三十年树龄的小叶榕，在没有经过抑制修剪的情况下可以长成非常高大的树木。

Q 06

果树不结果，可以利用修剪改善吗？

有一天，好友突然来找我去看他家院子里的芭乐，因为种了近十年都不太会结果，要不然就是只结了一点点果实就掉光光，但枝叶却非常茂密。

我的改善做法是这样的，除了以“十二不良枝判定”**(P.90)** 修剪之外，我进一步按“7~11 剪定法”**(P.252)** 进行处理；也就是将芭乐的枝叶末梢加以辨认是“弱枝”（枝叶少于十个节者）还是“强枝”（枝叶有十个节以上者），如果是弱枝就仅留存 7~9 个节后进行摘心剪除，如果是强枝就仅留存 9~11 个节后进行摘心剪除，也就是“弱枝留 7~9 节、强枝留 9~11 节剪定”，经我修剪，一个月后芭乐就开始开花结果了。

为何修剪后就会结果呢？其实道理就在于改善“营养分配”，剪掉不必要的枝叶，减少不必要的养分与水分的消耗，让植物把营养输送到可以花芽分化的部位。除了剪枝之外，我们也可以运用摘蕾、摘花、摘叶来改善花木植栽的开花或结果 **(P.31)**。

修剪前，芭乐枝叶茂盛但不结果。

芭乐进行“7~11 剪定法”后的情况。

修剪后的芭乐枝条 7~11 节处即能开花结果。

Q 07

罹患褐根腐病的树木，可以用修剪来改善吗？

有一位住在郊区别墅的客户打电话给我，要我去查看罹患褐根腐病的树木是不是还有得救，我诊断确认已达约 90% 以上几近死亡的程度，虽然我建议他一定要砍伐以免倒伏伤人或因接触性传染影响到邻近的植栽，但是客户认为这棵树非常具有纪念性而舍不得砍掉。当然最后在我的劝说下还是砍掉了，不过他这种舍不得砍的感觉，相信很多人都有，尤其是对于老树有更多的不舍。

树木褐根腐病是由病菌引起的树木快速萎凋病。初期表现为：茎干基部有褐色斑，或全株枝叶呈现黄化萎凋状，或根部组织出现白色木塞化，一旦有这些症状时，约经 1~3 个月就会渐渐枯死。每当树木枝叶部位出现明显可辨的黄化萎凋症状时，其实根部已有 80% 以上受到损害，此时再做防治工作亦属为时已晚了。直到目前为止，仍没有有效的杀菌药剂被官方推荐用于防治上。

因此罹患褐根腐病的树木修剪作业的重点应该是“砍伐锯除”树体以避免倒伏伤人，原植宿土应做土壤熏蒸消毒作业。至于修剪下来的树干、枝条也切勿任意丢弃、乱倒于山林荒地或溪床，也不可以碎木机处理后作为堆肥或铺盖材料，而是必须要运到各县市最终垃圾掩埋场或焚化炉处理，以免散布病源而使褐根腐病传播泛滥。此外，修剪或作业后的器械工具也应该进行消毒。可使用三泰芬、三得芬、待克利、护矽得等稀释药液，喷布工作环境范围及进行器械之消毒。

树木罹患褐根腐病的外观症状之一：
全株枝叶呈黄化萎凋状，即使在无风状态下也会倒伏。

树木罹患褐根腐病的外观症状之二：
茎干基部有褐色斑。

树木罹患褐根腐病的外观症状之三：
根部组织出现白色网纹状木塞化。

Q08

台风来临前夕一定要做树木修剪吗?

某一个台风季前，我接到某大学总务主管电话询问："台风来临前，该不该事先修剪树木？"于是我抽空前往检查后发现：这些植栽树种大都是属于"热带常绿及落叶性阔叶乔木"，也就是生长快速、生性强健、枝干材质疏松而较脆，基本上这样的植栽品种并不太适合用于公共空间的景观，因为每逢台风，枝干断折或歪斜、倒伏是常有的事。

我的建议是：凡是有以下状况，可在台风前预先进行修剪防范：

1.枝叶生长茂密、风阻较大而易受强风吹袭，有倒伏之虞

小叶榕经过"疏删修剪"之后，能减低风阻、降低重心，可避免台风吹袭时断折或倒伏。

2.树木枝条过于偏斜生长而伸长，造成比例失衡，若遇有风吹即会晃动

樟树因枝条过于伸长，比例失衡，建议短截改善。

3.树木明显在外观上头重脚轻，整体重心偏高

树木重心太高而有头重脚轻的情况时，可以留存新枝进行"造枝"改善。

树木风灾后“**断梢修剪**”作业要领

清除断裂干梢 检视树体结构

先将树市干梢的断折、裂开之部位，予以修剪切除。
再检视树市的主干、主枝、次主枝（结构枝），甚至可以评估考量到分枝、次分枝等是否均衡对称，借以评估是否实施“结构性修剪”或“不良枝修剪”。

评估进行 结构性修剪

结构枝不对称时，则须配合结构枝的各分枝数量、位置及长度进行“结构性”整枝修剪以达成树体结构均衡，由于此属“强剪”，因此损伤严重者，修剪后的枝叶可能所剩不多，因此必须有长时间来养成枝条，才能恢复茂盛的旧观。

枝条树干 修剪处理

可分别视断梢情况以“自脊线到领环”“自上脊线到下脊线”“自脊线 45 度”的角度下刀方式处理好断梢伤口。

直立断梢 修剪处理

直立树干断梢或枯干可先以吊车将其吊挂之后，再以“伐市四刀”（口诀：倒向斜切→平切取市→对中锯倒→处理干头）的方式修剪，以维护作业期间的安全。

涂布伤口 保护药剂

较大伤口（直径大于 3 cm）建议涂布伤口保护药剂，以三泰芬稀释液拌入石灰粉调合，再加入颜料调色后即可涂布使用。

场地清洁善后

工作完成之后可以吹叶机或相关清洁工具清洁打扫现场。

移植树木一定要将枝叶修剪光光吗?

其实移植前是不应该将枝叶修剪光光的。正确的方法是仅去除部分的老叶和初萌发的嫩芽与新叶，且需留下成熟青壮的叶片。若是将枝叶砍光光或是轻率地剪光光，就算是修剪过头了，这都不恰当，也会造成景观品质的低落。

X

移植前的不当修剪，将造成移植后的品质不佳。

叶部的水分蒸散量占整个树体约 70%，枝干部分的水分蒸散量占约 20%，根球部的水分蒸散量则占约 10%。移植树木时常常需要将根球部挖掘成球状体，根部一旦被切断了，也就暂时无法吸收来自土壤中的水分与养分，也因此无法输送供应给茎叶部位，进而会造成植栽干枝。

所以进行移植时，应该先将老叶及嫩芽部位进行剪除或用手摘除，以减免水分的过度蒸散，这样的做法在专业上称为“补偿修剪”，此将有利于树木的移植成活率。移植除了注意补偿修剪技术外，也要配合移植适期，而植栽的移植适期也等同于强剪适期，这部分请参阅 **P.64**“十大类 500 种植栽强剪适期速查表”。

一个月后

移植前若能适当进行补偿修剪，将有利于原形树移植的成活率。

下雨天，适合移植树木或进行修剪吗？

除非情况紧急需要抢救，否则不要在下雨天进行树木移植或修剪工作。

我的建议是：除非是情况非常紧急，例如：台风后的树木倒伏、断折等需要抢救，或是落叶性植物在休眠期的阴雨天期间，否则在一般情况下，尽量不要在下雨天进行树木移植或进行修剪工作。

修剪后极易流出乳汁的植栽（例如：大花缅栀）极不适合在下雨天进行移植或修剪。

下雨天不管是进行移植或是修剪作业，往往也需要进行高空作业，需要乘坐高空作业吊车或是攀爬铝梯或站立高处，湿滑的工作场所容易引发危险意外，所以下雨天应该暂停作业以确保安全。

至于植栽本身是否适合在下雨天移植或修剪，不同的植栽因特性不同而有所差异，例如：温带落叶性植栽的桃、李、梅、樱花、枫，或是杜鹃、山茶科植栽就很适合；但是热带落叶性植栽，例如：木棉、刺桐就非常忌讳在下雨天进行移植及修剪；此外，常绿针叶性植栽，例如：松、柏、杉科植栽，以及会流乳汁的植栽，例如：桑科榕属的榕树类，大戟科植栽的乌桕、变叶木、圣诞红、非洲红，夹竹桃科的黑板树、大花缅栀、夹竹桃，也非常不适合在下雨天进行移植及修剪。

Q 11

龙柏可以修剪吗？修剪后会死掉吗？

有一年九月我受邀到某机关单位查看龙柏生长不良的情况，当时的龙柏因为希望要有圆锥形的造型，因此在夏季六七月间进行造型修剪，结果就是因为强剪适期不对，导致枯黄叶红，整株病恹恹，并有植株枯死。

如果当时是选择冬天约十二月至一月间强剪，命运就不一样了：冬季冷锋来临后的低温时期，树脂开始停止流动后到春季气温回升后的萌芽前之“休眠期间”为最佳适期；并且修剪时应留意不要使枝条剪成无叶状态的“裸枝”，而是要使枝条末端一定有叶子，如此才能避免枯干枝条与枯死的发生。

修剪下刀也应该与阔叶乔木有所不同，应于“脊线到领环”的连线“外移约等同枝条粗细”的位置下刀，待一年后再进行“贴切”，如此才不会形成树洞而损及树木的健康。

龙柏因为在非适期的夏季进行强剪，所以造成生长势衰弱甚至死亡。

松柏杉类移植或修剪时，应避免强剪成“裸枝”状态，以免造成枯枝或枯死。

简单来说，如果不会影响植栽的主要茎干结构部位，就随时可以进行修剪，专业上称为“弱剪”；若修剪幅度较大甚至动到主要茎干结构部位，则必须选择植物的休眠期（树脂停止流动或落叶后至萌芽前）或生长旺季（末梢萌芽期间），专业上称为“强剪适期”（请参考 **P.64**“十大类 500 种植栽强剪适期速查表”）。只要在修剪时考虑修剪的强弱程度，遵守“弱剪随时可以剪，强剪要适期”这样的原则，那么花木修剪后就不会妨害植栽的健康与成长，当然也就不用担心花木会死掉。

Q12

树木一直长高，长太高真的不会倒吗？

不同的树木种类有其不同的树形与生长高度，因此常将长得较高大且具有明显主干的木本植物，在性状分类上称为“乔木类”；而长得较矮小且不具有明显主干的木本植物就称为“灌木类”。以上这两类还可细分为：大乔木、小乔木，大灌木、小灌木等。乔木类植物一定会长高，因为这是它的天性与特点。

然而，树木一直长高，长太高不会倒吗？

其实生长在大自然里的乔木类植物，并不会有长太高而倒伏的情况发生，因为树木要长多高，有自己独到而准确的考量，它会依据植栽基盘的良莠、日照量及日照方向、风力的强弱等条件，而产生对应的生长性状表现。

像是靠近建筑物旁的行道树，时间一久就会呈现“偏斜生长”的主干略微弯曲的情况；而种植在中庭花园或巷弄里的树木，也会有一段时期先呈现树木快速“徒长”的情况，等到时间一久才趋于稳定成长。

假设今天有一片公园绿地，周边为两层楼住宅所环绕，那么公园里的树木也大都长到两三层楼高度后就不太会长高了。可是一旦都市逐渐更新盖起高楼，公园周围原有的两层楼建物也逐渐加高至四到六层楼时，这时候树木便会随之继续“徒长”，直到长高到四到六层楼时，生长才会逐渐趋缓而稳定地慢慢成长。

因此树木之所以会长高，也是植物依其树种特性及环境风土特性而来的一项本能表现。换句话说，树木会依据生长环境里的日照量、气候等风土条件来决定要长多高、或是长到多高。

靠近建筑物旁的行道树，常会呈现“偏斜生长”的情况，因此应加强树冠内部的“疏删”修剪。

树木会依据生长环境里的日照量、气候等风土条件来决定要长多高，如果强制降低其高度，反而会损害树木的生命。

所以，我们其实不必杞人忧天来烦恼这些树木长太高会断掉该怎么办？长太宽会断折该怎么办？因为，一株树会长多高不是由我们来决定的，而是要由树木自己去决定。

那么什么样的情况下，树木长太高才会倒掉呢？一般而言，如果树木有以下的情况时，长得太高就容易倒掉！

判断树木容易断落倒伏的评估要点

1. 先驱树种树形高大时，在树龄老化的状态下，由于已经濒临生命终期，因此随着愈长愈高大，其断落倒伏的风险也会日渐趋增。
2. 树木直立高大，但是其“树体重心”却太高，以致有“头重脚轻”易倒伏状态。
3. 树木的树冠范围与树高相比太小，也就是产生树冠的“活冠比”不足（低于60%）的情况。
4. 树木主要的枝条树干上有病虫害的侵害，以致树体结构枝上有损伤不良的情况。
5. 树木长久未修剪，致使树冠内部枝叶茂密，风阻较大，若遇强烈风力吹袭，则易有断落倒伏的风险与灾害。

因此，透过适当的不良枝判定修剪及疏删 W 判定修剪、短截 V 判定修剪，即使一棵树长得再高，也不用担心它会倒下来！

靠近建筑物旁的行道树，常会呈现“偏斜生长”的情况，目前“偏斜稳定”已有近十年，因此暂时无倾倒之虞。

菩提树经过不当的截顶打梢而产生树冠“活冠比”不良（低于60%）的情况，但是却没有断落倒伏之虞。

树木长太高要怎么剪呢？可以剪多短呢？

出国洽商或观光旅游时，有很多让人印象深刻的高大树木，例如：日本东京表参道与代官山的榉木，新加坡乌节路的印度紫檀与雨豆树，或是法国巴黎香榭大道的法国梧桐，都已成为时尚流行、极具美感的街景代表作。

但遗憾的是，我们这里的行道树往往由于人们担心植栽太高大，以致随意或强制地“砍头”或“剃光头”，我们很难联想有哪一条道路有种什么代表性的行道树。

树木如果长得太高需要降低树木的高度，该如何修剪？可以一次剪多短？或是至少要留下多高？

我的建议是：应该依照树木原本生长的树形（意即：树木生长原形或原生树形）来计划修剪造型，每次可先将末梢一至三年生的枝叶剪除，若不足再将“树冠V字低点连线”以外的枝叶剪除。

修剪完成时
台北市仁爱路与建国南路口的小叶榄仁，采取保有顶梢、维持自然高度的修剪完成后之情况。

一年后景况
前述的小叶榄仁经修剪完成一年后，后续成长状态极佳。

两年后景况
小叶榄仁经修剪完成两年后，至今历经数次台风仍然屹立不倒、挺拔盎然。

三年后景况
小叶榄仁经修剪完成三年后，顶梢略显密集，但仍保有其自然树形。

注：本案例于五年后的2014.05.18，再度进行相同模式的修剪。

Q14

可以每次都修剪在同一位置上吗？

进行花木修剪时，应避免每次都剪在同一位置上。

每次都重复在同一位置上修剪，将会使花木修剪的伤口因为愈合组织的不断增生形成树瘤结头状的不雅之态，并令整体树势不断衰弱，对于植栽是一种很不健康的做法。

在日本经常可看到行道树经由惯性而统一的每次修剪在同一位置上的管理模式，虽然维持了都市景观的一致性与整齐性，却对于树木的生理造成极大干扰与抑制，树形也会渐渐呈现不自然的状态。树木在修剪后的伤口，会因为树木表皮的环状细胞渐渐累积，顺由领环而向上到达脊线后，呈现向内包覆的愈合作用，最后能使伤口完全愈合。而这一切过程都需要时间，也因为不同的树种与环境，其愈合组织的能力强弱不同，就会有不同的愈合时间。

因此假如在伤口组织尚未愈合的情况下，又重复在同一位置进行修剪，不仅前次愈合情况会受到影响，也会使伤口更加难以愈合完全。

菩提树因为重复修剪在同一位置上，而使其伤口呈现树瘤结头状的不雅之态。（图片提供 / 苏珮淳）

日本东京的行道树经由惯性而统一的在同一位置上的修剪，多见树枝有树瘤结头状的样貌。

尤其是一些愈合组织薄弱的树种，例如樱花类植栽，就应避免进行较大枝条部位的修剪，以免伤口太大而不会愈合，导致腐朽菌或蚁类的危害。

因此日本有句谚语，意为："宁可修梅，不可修樱"，或译为："修樱花的是傻瓜，不修梅花的也是傻瓜！"。意指梅花分枝生长快速而繁多，因此须多加修剪控制，才能形成短果枝以利开花结果；而樱花因为愈合组织薄弱，如果多加修剪，其伤口较难以愈合，不仅会影响健康也会妨碍外观的美感，因此樱花仅能在小苗时期注重整枝造型，不宜在成树之后修剪过重、或重复修剪在同一位置，否则将难以保持树形的美观。

樱花的愈合组织薄弱，因此不正确的下刀或强剪将使大小伤口都难以愈合。

植栽若遭受不当的强剪“剃光头”后，应该如何补救？

有一年初冬之际的十一月间，某报社记者找我去看公园里一群被“剃光头”的榕树，记者问我：“这么丑的样子可以恢复美观吗？应该如何补救？”

其实每一种植物恢复树势美观的能力都不一样，必须考量植栽树种特性、环境风土及基盘条件等综合因素，才能合理地评估判定。例如像榕树一样的热带常绿性阔叶植物，其生长旺季是在清明到中秋之间，因此在初冬的十一月间遭受严重的不当强剪“剃光头”，会因为后续持续低温的冬天来临，而使得所萌出多数幼嫩的新芽遭受寒害，而影响树木的后续生长势，并遭到病虫害的侵犯。

我曾实际追踪观察某大学的一群榕树在遭受严重的截顶打梢后，除了外形已不具美观之外，其修剪的伤口末梢在初期也会萌生许多新芽，经过五年间的追踪记录比对，可发现：新芽形成新的枝条之后，其枝叶由于过于茂密而阻断了树冠内部的采光与通风，并有严重的病虫害发生，整体外观也无美感可言。

公园里的榕树在初冬遭受“剃光头”，以为可以很久不必再修剪，比较省事，但其实并不会，而且会有损树木的生长势。

修剪两个月后

某大学的榕树群遭受严重的截顶打梢后并不美观，末梢初期也会萌生许多新芽。

修剪五年后

前述榕树截顶打梢五年后：因新芽形成枝干枝叶过于茂密，阻断树冠内部采光通风，且有病虫害发生，整体景观美感亦不佳。

所以树木一旦遇到截顶、打梢“剃光头”的情况时，可在之后的每一到三个月持续进行一次“疏芽疏枝作业”，以此作业逐步“疏芽”“疏枝”而“造枝”，让被截除的干头末梢部位能够仅留一至三枝的适当疏密度，使其合理地进行枝序的分布，如此才能改善顶端萌生多枝的弊害。

截顶打梢后“疏芽疏枝”修剪作业图

适用情况：遭受风灾断梢后，遭受不当截顶修剪后

1.修剪时若遇有脊线而无领环时，应优先选择自“上分枝脊线”到“下分枝脊线”为角度下刀。或次择自脊线以45~60度为角度下刀。

2.修剪后的大型伤口部位会萌发大量不定芽。

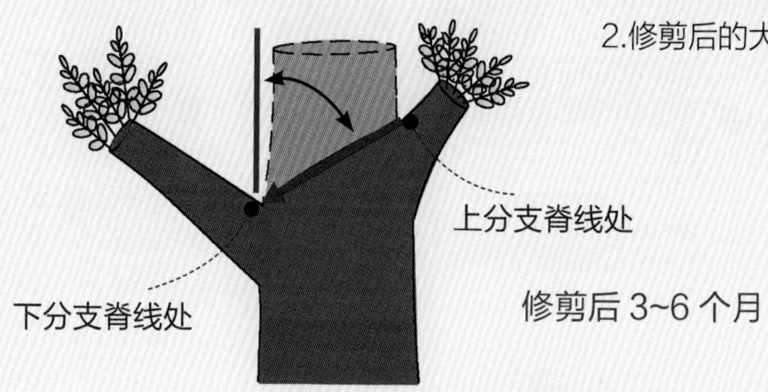

修剪后 3~6 个月

3.疏芽后视植栽品种约于3~6个月后，持续以“疏删修剪”的方式进行“疏芽”。

4.原则上须视每一切口末端的大小，逐次“疏芽”后仅留下3~5枝。

造新枝方向

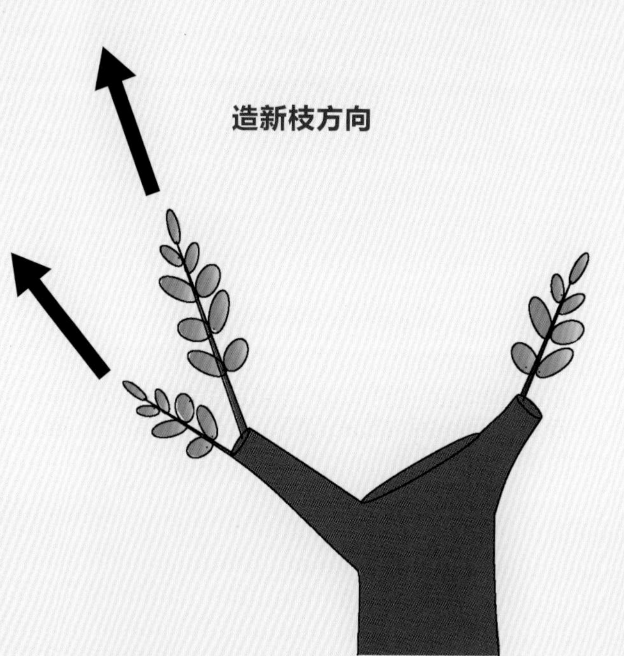

疏芽后再 3~6 个月

5.疏芽后视植栽品种于3~6个月后，须再次进行“疏芽疏枝”，此时可留下1~3枝。

6.如此每逢3~6个月后，须再度进行“疏枝”直至造成新生枝条成熟，与伤口愈合良好即可。

修剪的伤口大小会不会影响愈合？需要多久才能愈合？

到底修剪后的伤口大小，会不会影响愈合，这在学术界和实务界经常有不同看法，有人主张若修剪会造成3cm以上的伤口时，就不应进行修剪作业，否则会使伤口无法愈合、影响树木的健康。更有人极端主张，应该要绝对避免对树木进行修剪，因此完全反对修剪行为。

上述争议其实是担心树木经过修剪，会因伤口无法愈合而影响树木的健康与成长，其出发点可说是一项保护树木的论点，因此也订出修剪树木伤口大小的判定标准，虽说并无不可，然而就笔者实务研究的经验而言，树木修剪的伤口大小与是否能愈合并无直接关系，而是否以自脊线到领环的角度正确下刀，才是修剪伤口能否愈合完全的关键因素。

“监察院”出入口的茄苳修剪后，直径约42cm伤口的愈合情况。

新竹县芎林乡王爷坑二百多年茄苳修剪后，直径约72cm伤口的愈合情况。

台北市民生东路的茄苳行道树修剪后，直径约30cm伤口的愈合情况。

台北植物园的樟树修剪后，直径约31cm伤口的愈合情况。

由此可见：修剪后的伤口大小与愈合是否良好，并无直接的正相关性，反而是修剪下刀的角度与位置能否以自脊线到领环的角度正确下刀，才是影响伤口后续能否愈合的关键因素。

至于修剪后的伤口需要多久才能愈合，同样也要看是哪一种植栽品种，其树种特性、环境风土、基盘条件及维护管理方式等因素。一般而言其愈合都要很长时间才能达成，例如以台北市公训中心的黄脉刺桐（热带落叶性阔叶乔木）修剪为例，其修剪后约8~10cm 的伤口，也需要历经四年才能愈合完全。

因此，我们在修剪时一定要慎重，也千万要按照正确方式施行！

个人也建议在修剪后，若伤口直径大于3cm，仍可考虑涂布“伤口保护药剂”，多一道保护措施，也可多一道避免腐朽菌感染与侵犯的防线。

黄脉刺桐 2007.11.12 进行十二不良枝判定修剪。

约两年后

2009.09.09 观察伤口已在顺利愈合。

约三年后

2010.09.24 伤口已由环状细胞逐渐堆积愈合中。

约四年后

2011.10.07 约 8~10cm 的伤口历经四年，终于愈合完全。

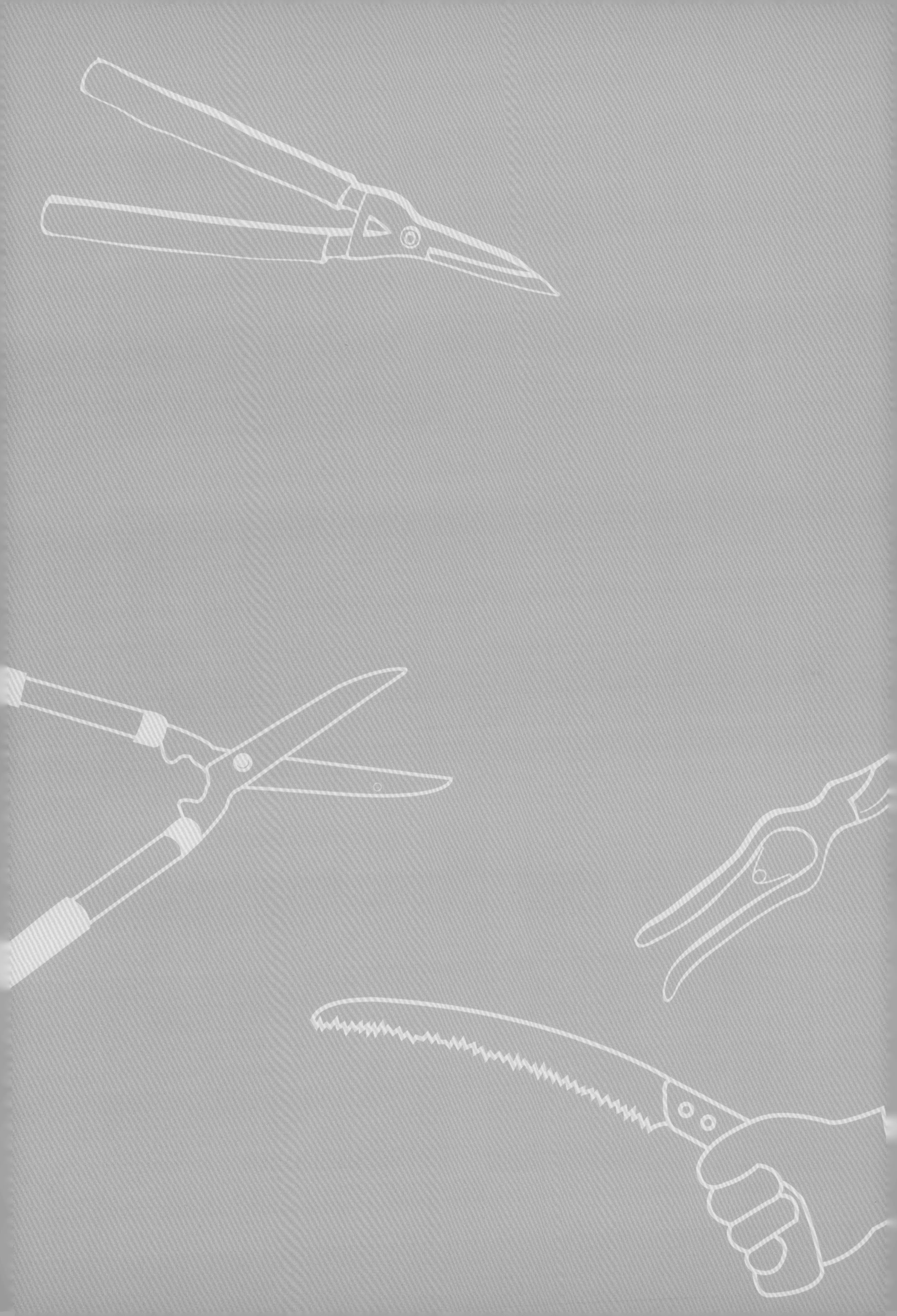

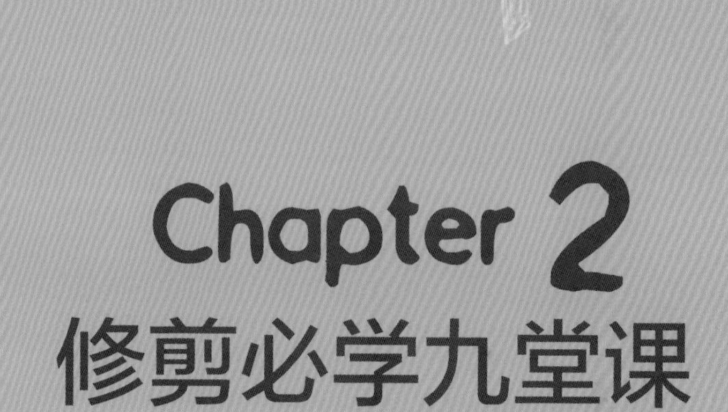

Chapter 2 修剪必学九堂课

一、如何判断花木需要修剪

普遍的民众都知道花木需要修剪，然而最多的问题在于“什么样的状况需要修剪”或者“如何判断花木植栽应该或不应该修剪”。

以下的“20 种常见需要修剪状况一览表”非常实用，可供修剪前依据实际状况参考。

20 种常见需要修剪状况一览表

□ 1. 移植时为了增加树木种植的成活率。
□ 2. 虽然生长茂盛却一直不开花或开花结果不良。
□ 3. 虽然生长茂盛却一直长不大、长不高。
□ 4. 整体树群为了增加整齐度与美观性。
□ 5. 花木有许多枯枝、黄叶或枝叶凌乱。
□ 6. 树冠内部结构分生的十二不良枝很多。
□ 7. 枝叶过于茂密而导致遮蔽及采光、通风不良。
□ 8. 枝干或枝叶已有明显病虫害症状而用药效果不佳。
□ 9. 树木因修剪不当造成伤口无法愈合或已经腐朽。
□ 10. 树木分枝太开张或下垂、偏斜生长严重。
□ 11. 树下太阴暗且草坪无法生长或黄叶落叶量多。
□ 12. 因为长得太高或重心太高太偏而担心倒伏断落。
□ 13. 树木分枝夹角紧密或交叉生长不良。
□ 14. 树木已有很多明显可见的枯干枝现象。
□ 15. 树木主干表面或末梢灾后伤口已经萌发分蘖枝。
□ 16. 树木已有很多悬垂飘移、非联结性的气生须根。
□ 17. 灌木愈长愈高而枝条老化生长势弱，想要更新复壮。
□ 18. 想要恢复树木原有的造型，以增加整齐与美观。
□ 19. 想要改变树木造型，以增加其价值与观赏性。
□ 20. 树木已经枯死，须将病残根体挖除前的前置作业。

注：以上若勾选任何一项，就要考虑修剪。
若勾选两项以上，就应立即修剪。

状况 | 1 移植时为了增加树木种植的成活率。

棋盘脚

状况 | 2 虽然生长茂盛却一直不开花或开花结果不良。

杜鹃

虎头柑

状况 | 3 虽然生长茂盛却一直长不大、长不高。

茄苳

状况 | 4 整体树群为了增加整齐度与美观性。

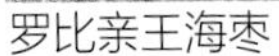
罗比亲王海枣

状况 | 5 花木有许多枯枝、黄叶或枝叶凌乱。

BEFORE

AFTER

马拉巴栗与艳红竹芋

状况 | 6 树冠内部结构分生的十二不良枝很多。

BEFORE

AFTER

台湾栾树

状况 |  枝叶过于茂密而导致遮蔽及采光、通风不良。

BEFORE

AFTER

竹

状况 | 8 枝干或枝叶已有明显病虫害症状而用药效果不佳。

BEFORE

AFTER

小叶榕

状况 | 9 树木因修剪不当造成伤口无法愈合或已经腐朽。

榔榆

状况 | 10 树木分枝太开张或下垂、偏斜生长严重。

大叶雀榕

状况 | 11 树下太阴暗且草坪无法生长或黄叶落叶量多。

印度橡胶树

状况 12 因为长得太高或重心太高太偏而担心倒伏断落。

BEFORE

AFTER

枫香

状况 13 树木分枝夹角紧密或交叉生长不良。

BEFORE

AFTER

交叉枝锯下发现已腐朽。

菲律宾紫檀

状况 | 14 树木已有很多明显可见的枯干枝现象。

西印度樱桃

状况 | 15 树木主干表面或末梢灾后伤口已经萌发分蘖枝。

大叶桉

状况  树木已有很多悬垂飘移、非联结性的气生须根。

印度橡胶树

状况 17 灌木愈长愈高而枝条老化生长势弱，想要更新复壮。

鹅掌藤

状况 | 18 想要恢复树木原有的造型，以增加整齐与美观。

BEFORE

千头木麻黄

AFTER

状况 | 19 想要改变树木造型，以增加其价值与观赏性。

BEFORE

兰屿罗汉松

AFTER

状况 | 20 树木已经枯死，须将病残根体挖除前的前置作业。

BEFORE

台湾山樱花

AFTER

二、花木的美丑要如何判断与评估

“植栽美不美”是项因人而异的主观评断标准！然而就专业实务的角度而言，我们或许可以从植栽给予人们较强烈的观感来看，从“外在美”和“内在美”来评估：

以“乔木类”景观花木为例：

植栽的外在美：也就是树形与树冠的外观轮廓表现，希望“干要正，枝要顺，形要美”。

植栽的内在美：也就是树干与枝叶的分生构造表现，由主干、主枝、次（亚）主枝的“结构枝”部位，能够分生得具有层次而显著。

评估举例

优良组 | 稍微修剪就更完美

此组大致是结构枝分生良好、干正枝顺形美，只需要稍加修饰，就能近乎完美。

台湾栾树：可将树冠两侧较为扩张生长的枝条予以短截修剪，以免植栽持续偏斜生长。

枫香：由于面向日照方向的枝条生长势较强，因此需要将左侧枝条末梢进行短截修剪。

榕树（圆锥造型）：仅需要剪除顶端的优势新芽即可近乎完美。

△ 尚可组 | 修剪与否将影响植栽成长的好坏

此组修剪与否直接影响植栽成长好坏。

小叶榄仁：树冠上部较为优势生长而开张之枝条，应予以短截修剪，但顶梢不可去除。

蒲葵：将下垂超过叶鞘分生处的水平角度修剪假想范围线以下的叶片进行弱剪修除。

✕ 不良组 | 必须耐心用心修剪补救

此组是常见的修剪错误示范，必须更加耐心用心才能补救。

榕树：任意截顶打梢锯除树干，其伤口将无法愈合完全，时间一久会危害树体结构甚至促使树木死亡。

枫香：中央领导主干遭受截顶打梢后会导致侧枝分生旺盛开张，故须疏枝及短截进行结构性修剪来改善。

小叶榄仁：中央领导主干的顶梢受损时会导致侧枝分生较为旺盛现象，故应将各侧枝末端短截修剪，并等待新的顶梢萌生。

三、修剪前，应先确认八大目的

在每次进行花木修剪作业前，须先了解植栽树种的生长与生理特性，并根据植栽在环境中的用途或是栽培目的，或是未来所要表现的景观面貌等因素，决定植栽修剪作业的方式。因此我们应先确认此次花木修剪作业之目的。

依照花木修剪作业之目的不同，分为以下八项修剪方式：

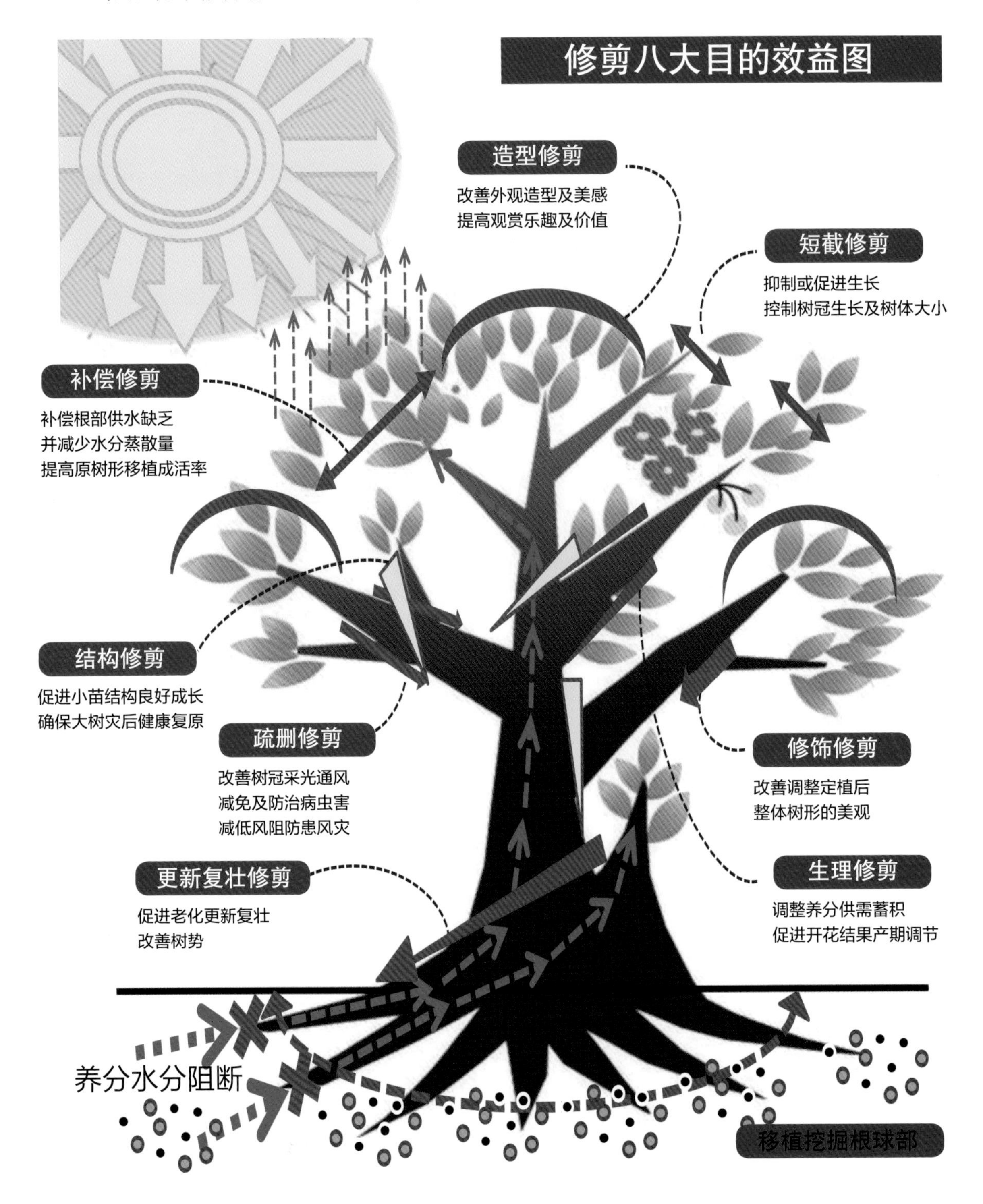

目的 1 为了提高树木的原树形移植成活率——补偿修剪

移植种植前，为了提高苗木移植成活率，在断根及挖掘树木根球部时可先进行“补偿修剪”，使地上及地下两处树体部分能保持相对的吸水速率与蒸散速率的平衡，如此即可有效提高移植种植作业的成活率。做法是：先采用十二不良枝判定修剪，再将树冠内部枝条的宿存老叶剪摘去除，后将末梢枝条较早萌发的新芽、嫩梢或花果枝剪摘去除。

侧柏 12~2 月适期直接断根移植。

朴树 12~2 月适期直接断根移植。

茄苳 3~4 月适期直接断根移植。

光腊树 4~5 月适期直接断根移植。

肯氏南洋杉无须修剪即可于 6~10 月适期直接断根移植。

莲雾 6~10 月适期直接断根移植。

棋盘脚于 6~10 月适期移植时在原宿植地点已进行过一次补偿修剪后，搬运至工地种植前二度进行补偿修剪。

补偿修剪“摘老叶除嫩芽”作业完成后，随即定植施工种植完竣。

生长旺盛。

目的 2 为了增进及改善树木定植后整体美观——修饰修剪

移植种植后，植栽于吊搬运送或小搬运的过程中，容易遭受风力、作业机械或其他外力的伤害，因此经常造成树冠的枝叶损伤或枝条断折。故可在移植种植完成之后进行修饰性与美化性的修剪，使植栽能表现出优美的姿态与整齐的美感。

杜英种植后未修剪前各株枝叶疏密程度差异太大，不整齐。

杜英经过一次修剪后促使各株枝叶疏密程度与成长高度趋于一致。

肉桂种植后一直未修剪，故而呈现枝叶茂密、病虫害多生的情况。

肉桂先进行不良枝的判定修剪之后，改善下垂枝过多而密的情况。

肉桂再进行疏删 W 判定修剪之后，使其自然锥形分生枝序正常。

目的3 为了控制树冠疏密程度以防灾及防治病虫害——疏删修剪

疏删修剪又称为“疏剪”“删剪”，是先将树冠内部以“不良枝判定”修剪之后，再检视树冠是否以主干为中心线而达成左右对称，如果不对称，则可将较密集的树冠部位进行“疏删W判定修剪”。

榕树病害严重却在公园不能用药防治。

经不良枝及疏删、短截修剪后的状况。

修剪后经过两个月，新生枝叶已无病害，因修剪提高树冠采光通风而治愈病害。

餐厅中庭天井的茄苳受到红蜘蛛的危害，又无法喷药防治。

茄苳经疏删修剪之后，每天配合浇水淋洗全株茄苳。

茄苳经一个月后萌发新芽，已不药而愈无病虫害的症状。

榄仁的枝叶茂密、风阻也较大，树冠内部不仅采光及通风不良，也受冬季季风吹袭而变形。

榄仁经过疏删修剪之后，风阻减少，树冠内部采光及通风良好，抵抗滨海恶劣环境气候干扰能力加强。

黄金榕未经疏删修剪前，树下阴暗，草坪衰弱枯死，下垂枝影响行人空间。

黄金榕经疏删修剪之后，光线透到树冠下，草坪开始生长，空间更加舒适。

目的4 为了抑制或促成生长以控制树体树冠大小——短截修剪

短截修剪又称为"短剪""截剪"，是先将树冠内部以"不良枝判定"修剪之后，再检视树冠天际线的枝梢生长状态是否过于突出生长，导致树冠外观不够圆顺。若有此情况，可依树冠枝叶突出生长之间的天际线V字低点相互连线而形成"修剪范围假想线"，据此进行"短截V判定修剪"。

鹅掌藤的枝叶生长过于伸长，妨碍步道宽幅。

依据步道路缘范围予以短截修剪，可以兼顾鹅掌藤的生长与实用及美观。

榕树预备进行移植时的补偿修剪，也会实施短截修剪作业。

榕树实施短截修剪作业后，在外观上呈现比较茂盛的样貌。

垂叶榕的树冠遭受风灾断梢破坏。

经由短截修剪可以重新塑造树冠的完整性。

垂叶榕实施短截修剪作业后，枝干“径长比”缩短后的样貌。

雀榕枝叶下垂茂密影响采光及通风，也阻碍人车通行。

雀榕经由短截修剪之后，提高枝下高度，使采光通风良好。

目的5 为了促进开花、结果或调节产期——生理修剪

生理修剪又称为“生殖修剪”。植物的根、茎、叶是为营养作用生长的器官组织，而花、果、子则是为生理（生殖）作用生长的器官组织，因此修剪前了解各种花木果树植栽的生理特性、开花结果习性以及栽培目的后，即可进行“生理修剪与剪定”，借以调节植栽生长势、调整植栽营养分布、防止枝叶徒长、促使营养水分集中、促进花芽分化，使植栽的开花集中，结果质量提升，并且调节开花周期与结果产期。

杜鹃仅能在开花花谢后的一个月内进行强剪，若是平常任意修剪就会造成不开花的情况。

杜鹃仅在开花后的一个月内进行修剪，如此就能繁花盛开又整齐。

杜鹃“花后月内强剪”之后所萌生的新芽需要六个月以上的花芽分化才能形成花苞。

樱花平时可先修剪不良枝，再将末梢短截修剪仅留 30~40cm，即可促进开花密集及花期延长。

樱花透过“生理修剪”后，于三月底花季末期仍有余花，与未经修剪的樱花（左图）对比，其开花更密集、花期延长约六天。

柿树经由修剪不良枝、再将末梢短截修剪仅留 8~13 节的方式，即可促进开花结果。

柿树经由生理修剪后，一可调节营养的分配，二可增加树冠的采光与通风以防治病虫害。

目的 6 为了改变树木外观以增加美感及观赏价值——造型修剪

修剪原树形的外观，变化新面貌，增加实用性或美感表现，提高观赏价值。在做法上是先将所计划塑造的树木外部造型设定“修剪范围假想线”后，再考量所需的修剪程度是强剪或是弱剪，如果是强剪须选择适期作业，若是弱剪则可随时进行修剪作业。

龙柏可于 12~2 月修剪适期予以强剪造型。

龙柏强剪造型之后，须逐年修剪以维持其椭圆端正造型。

欧美合欢可于每次开花后予以强剪造型，即可促进其开花。

欧美合欢造型修剪后的开花情形，若花谢之后可以再次修剪花后枝。

千头木麻黄可于平时以弱剪方式造型修剪。

千头木麻黄造型修剪后的样貌。

槽化岛中原种植黄叶金露花与月橘成三圈，景观效果极度不良。

经过造型修剪后，使两种植栽呈现三段高低层次表现，改善了景观面貌。

目的7 为了老树或绿篱的更新复壮——更新复壮修剪

树龄老化的树木由于树体枝干逐渐老化，生长势衰弱，因此可能生长较慢或开花结果逐年不良。这时可以选用留取新生且生长势较强健的分蘖枝或徒长枝等“新枝”，借由新枝营养器官的组织再生能力较强、生长酵素分泌与新陈代谢作用旺盛，而“更新”代替原有的老枝并促使其能“复壮”，迅速恢复其生长势强健。此外，灌木类的绿篱或造型植物，也是可以用“返回修剪”（又称返剪）的方式，来快速更新复壮形成新的树冠层。至于松科、杉科、柏科等常绿性针叶系树种，则不适用此项更新复壮的修剪方式。

鹅掌藤种植多年后生长高大开张而影响通行。

鹅掌藤于适期经过更新复壮的返回修剪后，大约两个月后即能恢复枝叶茂密生长的状态。

树木主干被撞断后，常会萌生分蘖枝条，若加以留存可以成为更新复壮的替补用主干。

水蜜桃枝条愈老产果愈不佳，故须留存徒长枝作为更新复壮的替补用枝。

树木的更新复壮替补用主干长成之后，原有的干基部仍须切除。

目的 8 为了树苗的健康成长与大树灾后断梢复原——结构修剪

结构性修剪的目的，是希望借由修剪来调整树体结构枝之分生与养成，确保树木未来能长成更健康与安全的树体结构。主要是树木幼龄时期（小苗），或是成龄大树及老树遭受灾害而使枝干及树形受损严重时，针对主干、主枝、次（亚）主枝（三部位合称"结构枝"）所进行的评估修剪方式。

茄苳小树可先以不良枝判定修剪后，再依据栽培目的及树形考量留下结构枝部位。

经过结构枝的留存判定修剪后，再将枝条上的宿存老叶或基部老叶摘除后即属完成。

果树类植栽的不同阶段大都必须经过结构性修剪，以造就适当树形。

富有柿小苗的枝叶茂盛繁杂，将不利于未来的生产与管理。

经过结构枝的留存及树形判定的结构性修剪后，须再摘除宿存老叶或基部老叶。

四、如何选择修剪时机

花木可以随时修剪，还是要选择良辰吉时呢？通常可依据修剪的“强弱程度”区分为“强剪”（亦称“重剪”）及“弱剪”（亦称“轻剪”）；弱剪影响植栽后续生长的程度较轻，强剪则影响程度较重。

平时皆可“弱剪”，但“强剪”要适期

平时可随意进行“弱剪”，但若须“强剪”时，则要特别选择适合该种花木植栽特性的“强剪适期”来进行，若能在强剪适期内进行修剪，将有利于植栽在强剪后也能正常生长，这样才不至于会影响植栽后续的成长与发育。

【强剪】

【弱剪】

注意：“强剪适期”也略同“移植适期”！

值得注意的是：植栽的“强剪适期”与“移植适期”是一样的，植栽移植若能配合“移植适期”，即使未能事先断根养根，也能一次直接挖掘断根移植，并能增加移植成活率。

强剪适期1

在“休眠期”（落叶后到萌芽前）

修剪就如同人们动手术一般，欲避免疼痛得先注射麻醉剂，大部分的落叶性植物及温带常绿性针叶系植物，则可等待冬天来临后，当落叶性植物落叶后到萌芽前的期间，或是当温带针叶系植物遇到隆冬寒流或冷锋过境的刺激后，其树木体内树脂停止或缓慢流动时，即是植物的“休眠期”，也就是“强剪”的适期。

强剪适期2

在“生长旺季”（末梢萌发新芽时）

大部分的常绿性阔叶系植物可在大量萌生新芽、长出新叶的“生长旺季”强剪，因为该时期的植物最具生命力及生长活力，此时进行强剪，将不会影响植栽的后续生长，而且伤口的复原愈合能力较佳，后续生长势也较不会受到影响。

龙柏于非强剪适期进行强剪后生长势衰弱。

落叶性植栽于落叶后的休眠期修剪能减少枝叶垃圾清运量

茄苳于适期强剪后的直径 18cm 伤口正迅速愈合复原中。

配合苏铁的强剪适期强剪后再喷布药剂能有效防治介壳虫类危害。

“强剪”适期（略同“移植”适期）判定原则

一、（针叶及阔叶）落叶性植物：桃、李、梅、樱花、枫、楝等

宜择“休眠期间”，即落叶后到萌芽前。

二、（针叶）常绿性植物：松、柏、杉科等

宜择“休眠期间”，即冬季寒流冷锋过境后的时期。

三、（阔叶）常绿性植物

宜择“生长旺季”，枝叶萌芽时即属旺季。

1. 萌芽期长者：榕类、福木、芒果、龙眼、兰屿罗汉松等

于“萌芽期间”作业皆宜。

2. 萌芽期短者：樟树、楠类、杨梅、光腊树、白千层等

“萌芽前一个月期间”作业最佳。

十大类 500 种植栽强剪适期速查表

类号	植物大类	定义	特性分类	常见植物举例	强剪适期判断通则	强剪适期于台湾地区概略时段
一	**草本花卉**	本类皆属于草本植物，并以植株的花为主要观赏目的，依据其生命周期特性常分为：一两年生、多年生、宿根性三类	一两年生	一串红、三色堇、五彩石竹、夏堇、美女樱、矮牵牛、金鱼草、皇帝菊、万寿菊、孔雀草、百日草、千日红、鸡冠花、紫萼鼠尾草、白萼鼠尾草、薰衣草、甜菊、罗勒类、九层塔、大波斯菊、黄波斯菊、醉蝶花	开花期后遇茎部萌发新芽时	依各种植栽开花的季节决定
			多年生	非洲凤仙花、非洲堇、四季海棠、情人菊、玛格丽特、繁星花、土丁桂、天使花、矮性芦莉、法国海棠、马蝶花、沿阶草类、麦门冬类、桔梗兰类、蜘蛛抱蛋、柠檬香茅、斑叶月桃、台湾月桃、红花月桃、香蜂草、彩叶草、马齿牡丹、松叶牡丹、拟美花类	开花期后遇茎部萌发新芽时	依各种植栽开花的季节决定
			宿根性	日日春、翠芦莉、菊花类、大理花、日本鸢尾、紫花鸢尾、日日春、萱草、射干、海水仙、文珠兰、君子兰、孤挺花、海芋、赫蕉、小鸟蕉、天堂鸟、美人蕉、花菖蒲、苍兰类、矮性桔梗、大岩桐、仙客来、郁金香、风信子、水仙花类、台湾百合、百子莲	开花期后遇茎部萌发新芽时	依各种植栽开花的季节决定

类号	植物大类	定 义	特性分类	常见植物举例	强剪适期判断通则	强剪适期于台湾地区概略时段
二	**观叶类**	本类主要是以植株茎叶为主要观赏目的，且大多属于半日照或耐阴性的各类草本或木本植物	具明显茎干型	朱蕉类、竹蕉类、香龙血树类、番仔林投、千年木类、百合竹类、姑婆芋 、马拉巴栗、福禄桐类、蓬莱蕉类、旅人蕉、芭蕉类、白花天堂鸟、鹅掌藤、粉露草类	生长旺季；萌芽期间	春秋季间；清明至中秋期间
			非明显茎干型	粗肋草类、黛粉叶类、椒草类、合果芋类、彩叶芋、美铁芋、白鹤芋、孔雀竹芋、观赏凤梨类、网纹草类	生长旺季；萌芽期间	春秋季间；清明至中秋期间
三	**灌木类**	本类植株高度常在 2m 以下，且呈现多分枝而使主干不明显	常绿性	杂交玫瑰和蔷薇类、蔷薇类、月季花、黄叶金露花、金露花、蕾丝金露花、细叶雪茄花、六月雪、杜鹃、桂花、月橘（七里香）、树兰、含笑花、茉莉花、黄栀类、厚叶女贞、日本小叶女贞、银姬小腊、胡椒木、小叶厚壳树、海桐、厚叶石斑木、中国仙丹、宫粉仙丹、矮仙丹、大王仙丹、马缨丹、小叶马缨丹、大花扶桑、朱槿、紫牡丹、野牡丹、变叶木类、苦蓝盘、小叶赤楠、金英树、花蝴蝶、红桑、迷迭香 、华八仙、芙蓉菊、黄虾花、红虾花、珊瑚花、蓝雪花、毛茉莉	生长旺季；萌芽期间	春秋季间；清明至中秋期间
			落叶性	山马茶、安石榴、立鹤花、欧美合欢、羽叶合欢、红粉扑花、金叶黄槐、金叶霓裳花、山芙蓉、火刺木类、贴梗海棠、木槿、狭瓣八仙、醉娇花、红蝴蝶、圣诞红、绣球花、麻叶绣球、矮性紫薇、红花继木	休眠期间；落叶后至萌芽前	冬季；落叶后至早春萌芽前

类号	植物大类	定义	特性分类	常见植物举例	强剪适期判断通则	强剪适期于台湾地区概略时段
四	**乔木类**	本类植栽系具有明显主干之木本植物，且其生长高度常达 2m 以上	温带常绿针叶	黑松、五叶松、琉球松、湿地松、雪松、杜松、台湾油杉、龙柏、中国香柏、中国檀香柏、黄金侧柏、香冠柏、台湾肖楠、偃柏、真柏、铁柏、银柏、花柏、竹柏、贝壳杉、百日青、罗汉松、小叶罗汉松	休眠期间；冬季低温期，树脂停止流动后至萌芽前	冬季；寒流后至早春低温时期
			热带常绿针叶	兰屿罗汉松、小叶南洋杉、肯氏南洋杉	生长旺季；萌芽期间	春秋季间；清明至中秋期间
			温带亚热带落叶针叶	落羽松、墨西哥落羽松、水杉、池杉	休眠期间；落叶后至萌芽前	冬季落叶后至早春萌芽前
			温带亚热带常绿阔叶	樟树、大叶楠、猪脚楠、土肉桂、山肉桂、锡兰肉桂、青刚栎、光腊树、白千层、柠檬桉、红瓶刷子树、黄金串钱柳、蒲桃、水黄皮、杨梅、杜英、大叶山榄、琼崖海棠、白玉兰、黄玉兰、洋玉兰、乌心石、厚皮香、大头茶、山茶花、茶梅、柃木类、冬青类、树杞、春不老、台湾海桐、柑橘类、柠檬类、柚子类、金橘、杨桃、枇杷、嘉宝果、神秘果、光叶石楠、澳洲茶树、兰屿肉豆蔻	生长旺季；萌芽期间	春节后至清明期间
			热带常绿阔叶	榕树、垂叶榕、雀榕、岛榕、提琴叶榕、棱果榕、糙叶榕、黄金榕、印度橡胶树、面包树、波罗蜜、榴莲、倒卵叶楠、海芒果、台东漆、福木、番石榴、芒果类、龙眼、荔枝、莲雾、锡兰橄榄、西印度樱桃、蛋黄果、人心果、大叶桉、黄槿、棋盘脚类、木麻黄、千头木麻黄、银木麻黄、柽柳类	生长旺季；萌芽期间	春秋季间；清明至中秋期间

类号	植物大类	定 义	特性分类	常见植物举例	强剪适期判断通则	强剪适期于台湾地区概略时段
四	乔木类	本类植栽系具有明显主干之木本植物，且其生长高度常达 2m 以上	温带亚热带落叶阔叶	桃、李、梅、樱花、梨、柿、碧桃、青枫、枫香、垂柳、水柳、木兰花、辛夷、乌桕、无患子、茄苳、台湾栾树、苦楝、黄连木、榉木、榔榆、九芎、紫薇、流苏、扁樱桃、广东油桐	休眠期间：落叶后至萌芽前	冬季落叶后至早春萌芽前
			热带落叶阔叶	菩提树、印度紫檀、印度黄檀、凤凰木、蓝花楹、大花紫薇、阿勃勒、黄金风铃木、洋红风铃木、台湾刺桐、黄脉刺桐、火炬刺桐、珊瑚刺桐、鸡冠刺桐、大花缅栀、钝头缅栀、红花缅栀、黄花缅栀、杂交缅栀、黄槿、黄槐、羊蹄甲、洋紫荆、艳紫荆、铁刀木类、盾柱木类、雨豆树、金龟树、墨水树、桃花心木、美人树、木棉、吉贝木棉、黑板树、小叶榄仁、榄仁、第伦桃、火焰木、苹婆、掌叶苹婆、兰屿苹婆、日日樱、番荔枝类、垂枝暗罗、长叶暗罗	休眠期间：冬季低温或夏季干旱枯水期之落叶后至萌芽前。或生长旺季：萌芽期间	几乎全年皆宜：冬季低温落叶后至春季萌芽前，或夏季干旱枯水期的落叶期间，或春季到秋季间，亦即：清明至中秋期间
五	竹 类	本类型外观多呈现似草非草、似木非木的形态，亦即俗称“竹子”之各种禾本科竹亚科的植物。	温带型	孟宗竹、四方竹、人面竹、八芝兰竹、包箨矢竹、玉山箭竹、日本黄竹、稚谷竹	休眠期间：落叶后至萌芽前	春节前后一个月内
			热带型	桂竹、唐竹、斑叶唐竹、变种竹、麻竹、绿竹、蓬莱竹、短节泰山竹、佛竹、金丝竹、条纹长枝竹、苏仿竹、黑竹、红凤凰竹、凤凰竹、岗姬竹、稚子竹、布袋竹、业平竹、羽竹、红竹	休眠期间：落叶后至萌芽前	清明前后一个月内

类号	植物大类	定 义	特性分类	常见植物举例	强剪适期判断通则	强剪适期于台湾地区概略时段
六	**棕榈类**	本类多为单子叶植物之棕榈科的棕榈属或海枣属等各属所俗称"椰子"的大中小型植物	单生干型	大王椰子、亚历山大椰子、可可椰子、槟榔椰子、棍棒椰子、酒瓶椰子、女王椰子、圣诞椰子、罗比亲王海枣、台湾海枣、银海枣、三角椰子、蒲葵、华盛顿椰子	生长旺季：萌芽期间	夏秋季间：端午至中秋期间
			丛生干型	黄椰子、雪佛里椰子、袖珍椰子、丛立孔雀椰子、细射叶椰子、观音棕竹、棕榈竹、桄榔、唐棕榈		
七	**蔓藤类**	其主茎生长点发达、顶梢生长快速，多具有缠绕性或吸壁性、悬垂性、依附性等性状，使其容易攀爬、悬垂或依附	常绿性	百香果、大邓伯花、九重葛、珍珠宝莲、金银花、薜荔、蔓榕类、锦屏藤、软枝黄蝉、紫蝉、光耀藤、常春藤、黑眼花、多花素馨、山素英、莺爪花、锦屏藤、木玫瑰、星果藤、悬星花	生长旺季：萌芽期间	春秋季间：清明至中秋期间
			落叶性	炮仗花、蒜香藤、珊瑚藤、多花紫藤、地锦、葡萄、山葡萄、使君子、凌霄花、洋凌霄、金杯藤、云南黄馨、木玫瑰	休眠期间：落叶后至萌芽前	冬季落叶后至早春萌芽前
八	**地被类**	本类植栽主要是以观赏为目的的各类草本或木本类植物，植株具有匍匐性或旁蘖性等，故能多方延长衍生其茎叶，且生长高度通常在 0.3m 以下	各种类型	蔓花生、南美蟛蜞菊、红毛苋、苋草类、蔓绿绒类、绿萝、马兰、蔓性野牡丹、遍地金、冷水花、紫锦草、鸭跖草、水竹草、留兰香、百里香类、裂叶美女樱、羽叶美女樱、倒地蜈蚣、马蹄金、钱币草、钝叶草、玉龙草	生长旺季：萌芽期间	春秋季间：清至中秋期间

类号	植物大类	定义	特性分类	常见植物举例	强剪适期判断通则	强剪适期于台湾地区概略时段
九	**造型类**	其主要是以乔木类及灌木类植栽为主，透过修剪的技艺使其呈现独特造型，借以增进观赏价值与美感	各种类型	适合“层状”造型修剪：榕树、龙柏、五叶松、黑松、兰屿罗汉松、九重葛 适合“锥形”造型修剪：垂叶榕、龙柏、兰屿罗汉松、罗汉松、小叶厚壳树、胡椒木、黄叶金露花 适合“球形”造型修剪：中国香柏、龙柏、银木麻黄、矮仙丹、厚叶女贞、日本小叶女贞、银姬小腊、小叶厚壳树、胡椒木、黄叶金露花、月橘、杜鹃 适合“方形”绿篱修剪：黄金榕、黄叶金露花、日本小叶女贞、月橘、银木麻黄 适合“棒棒糖形”修剪：龙柏、蕾丝金露花、蒂牡花、醉娇花、矮马缨丹、垂叶榕	热带常绿性：生长旺季；于萌芽期间 温带常绿性：休眠期间；冬季低温期 落叶性：休眠期间；落叶后至萌芽前	针叶常绿性：清明至中秋期间 阔叶常绿性：冬季寒流后至早春低温时期 落叶性：冬季落叶后至早春萌芽前
十	**其他类**	在此将植物性状或形态表现较难以归类者，归纳为本类	蕨类	玉羊齿、波士顿肾蕨、山苏花、凤尾蕨、兔脚蕨、鹿角蕨、卷柏、长叶蕨、石苇类、笔筒树、台湾桫椤	生长旺季；萌芽期间	春秋季间：清明至中秋期间
			综合类	国兰类、洋兰类、苏铁类、龙舌兰类、王兰类、象脚王兰、万年麻、露兜树类、酒瓶兰、五彩凤梨	生长旺季；萌芽期间	夏秋季间：端午至中秋期间
			多肉类	沙漠玫瑰、绿珊瑚、麒麟花、彩云阁、蜈蚣兰、螃蟹兰、石莲花、落地生根、树马齿苋、翡翠木	生长旺季；萌芽期间	夏秋季间：端午至中秋期间

五、花木植栽修剪工具

修剪时，每动一刀都可能对植栽造成伤害，因此一定要用心也要细心。

修剪入门的五项利器

必备利器 1　心

植物虽然不会言语，但是和人类一样具有无可取代的生命，因此进行修剪工作时，笔者相信万物有灵、草木亦然，对于花木修剪如同人类施行手术一样必须谨慎用心，如果一定要做，一定要做对！心存善念，持尊重自然生命的态度来从事修剪工作。

因为每动一刀都有可能是一种伤害，因此修剪事先应详加了解该项植栽的生长特性，选择正确适当的时期。在修剪当下保持用心、细心、小心，务求正确的修剪方法，如此才会对植栽未来的成长有所助益。

万物有灵、草木亦然，如果一定要修剪，一定要做对！

必备利器 2　手

修剪作业虽然常要运用刀剪工具，才能够将枝条修剪或切除，但是也有许多的修剪方式其实能使用万能的双手，会更灵巧与便利。

例如进行花草盆栽的摘心、摘芽或摘蕾，可以拇指与食指捏住转折即可；又如进行黑松的摘叶，可以用手指紧扣住树枝后再向下抓捻拔除针叶。

因此，灵巧的双手也是修剪工作不可或缺的一项利器。

万能的双手也是修剪不可或缺的利器。

必备利器 3　剪定铗

剪定铗是修剪必备的第一把刀，轻巧好携带，可针对植物器官的组织细部位置，进行较细腻的修剪。

使用上需注意：

1. 剪定铗的刀柄大小要选择符合手大小的规格。
2. 操作上不可用反握的方式进行修剪。
3. 修剪时应尽量以刀刃面贴顺着枝条方向进行剪除。

佩戴手套工作较为安全。

必备利器 4　修枝剪

修枝剪是修剪必备的第二把刀，具有单柄的单边刀刃以 X 对向交叉的构造，可以手持进行绿篱、花丛、造型植栽等较大幅度的修剪。

由于修枝剪是大幅度的修剪，所以细部的枝叶需以前述的剪定铗再巡视一遍，以使伤口平整、整体姿态完顺。

使用上需注意：

1. 切勿以双手同时施力的动作进行夹剪。
2. 正确使用方式若以惯用右手者而言，应以惯用的右手作为施力方，而以左手作为受力方，持柄控制修剪的上下高度、左右位置、翻转角度，再以右手持柄夹靠施力于左手柄上，如此将能练就精准的刀工技巧，使修剪的成效大为提升。
3. 对于较粗大的枝条，请勿勉强施力夹剪，以免毁损工具。

必备利器 5　切枝锯

切枝锯是修剪必备的第三把刀，可进行较大树干或坚硬枝条的整修、切枝、锯除。由于切锯枝条较吃力，须考量自身体力能否负担，再选择合乎个人使用的切枝锯。

使用上需注意：

1. 勿以小锯修剪大树，以免大树夹断锯片而飞射伤人。
2. 所谓安全地使用切枝锯，应以切枝锯的锯刃长度之 1/2 作为可切锯枝条树干的最大直径范围之极限。例如：30cm 锯刃的切枝锯，仅能切锯直径 15cm 以下的枝干，若以其切锯达 18cm 粗细的枝条，则是不安全的错误使用方式。

3. 在切锯的施力上，应平顺不用力地推锯，稍用力地拉锯，如此反复推拉切锯。

其他常用的工具

高枝剪

电链锯

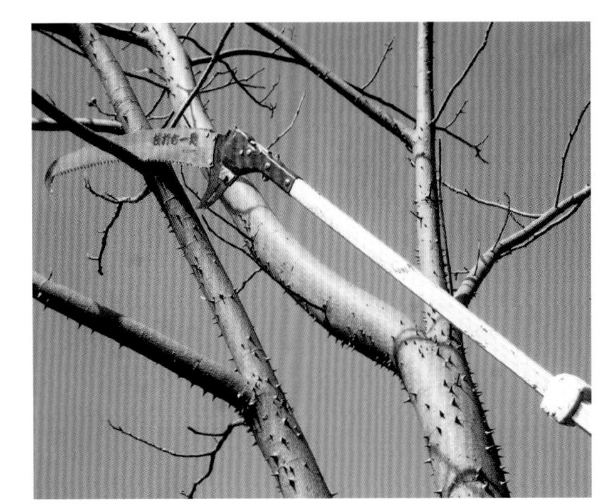

高枝锯

电动修篱机

高枝链锯

伸缩指示竿

激光笔

三脚梯

A 梯

拉梯

高空作业车

电动升降机

电动吹叶机

可调式齿耙

畚箕、垃圾袋

电动碎木机

花木植栽常用修剪工具一览表													
修剪作业类别	工具材料品名	修剪作业应用	选购要点	草本花卉	观叶类	灌木类	乔木类	竹类	棕榈类	蔓藤类	地被类	造型类	其他类
手动剪定	剪定铗	摘心 摘芽 摘叶 修叶 剪枝 摘蕾 摘花 摘果	应配合个人修剪习惯选择A型（较呈直立形）或F型（较具曲线型）的款式，并配合手大小选择长短适合的规格，常见规格有长度180mm及200mm	●	●	●	●	●	●	●	●	●	●
	芽切剪	摘心 摘芽 摘叶 修叶 摘蕾 摘花 摘果	配合个人的手大小选择长短适合的规格即可，刀刃材质有锻造、铁制、不锈钢；把手有塑胶、锻造、不锈钢	●	●	●				●			●
	剪刀	摘叶 修叶	应配合修剪叶部的大小，选择刀刃长短适中的剪刀形式；长期作业时亦须配合手大小，选择适当规格使用	●	●	●							●
	高枝剪	摘心 摘芽 剪枝	目前常用的有两段及三段的伸缩杆形式，总长度2.5~3.5m的形式居多，有的附有锯片，可自行固定于杆端作为高枝锯使用				●	●		●			
	切枝剪	剪枝	应考量作业时间的长短与频度，选择重量适当的材质与规格产品，切枝剪亦有附油压形式可较省力操作，只是价格较高，也较重			●	●	●	●	●			

修剪作业类别		工具材料品名	修剪作业应用	选购要点	草本花卉	观叶类	灌木类	乔木类	竹类	棕榈类	蔓藤类	地被类	造型类	其他类
剪定	手动	采果剪	摘花 摘果	其制品的长度不一，有的有伸缩杆、有的无法伸缩，可配合采果作业的高度来选择适当规格产品使用				●			●			
修剪	手动	修枝剪	修叶 剪枝	修枝剪的刀刃与把手之材质极多，把手亦有长短不一或有无伸缩的形式；建议初学者以重量适当、好握持、短柄式、长刀刃等四项作为选择要领				●			●	●	●	
	机动	电动 修篱机	修叶 剪枝	目前以进口制品居多，且刀刃为钢铁或不锈钢为主，机身轻重亦有所不同。应考量作业时间的长短与频度，选择重量适当的材质与规格，以利作业之舒适				●			●	●	●	
整枝	手动	切枝锯	剪枝	切枝锯可概分为"固定把手锯"与"弯折把手锯"两种类型。须注意在选用"折锯"时应考量锯片不要太薄，并且不要用于粗大树干的切锯使用，以免发生断裂危险意外				●		●				
		高枝锯	剪枝	目前常用的有固定杆与伸缩杆形式，刀片亦可供更换使用，总长度2.5~6m的形式居多，可配合要修剪植栽的高度来选择适用规格				●		●				

修剪作业类别		工具材料品名	修剪作业应用	选购要点	草本花卉	观叶类	灌木类	乔木类	竹类	棕榈类	蔓藤类	地被类	造型类	其他类
整枝	机动	电链锯	剪枝	目前以进口制品居多，锯片长短、机身轻重亦有所不同。故应考量作业需要，选择锯片长短适中、大小重量适当的规格，以利作业需要				●		●				
		高枝链锯	剪枝	目前以进口制品居多，伸缩柄长短段数，机身轻重亦有所不同。故应考量作业需要，选择长短适中、大小重量适当的规格				●		●				
高空	手动	三脚梯	高空作业辅助设备	以铝制品居多，长度可依需要选用，但要考量铝制材质的焊接与铝料的结合方式，其踩踏横杆的承重应达200kg 以上为宜			●	●	●	●	●		●	
		A 梯	高空作业辅助设备	以铝制及木制品居多，长度可依需要选用，但要考量其踩踏横杆的承重应达 200kg 以上为宜；若遇有梯架变形时则须报废汰换			●	●	●	●	●		●	
		拉梯	高空作业辅助设备	以铝制品居多，长度可依需要选用，但要考量铝制材质的焊接与铝料的结合方式，其踩踏横杆的承重应达200kg 以上为宜，且其扣榫要完好无缺			●	●	●	●	●		●	
	机动	高空作业车	高空作业辅助设备	应配合作业需要租赁聘雇拥有“一机三证”合法证照业者的适当伸缩长度与吨位的车辆设备，其人员乘载吊篮应配置有无线电对讲机、伸缩杆部位应有安全吊带之挂钩			●	●	●	●	●		●	

修剪作业类别		工具材料品名	修剪作业应用	选购要点	草本花卉	观叶类	灌木类	乔木类	竹类	棕榈类	蔓藤类	地被类	造型类	其他类
高空	机动	电动升降机	高空作业辅助设备	应配合作业需要，租赁聘雇拥有合法证照业者的适当伸缩高度的车辆设备，其人员乘载吊篮应平稳而牢靠，并且应配置有无线电对讲机			●	●	●	●	●		●	
指示	手动	伸缩指挥竿	修剪作业沟通指示用	伸缩指挥竿是以伸缩式钓鱼竿来稍加改装替代，可选择材质较坚挺而长度适当的钓鱼竿，将最末端要挂鱼线的位置以明显的黄色胶带缠绕数圈成一明显指示点状后即可				●		●	●		●	
	手动	激光笔	修剪作业沟通指示用	其制品的激光束的绿光光波亮度因价格的不同亦有不同，可以个人的使用需求选购。一般皆须使用两颗 AAA 电池，建议采用可充电式的环保电池为宜				●		●	●		●	
消毒	材料	水桶	伤口消毒愈合	大小适当，金属或塑胶等制品皆可选用				●						
		油漆刷	伤口消毒愈合	应配合涂布使用的伤口大小，选择适当尺寸的刷子，刷毛材质以牲畜类的毛品为主，可配合个人喜好选用				●						
		三泰芬 5% 粉剂	伤口消毒愈合	应选择合法制造或进口厂商的品牌产品，购买时须留意产品的有效期限及百分比浓度。建议使用 5%粉剂时稀释 500 倍，若是使用 25%粉剂时则须稀释 2500 倍使用				●						
		石灰粉	伤口消毒愈合	选用时应选择无受潮而结块的产品，若一时无法用完，则须加以密封保存于阴凉、干燥处所，以免变质				●						

修剪作业类别		工具材料品名	修剪作业应用	选购要点	草本花卉	观叶类	灌木类	乔木类	竹类	棕榈类	蔓藤类	地被类	造型类	其他类
清洁	手动	竹扫把	打扫清洁	竹扫把是台湾地区普遍使用的清洁打扫用具，属于消耗用品	●	●	●	●	●	●	●	●	●	●
		尼龙扫把	打扫清洁	尼龙扫把是台湾地区普遍使用的清洁打扫用具，其品牌种类繁多、选购容易	●	●	●	●	●	●	●	●	●	●
		可调式细齿耙	收集清洁	其材质以不锈钢制品居多，设有把手可以调整齿耙开张的大小	●	●	●	●	●	●	●	●	●	●
		齿耙	收集清洁	其材质以铁制品居多，其齿耙开张的大小、齿数，皆有固定形式，可依自身需求选用	●	●	●	●	●	●	●	●	●	●
		畚斗	收集清运	常见的有塑胶材质、铁制品或不锈钢材质制品，可依据个人需求来选用	●	●	●	●	●	●	●	●	●	●
		畚箕	收集清运	常见的有塑胶材质或传统竹编制品，可依据含有水分与否、或者需要沥干水分与否来选用	●	●	●	●	●	●	●	●	●	●
	机动	电动吹叶机	收集清洁	常用的有：背负式、肩背式及手持式吹叶机，其功率大小与噪音大小成正比，应配合清洁作业范围大小与使用频度来选用	●	●	●	●	●	●	●	●	●	●
	耗材	垃圾袋	收集清运	选用垃圾袋时，应优先采用环保材质或可分解的产品，亦须考虑配合地方政府相关法规限制，选用适当合法的垃圾袋	●	●	●	●	●	●	●	●	●	●
回收	机动	电动碎木机	回收处理	目前台湾制与进口制品皆有，并且有移动式或固定式机型，其功率大小、碎木口径大小与预算费用高低成正比，因此建议配合作业需要选用适当的品牌与机型		●	●	●	●					

六、修剪必学八招基本技法

花木的修剪是一项将植物的器官组织进行修剪摘除的工作，依据修剪的方法和修剪器官的部位可区分为：摘心、摘芽、摘叶、修叶、摘蕾、摘花、摘果、剪枝等八招修剪基本技法。

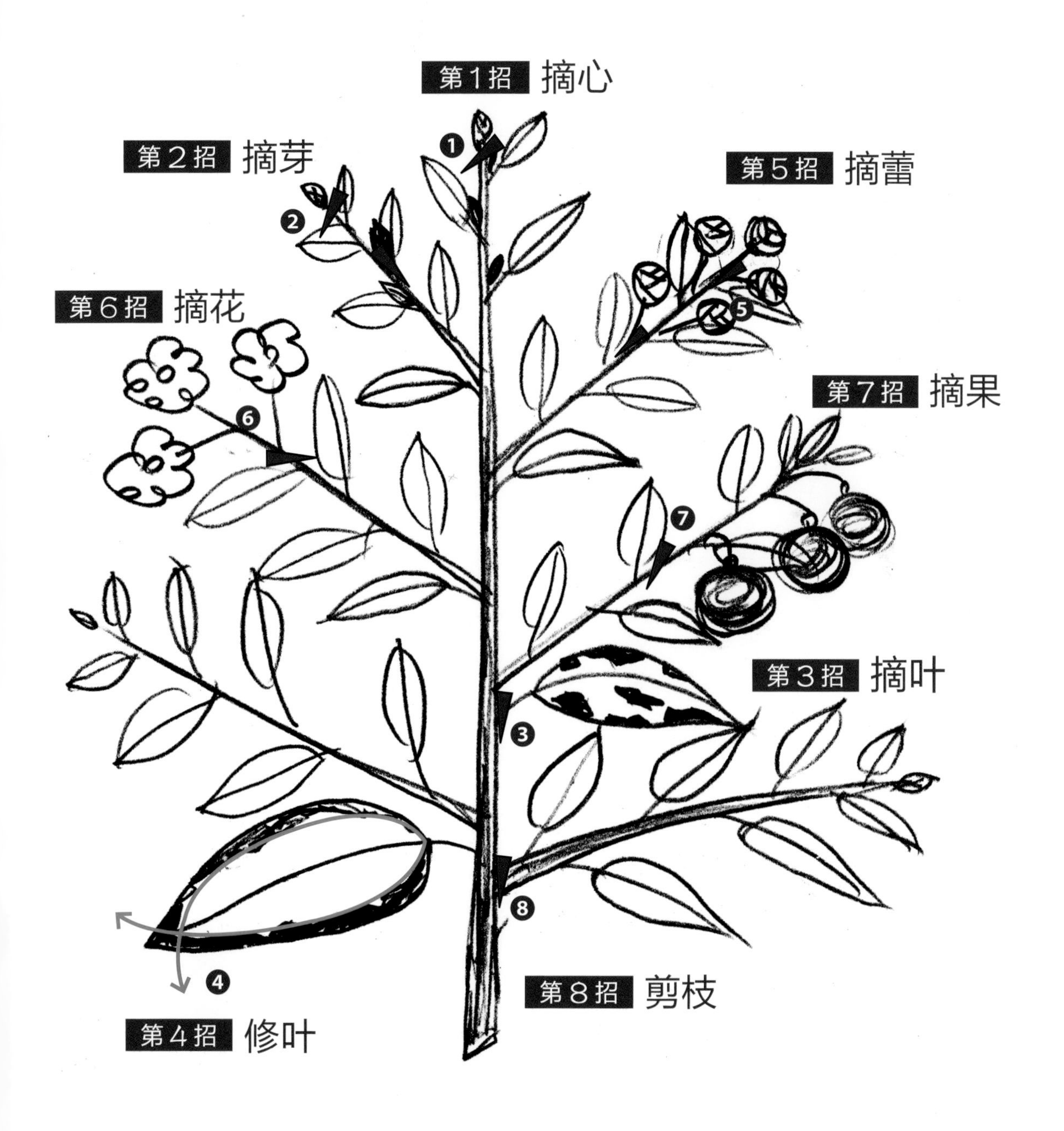

第1招 摘心

去除各段枝条中央末梢部位的新芽生长点（心芽），可暂时抑制末梢顶端优势的生长，促成侧芽的加速萌发生长。
做法上常以剪定铗或用手进行。

第2招 摘芽

去除各段枝条中央末梢所分生出来的侧生新芽或侧枝的末梢顶芽，可抑制该枝芽继续延伸与生长，进而使营养与水分能转送蓄积到其他部位。
做法上常以剪定铗或用手进行。

第3招 摘叶

摘除或剪除整片叶部，可避免养分及水分的消耗，并增加采光与通风效益。
做法上常以剪定铗或用手进行。

第4招 修叶

修剪局部叶片的作业，主要为了保留叶部大部分组织，而仅修剪局部不良部分，既增进美观又不会减少太多叶量。
做法上常以剪刀或剪定铗进行。

第5招 摘蕾

去除尚未成熟形成花器的芽（又称花芽、花苞、花蕾），可减少植栽因开花所需的大量养分之消耗。
做法上常以剪定铗或用手进行。

第6招 摘花

去除已成熟的花器（花朵），避免因开花或后续结果导致植物持续消耗大量养分。
做法上常以剪定铗或修枝剪进行。

第7招 摘果

去除已熟或未熟的果实，避免因大量结果导致植栽消耗大量养分及水分。
做法上常以剪定铗或用手进行。

第8招 剪枝

去除植物的茎部、枝条、树干部位，目的是暂时终止其延伸与生长，使营养与水分能因此蓄积留存。
做法上常以剪定铗、修枝剪、切枝锯进行。

七、修剪常用 12 招下刀法

花木植栽的外部构造不同，例如草本类是草质茎，木本类是木质茎，因此在修剪的下刀工法上就会有所不同，下刀要适当才能兼顾植栽修剪后的生长势之恢复及伤口愈合复原。笔者依据修剪实务经验，归纳出下列 12 招修剪下刀法：

第 1 招　不良枝叶芽修剪法

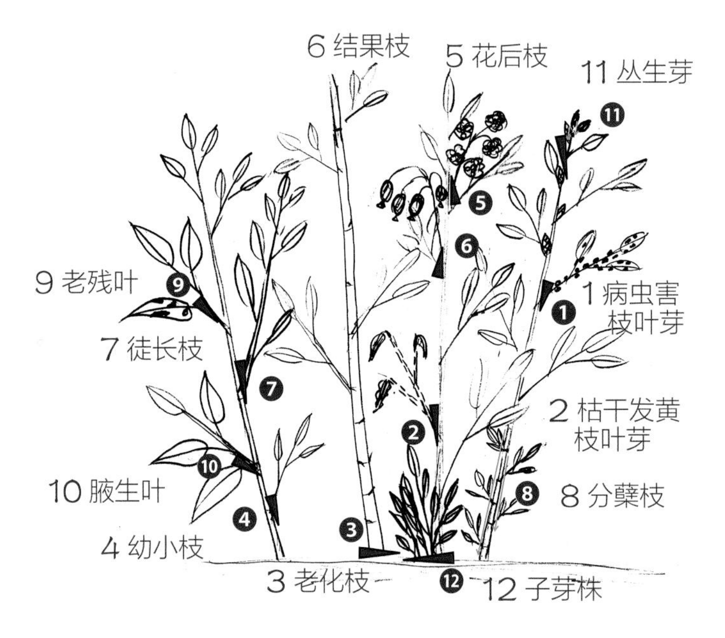

适用范围

草本花卉、观叶类、灌木类、蔓藤类、地被类及其他类的花木植栽。

修剪方法

因适用类型的植栽体型较小，其器官组织位置相对也较低矮，修剪上并不会太困难，可利用前述“修剪必学八招基本技法”实施修剪即可。

紫花鸢尾平时修剪“枯干发黄枝叶芽”。

矮马缨丹花期后修剪“花后枝”。

第2招 每次平均萌芽长度修剪法

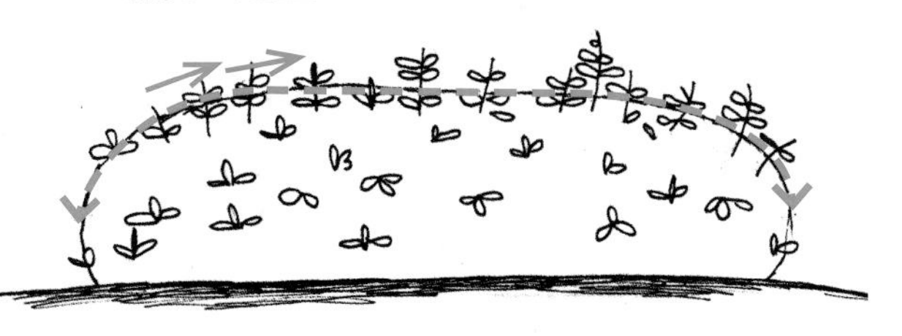

1 依据每次平均萌芽长度设定修剪假想范围线

适用范围

灌木类、多年生草本花卉及造型类的花木植栽。

修剪方法

每次平均萌芽长度修剪法，与乔木类的"短截修剪"类似，因此经常先使用修枝剪进行修剪，再以剪定铗施以"平行枝序方向修剪法"，即可完成。

"每次平均萌芽长度修剪法"最好能够每月进行检查与判定，倘若当时每次平均萌芽长度已达 1~2cm 时即可进行修剪；反之，则可暂时不修剪，等待下次（下个月维护时）其生长高度较长时再进行修剪即可。

一般而言，灌木或造型植栽的每次修剪程度，都是于现场目视树冠上端轮廓边缘进行每次平均萌芽长度的判定，修剪幅度若小于每次平均萌芽长度者，即是属于"弱剪"，修剪幅度若大于每次平均萌芽长度者，则是属于"强剪"。

花木植栽若欲使其愈长愈高大，则应采取小于每次平均萌芽长度的"弱剪"，且修剪后仍可保有大量枝叶，枝叶密度感觉仍有中等以上茂密程度。

"V 字低点"连线为"修剪假想范围线"，修剪幅度若小于每次平均萌芽长度即属"弱剪"，与乔木类的"短截修剪"类似。

① 黄叶金露花"弱剪"作业前。

② "弱剪"之后仍可保有大量枝叶、仍有理想的枝叶茂密程度。

灌木多年后可进行更新复壮修剪（返剪）

对于树龄较老、较高大的灌木类植物，即使月月年年的持续弱剪也会有植栽渐渐愈来愈高大、枝条愈显老化的情况，因此如果想要控制其生长、不想让它愈长愈高大时，则应定期采取大于每次平均萌芽长度的短截式“强剪”，修剪后将会显见其枝干，且枝叶密度会有较稀疏之感。

建议每一至三年进行一次这种强剪，且须在“植栽强剪作业适期”进行，也就是在离地面留存适当的高度采取平切剪除的“强剪”方式进行修剪，如此便能使其返老还童般地更新复壮，此项作业也常称为“更新复壮修剪”。

① 灌木类植栽都会随着时间愈久呈现生长愈高大而老化现象，这时需要实施更新复壮的“强剪”。

② 宜择春夏季间的强剪适期以离地约 25cm 处平切强剪后一个月即可看到萌芽。

③ 黄叶金露花经强剪萌芽再培育一个月后，即能生长茂密且株高达到约 40cm。

各种不同状况下的判断修剪

平户杜鹃花台的造型修剪：
应于花谢后“强剪”造型。

黄金榕花台的绿篱修剪：
只需稍微剪除少数窜生枝芽。

黄叶金露花花台的绿篱修剪：
只需稍微剪除少数窜生枝芽。

日本小叶女贞槽化岛的绿篱修剪
宜以水平式“弱剪”造型。

第3招 平行枝序方向修剪法

适用范围

草木花卉、灌木类、藤蔓类、地被类、造型类及其他类的花木植栽。

修剪方法

花木植栽在进行枝条的“顶梢”剪定作业时，应配合植栽“三种生长枝序”构造，予以正确的配合修剪角度的操作：

1.“互生枝序型”剪定：应于节上的等同枝条粗细的位置，以“平行”枝序方向的角度剪定成为“斜口”状。

2.“对生枝序型”剪定：应于节上的等同枝条粗细的位置，以“平行”枝序方向的角度剪定成为“平口”状。

3.“轮生枝序型”剪定：同“对生枝序型”，亦于节上的等同枝条粗细的位置，以“平行”枝序方向的角度剪定成为“平口”状。

肉桂主干分生小枝的“正确”贴切。

青枫属于对生枝序，修剪下刀位置不可于枝条节间。

青枫修剪下刀的“正确”位置应于节上，剪成“平口”状。

应自“脊线”处平行枝序角度方向切剪。

✕ 侧枝剪定：
不可任意修剪

○ 侧枝剪定：
应以自脊线到领环的角度下刀修剪

✕ 留存侧枝剪定：
不可任意剪除

○ 留存侧枝剪定：
应自脊线处平行枝序方向斜剪

✕ 错误的剪定方式：

将剪定铗的“刀唇”贴着枝条部位修剪，这样会使枝条伤口留下一段“干头枝”。

○ 正确的剪定方式：

将剪定铗的“刀刃”贴着枝条部位修剪，可使修剪后的枝条伤口平顺。

上述在剪定时如果仍可判定植栽的“脊线与领环”的位置与角度时，即使是以剪定铗进行修剪，仍须以自脊线到领环的角度下刀。

以“刀唇”贴着枝条修剪，会留下同刀唇厚度的残枝。

以“刀刃”贴着枝条修剪，才能“贴切”正确而不会留下残枝。

第4招 十二不良枝判定修剪法

适用范围

凡是具有类似"乔木类树形"外观，从地下的"根球部"开始展现到地上部分的"主干"、再分生"主枝"、进而分生有"次主枝"的植栽，都适用以"十二不良枝判定"修剪。

上述的主干、主枝、次主枝（亦称为"亚主枝"）即合称为"结构枝"，是植物支持植物体组织及输送养分与水分的主要构造部分，因此在进行修剪作业时，应尽量避免修剪、破坏"结构枝"部位。

修剪方法

进行乔木类植栽的整枝修剪作业时，在非必要的情况下不得整修"顶梢"与"结构枝"（主干、主枝、次主枝），而对于由"次主枝"开始分生的"分枝""次分枝""小枝""次小枝""枝叶"等部位，可以进行"十二不良枝"的判定修剪。

这些"十二不良枝"计有："病虫害枝""枯干枝""分蘖枝""干头枝""徒长枝""下垂枝""平行枝""交叉枝""叉生枝""阴生枝""忌生枝""逆行枝"等。

由于"十二不良枝判定修剪法"可以运用于许多有类似乔木类树形的植栽，所以堪称是花木修剪基础的判定方法，因此在进行植栽修剪作业前，应当加强了解"十二不良枝"的判定，如此才能正确地进行花木植栽的修剪，进而达到植栽修剪的目的。

开张主干互生枝序型"十二不良枝"判定图

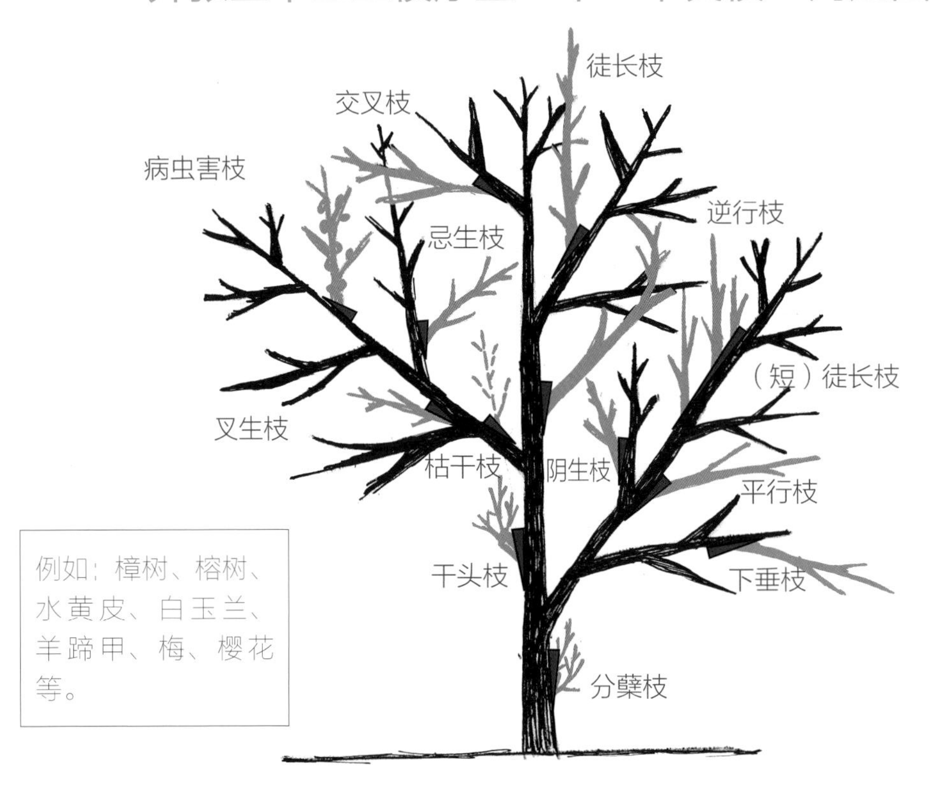

开张主干对生枝序型“十二不良枝”判定图

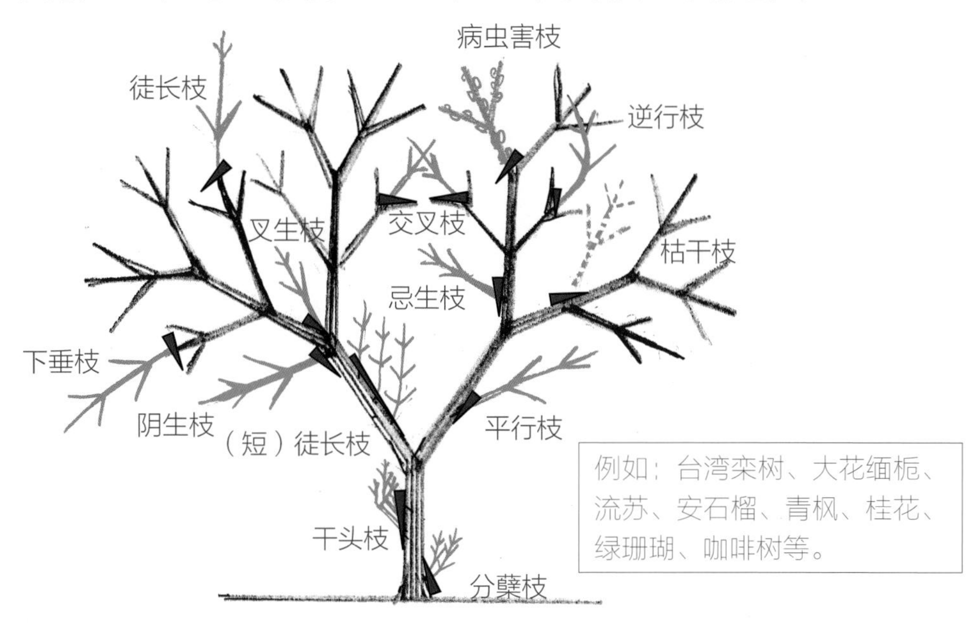

例如：台湾栾树、大花缅栀、流苏、安石榴、青枫、桂花、绿珊瑚、咖啡树等。

直立主干分生枝序型“十二不良枝”判定图

修剪四个要点

1. 分枝下宽上窄
2. 造枝下粗上细
3. 间距下长上短
4. 展角下垂上仰

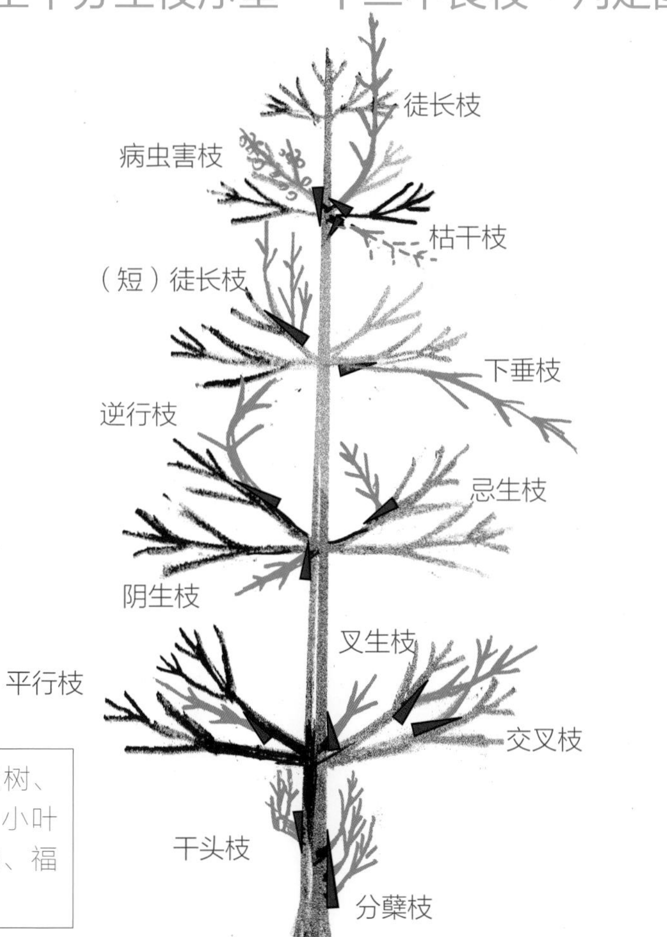

例如：枫香、黑板树、乌心石、落羽松、小叶榄仁、竹柏、木棉、福木等。

认识与判定“十二不良枝”

① 病虫害枝：已经遭受病害、虫害侵袭或危害严重的枝条。

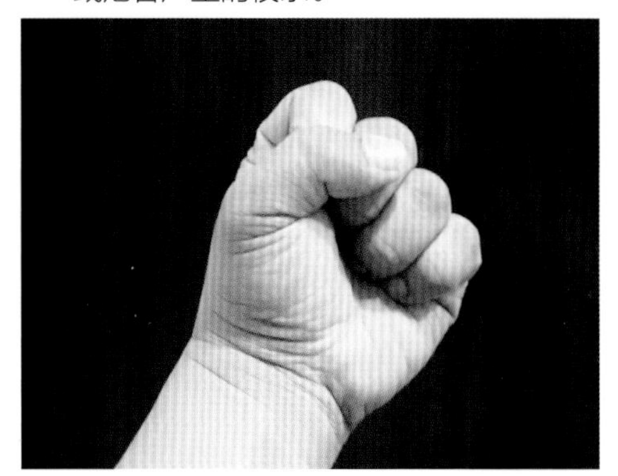

实务工作沟通手势

② 枯干枝：因遭受病害、虫害等而枯干、死亡或腐朽的枝干。

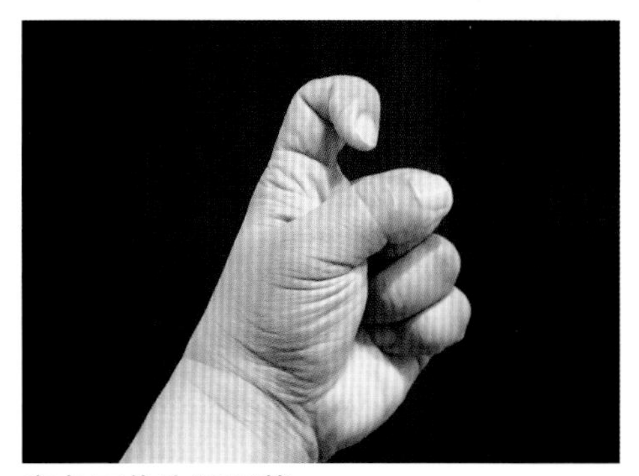

实务工作沟通手势

③ 分蘖枝：是好发萌生在干基部位或结构枝上的细长幼小的新生枝芽。

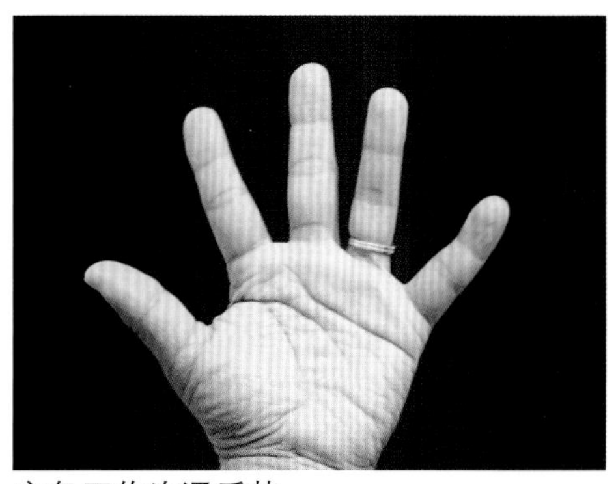

实务工作沟通手势

④ **干头枝**：这是先前修剪操作不良后所留下来的短干头部位所再度萌生新芽的枝干。

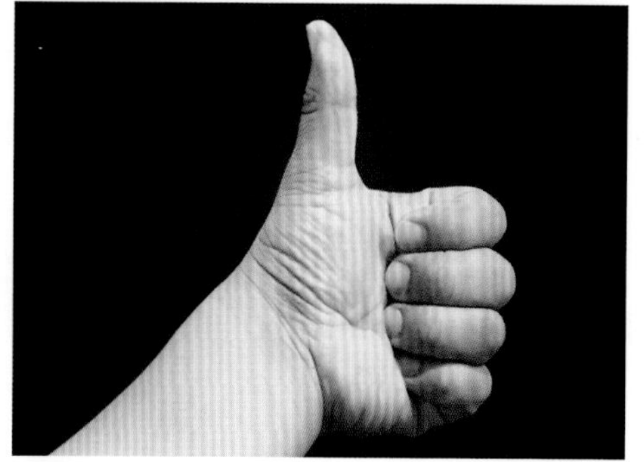

实务工作沟通手势

⑤ **徒长枝**：是生长快速而强势、树皮较光滑而节间拉长、枝条较粗大的枝。

实务工作沟通手势

⑥ **下垂枝**：这是下垂的角度与其他多数枝条的伸展方向比较起来显得过于下垂的枝。

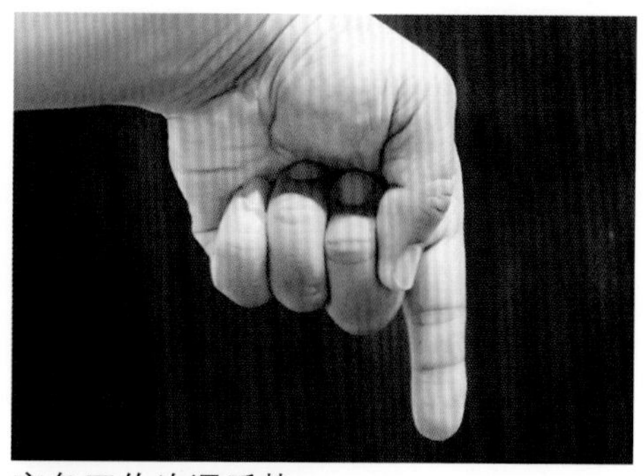

实务工作沟通手势

⑦ **平行枝**：两两枝条的伸展方向平行，位置相近。

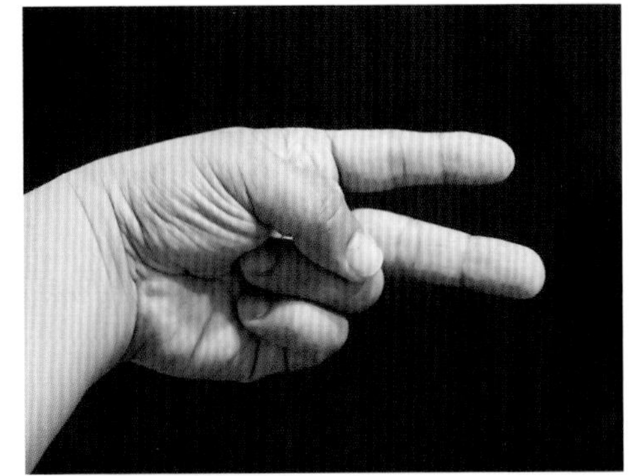

实务工作沟通手势

⑨ **叉生枝**：是在两两“同等优势枝条”的中央部位所萌生的枝条。

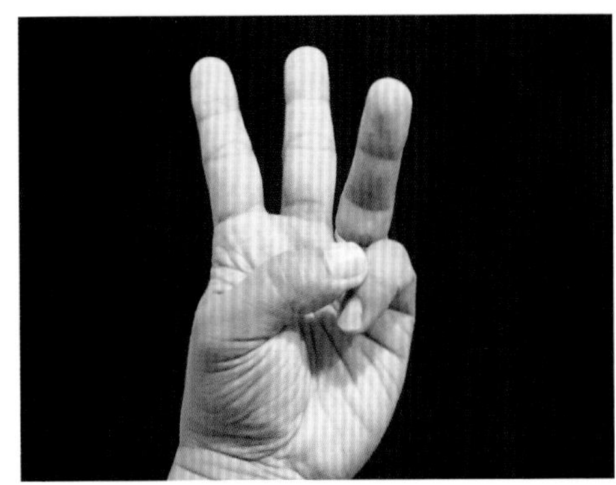

实务工作沟通手势

⑧ **交叉枝**：这是两个枝条形成 X 状的紧密交叉接触的不良情况。

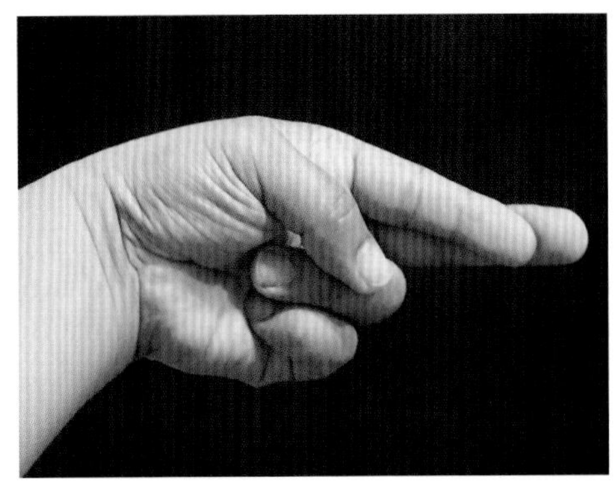

实务工作沟通手势

⑩ **阴生枝**：是在两两“同等优势枝条”的两侧腋下部位所萌生的枝条。

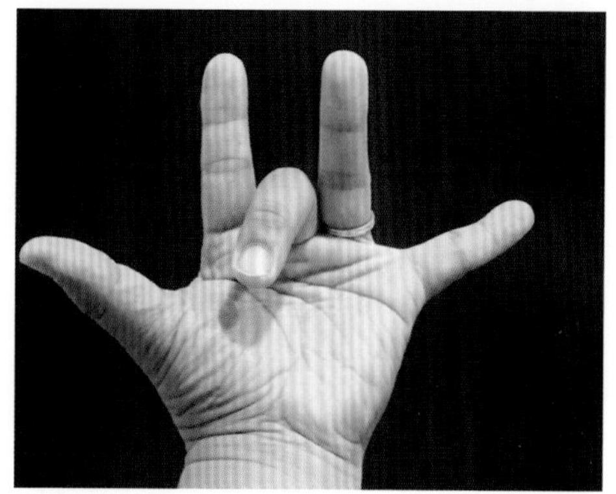

实务工作沟通手势

⑪ **逆行枝**：是枝条原本正常地向外伸展，后又往树冠中心回转弯折伸展的不良枝条。

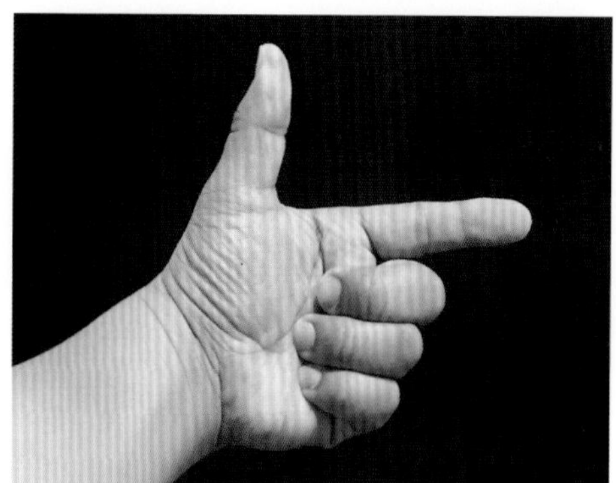

实务工作沟通手势

⑫ **忌生枝**：一开始枝条就没有正常向外伸展，而是直接往树冠中心部位生长。

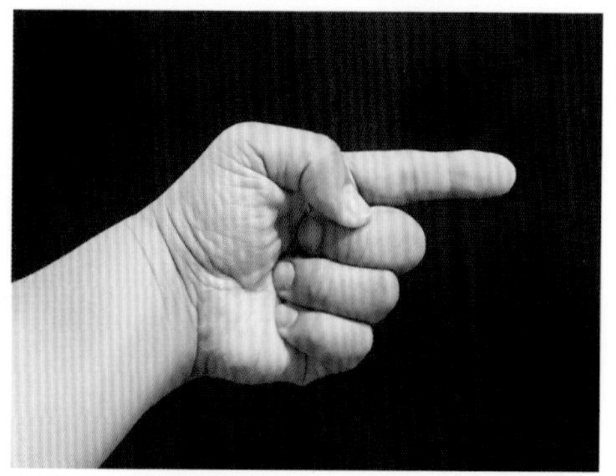

实务工作沟通手势

第5招 疏删W及短截V判定修剪法

适用范围

多用于乔木类、灌木类、观叶类等植栽。

修剪方法

这类植栽在修剪作业时应先根据“十二不良枝判定修剪法”进行修剪；对于树冠轮廓较过分扩张而变形生长的枝条部位、或因分枝较开张而使树冠中空的分枝与枝叶部位，则可以进行“短截修剪”；另对于植栽树冠内部的枝叶芽或丛生小枝叶或密集生长的枝条等，也应进行合理的“疏删修剪”。

1.“疏删W透空”修剪：“疏删修剪”可以先利用“疏删W点透空判定”来观察判定此次可以“弱剪”的程度（意即疏枝修剪去除树冠中央枝叶的程度）。花木植栽如果是生长正常时，若以主干为中心，可将树冠分为左右两侧，再借此判定时应该要呈现：枝条分布呈左右对称、枝叶疏密度呈左右适当均衡透空，所以这些透空的点状也会分布得很平均，就如同W的字形一样，能够左右对称，左右适当均衡透空。

2.“短截V连线”修剪：“短截修剪”可以利用“短截V点连线判定”来观察判定此次可以“弱剪”的程度（意即修剪去除树冠轮廓顶梢枝叶的长度）。花木植栽的树冠轮廓顶梢通常要保持圆顺，然而常有分生枝叶窜生于树冠外缘，因此可以观察发现：树冠轮廓线与窜生枝叶间的天际线凹处，有形成略似V点的空隙，若将这些V点连成线，即可判定此次“短截修剪”可以修剪去除树冠轮廓顶梢枝叶的长度范围。

左上圈内为应“疏删修剪”加强修剪处
其余圈内为树冠内部透空处

景观树木疏删 W 及短截 V 判定修剪法作业图

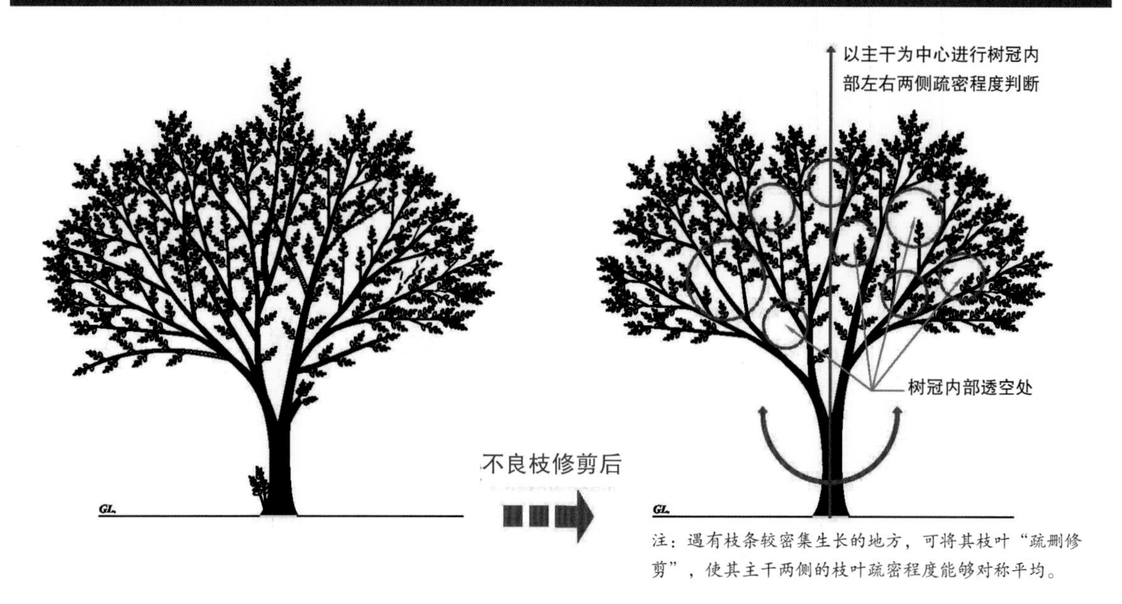

注：遇有枝条较密集生长的地方，可将其枝叶“疏删修剪”，使其主干两侧的枝叶疏密程度能够对称平均。

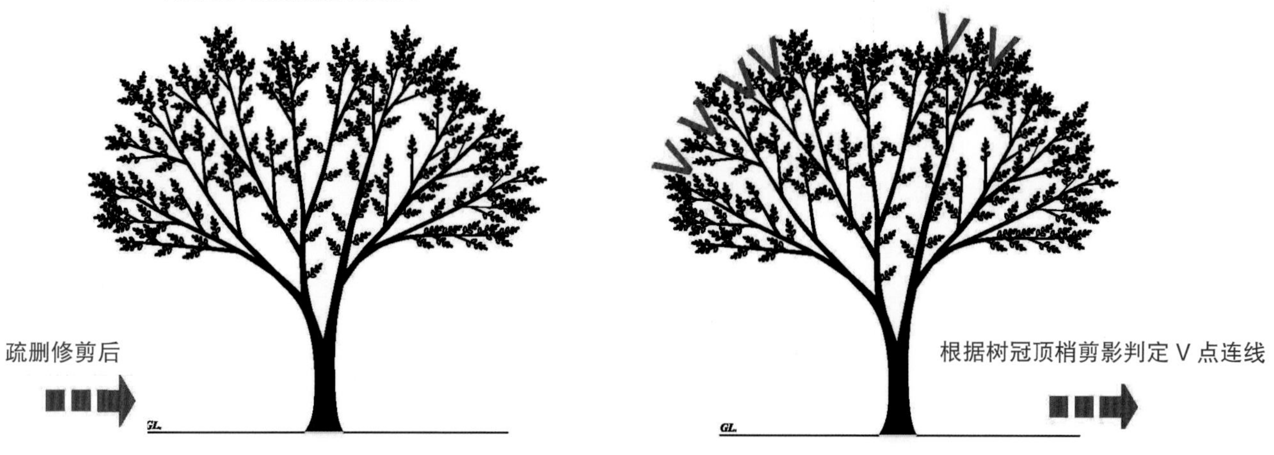

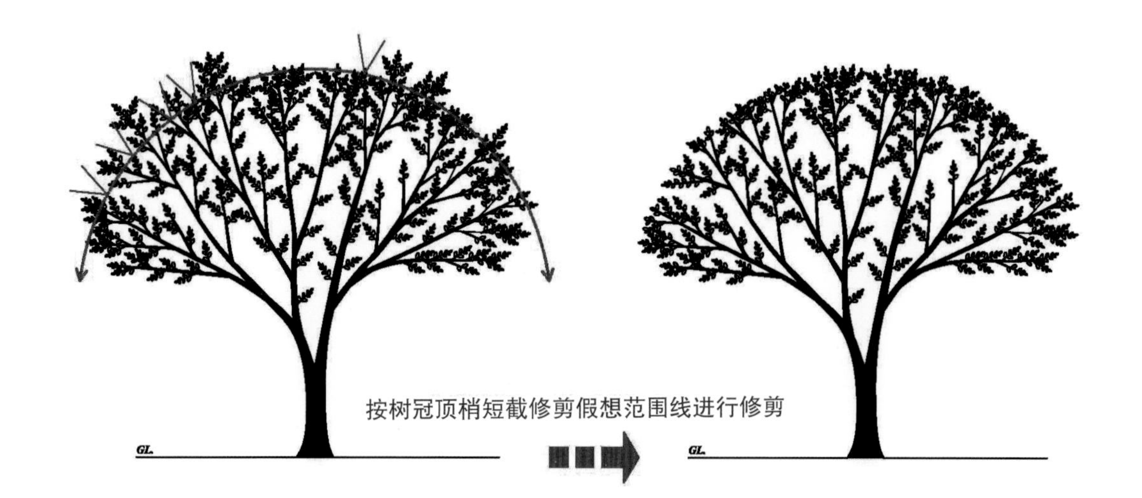

第6招 目标树形设定修剪法

适用范围

主要是运用于在同一地区里，群植或列植相同品种的花木植栽，期望借由目标树形设定修剪法，使整体群植或列植的植栽外观与树形能调和成统一而整齐的面貌，若再细部要求：其树高与冠幅的两项植栽规格应更趋近一致。

修剪方法

1. 先将整体植栽进行检视与记录：包括整体的树高与冠幅之规格差异程度、生长状况、与周边环境风土适应性、树种特性，测量记录每株植栽的"基本规格"（植栽高度H，树冠宽度W，米高直径D），以备制定"目标树形设定"的修剪计划。

2. 选定"目标树形"设定"标准树形"：也就是在这一整排或整群的植栽当中，在整体树形高低、宽窄、美丑不一当中，选定一株介于高低与宽窄之间的标准植株，以作为未来目标树形设定的"标准树形"，作为整体依循的修剪参考标准。

3. 树冠高度目标设定：依据整体植栽树冠高度之"树高平均值"作为整体修剪依循的"树冠高度目标设定"。若植栽的高度低于这个标准，则须进行"侧枝摘心"以促进其顶梢继续生长、加速促进其长高。

4. 树冠宽度目标设定：依据整体植栽树冠宽度之"冠幅平均值"作为整体修剪依循的"树冠宽度目标设定"。若植栽的宽度低于这个标准，则须进行"顶梢摘心"短截以促进其侧枝横向生长、尽快促其继续变宽。

5. 枝下高度目标设定：应依据整体植栽的生长空间与用途，考量植栽的"枝下高度"应该留存多少。建议：若是乔木类的行道树时，植栽枝下高度在车道这一侧应保持 4.6m 的净高高度；而靠近人行道的这一侧则应保持 3m 的净高高度（若是紧临建筑物时，树冠应该保持与"合法建筑线"有 1m 以上的平面距离）。

6. 实施整体的疏删 W 及短截 V 判定修剪：经目标树形设定后即可进行"十二不良枝判定修剪"及"疏删 W 及短截 V 修剪"，将这些群植或列植的相同品种花木植栽进行修剪。

7. 每年检讨选定目标树形、设定标准：以此作为每年开始进行修剪计划的依据。

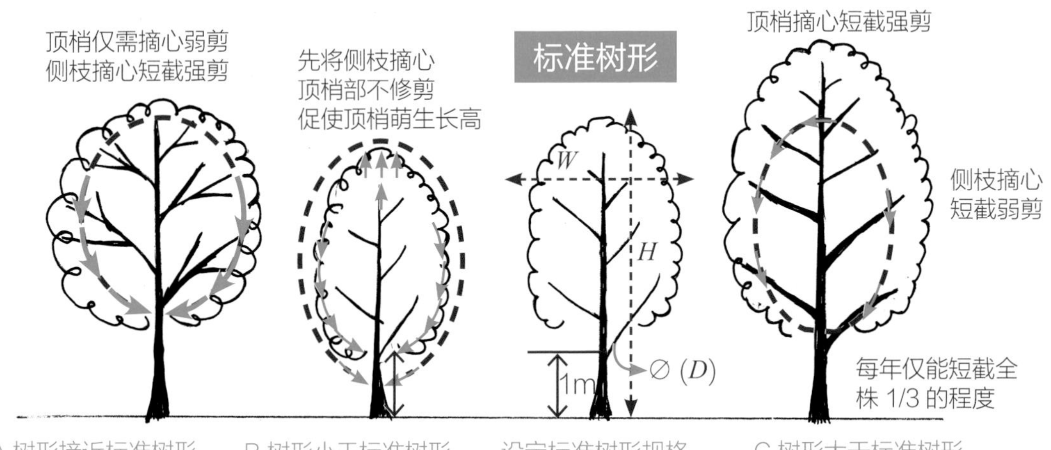

A 树形接近标准树形　B 树形小于标准树形　设定标准树形规格　C 树形大于标准树形

目标树形设定修剪法图例

符号说明

- **A** 进行树体内不良枝判定修剪
- **B** 进行树冠内部“疏删”修剪
- **C** 进行树冠轮廓“短截”修剪
- **D** 等待枝叶萌生补满树冠

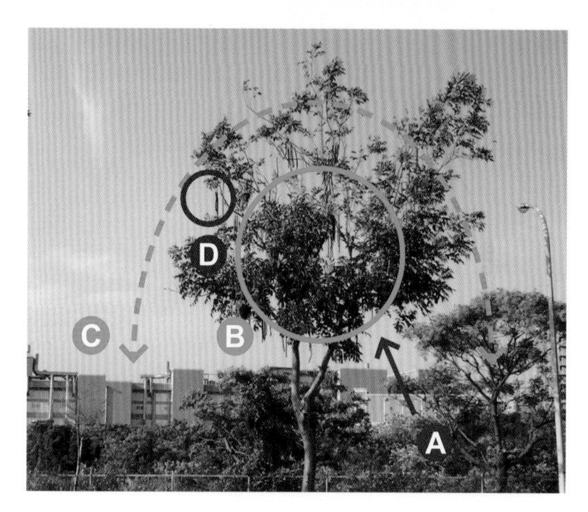

符号说明

- **A** 进行树体内不良枝判定修剪
- **B** 进行树冠内部“疏删”修剪
- **C** 进行树冠轮廓“短截”修剪
- **D** 等待枝叶萌生补满树冠

第 7 招 粗枝三刀修剪法

适用范围

乔木类及大型灌木类的花木植栽，针对植栽整体造型美观及需要，在较粗的枝条、树干等部位进行适当的调整、裁除、切锯等作业。

修剪方法

大型木本植栽的树干及枝条之整枝修剪作业，可简单区分简称粗枝与小枝两种操作方法，即粗枝三刀法、小枝一刀法。

粗枝与小枝的判断方式：当植栽的枝条树干需要整修切锯的位置，若以单手无法握持稳定时（其直径约为 10cm 以上），则可判定为“粗枝”，采用“三刀法”修剪；假如植栽的枝条树干需要整修切锯的位置，可以单手握持稳定时（其直径约为 10cm 以下），则可判定为“小枝”，采用“一刀法”修剪。

由于“粗枝三刀修剪法”是整枝修剪作业中，会造成植栽伤口最大的一种方式，因此必须采取正确的修剪位置与步骤，才能确保植栽后续的健康成长。

正确的修剪必须采取自脊线到领环的角度下刀，在每次修剪前，应先就所欲修剪的树种之树干与枝条脊线与领环的外观痕迹进行辨别，借此成为修剪下刀角度的判定依据，接着依循“先内下、后外上、再贴切”的三刀法修剪。

最后一刀的“再贴切”下刀时仍须尽量贴近脊线到领环的连线，外移 0.5~1cm，因为修剪得太深或太浅都不好！会有不良的影响与后遗症。

粗枝三刀修剪法作业详图

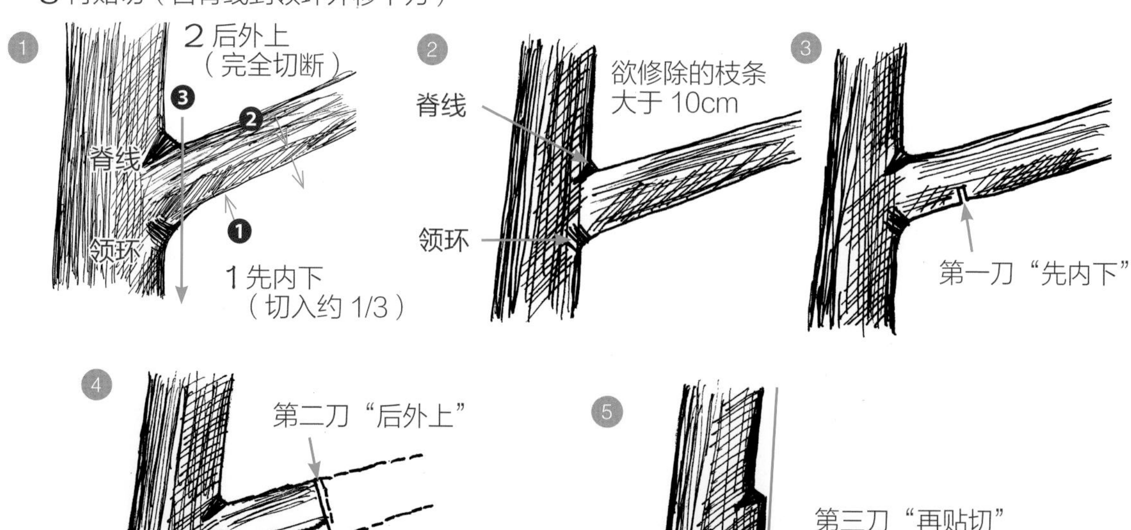

粗枝三刀修剪法示范

可背诵并运用“工法口诀”：“先内下、后外上、再贴切”。

① **第一刀“先内下”：**先在修剪切锯枝干的分生处之内侧下方（约等同枝干粗细处的位置），由下往上“下刀”切锯约枝干直径的三分之一深（若切锯太深恐会夹锯易造成工作危害）。

② **第二刀“后外上”：**随后在距离“第一刀位置”的枝干外侧上方之“等同枝干粗细距离”位置，再由上往下“下刀”完全锯断枝条。

③ **第二刀完成后：**“后外上”的第二刀锯断枝干后，其断裂面会停留在第一刀处而不会撕裂伤及其他部位。

④ **第三刀“再贴切”：**须先确认“脊线”与“领环”的位置，再在“脊线”与“领环”连线的外侧 0.5~1cm 的位置“下刀”修剪。

⑤ **第三刀修剪完成：**“再贴切”的第三刀修剪后，呈现良好的修剪后伤口，将有助于日后伤口的正常愈合与植栽健康。

Tips 除了“粗枝三刀法”及“小枝一刀法”的工法之外，请勿擅自以“二刀法”修剪，以免伤口木质部凸出而使其无法顺利愈合。

第8招 小枝一刀修剪法

适用范围

乔木类及大型灌木类的花木植栽，针对植栽整体造型美观及需要，对较细的树干、枝条等部位做适当的调整、裁除、切锯等作业。

修剪方法

由于小枝一刀修剪法是整枝修剪作业中会迅速造成植栽伤口的一种方式，往往就是“一刀两断”，因此操作的正确与否，将会直接影响植栽后续能否健康成长。

“一刀法”是运用“三刀法”中最后一刀“再贴切”的工法，直接将枝条一刀切断。须先确认“脊线”与“领环”的位置，再在自“脊线”与“领环”连线外侧 0.5~1cm 的位置“下刀”修剪。应小心避免损伤“脊线”与“领环”的位置，以免影响日后伤口的正常愈合与植栽健康。

小枝一刀修剪法作业详图

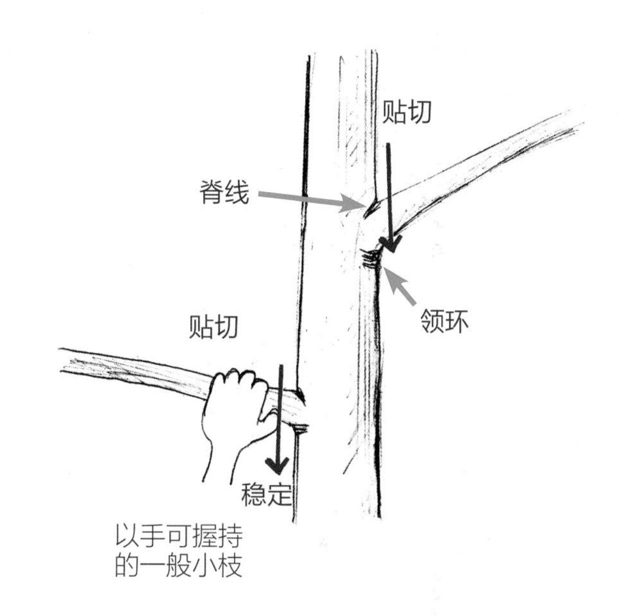

小枝一刀修剪法示范

1 小枝可以直接“贴切”，在自“脊线”与“领环”连线外侧 0.5~1cm 的位置“下刀”修剪。

2 修剪中与修剪后的情况。

自“脊线”到“领环”外移下刀，一定要做对！
这样才能促使伤口愈合良好！树木健康生长！

树木修剪前必须要先认识“脊线”与“领环”的位置，因为修剪下刀的位置要避开“领环组织”的环状细胞”，这样后续才能够让伤口顺利有效地愈合良好、树木也可以健康成长。

✽ 脊线

两两枝条相邻处的“环状细胞”挤压形成一条皱褶线，称为“枝条树皮脊线”，常简称为“脊线”，亦可称之为“枝皮梁脊”或“梁脊”。

✽ 领环

枝条向外弯曲的下方因“环状细胞”层层堆积隆起形成环状叠层突起，犹如环状领口，故称为“枝条领环”，常简称为“领环”，亦称之为“枝瘤”或“枝领”。

木本植物由于有“形成层细胞”，因此可以不断增生而形成年轮，并且使茎干不断地变粗。这种常会顺延枝条下方生长的形成层细胞，也称为“环状细胞”，如果树木遭受到损伤时，环状细胞可以协助愈合来保护伤口。

“环状细胞”经常堆积于“领环”位置，会呈现凸出或不凸出、明显或不明显的样貌状态，因此我们可将“领环组织”分为：平顺不明显型、下凸明显型、全凸明显型、环生明显型、环凸明显型等，而且这些“领环组织”的类型也有可能在同一种树木中出现达两种以上的不同类型样貌。

当我们进行树木修剪时，就必须避开“领环组织（环状细胞）”修剪下刀，这样才能使领环的环状细胞向上到达脊线位置后，促使“伤口愈合组织”形成良好，如此就可避免因伤口无法愈合而导致腐朽菌类的感染或是白蚁类的滋生蛀蚀，以致产生“树洞”而危害树木的健康与生长。

所以，**如果不在正确的位置下刀，伤口就会愈合不良，或是无法愈合！**

领环组织“平顺不明显”型

自“脊线”到“领环”—— 外移下刀

台湾栾树“脊线”与“领环”样貌图

自“脊线”到“领环”—— 外移下刀

落羽松“脊线”与“领环”样貌图

【领环组织“平顺不明显”型】

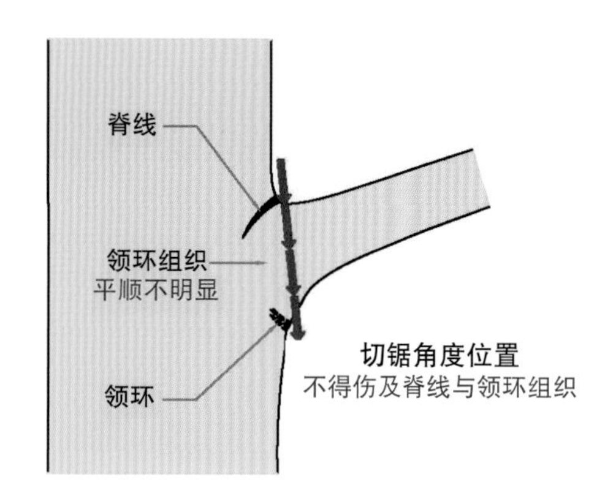

领环组织“下凸明显”型

自“脊线”到“领环”—— 外移下刀

黄玉兰“脊线”与“领环”样貌图

【领环组织“下凸明显”型】

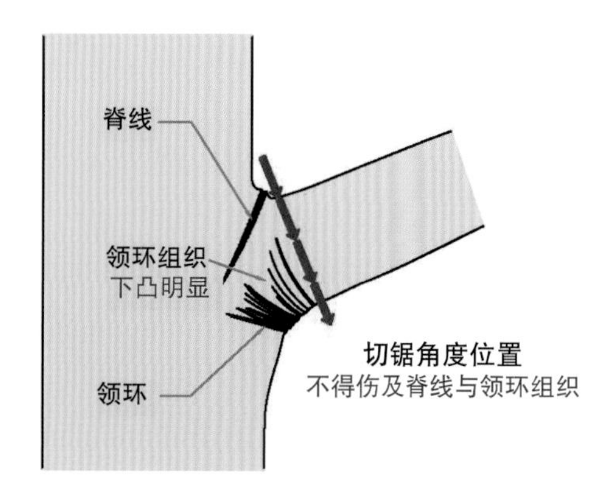

领环组织“全凸明显”型

自“脊线”到“领环”—— 外移下刀

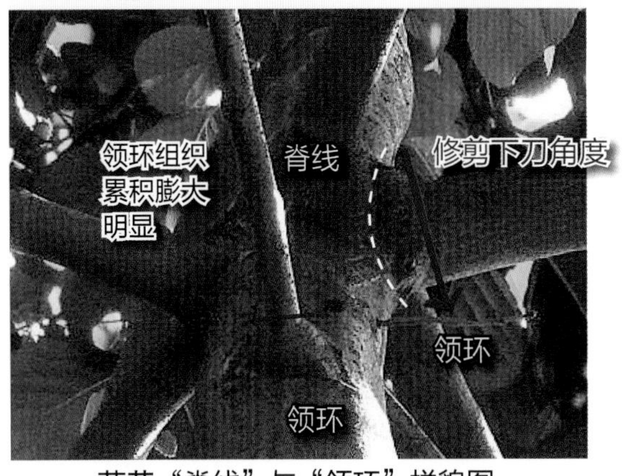

茄苳“脊线”与“领环”样貌图

【领环组织“全凸明显”型】

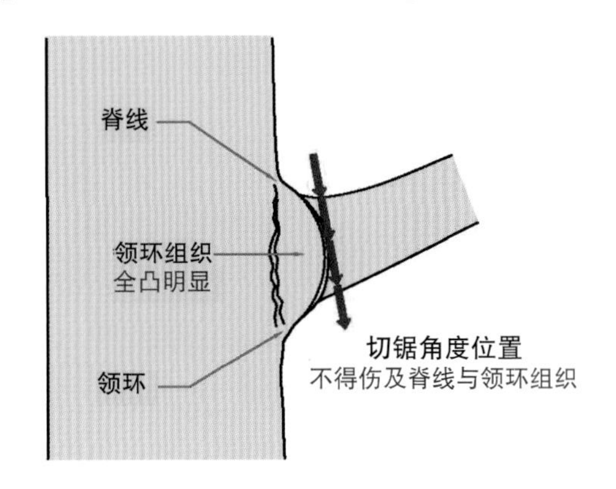

领环组织“环生明显”型

自“脊线”到“领环”—— 外移下刀

岛榕“脊线”与“领环”样貌图

【领环组织“环生明显”型】

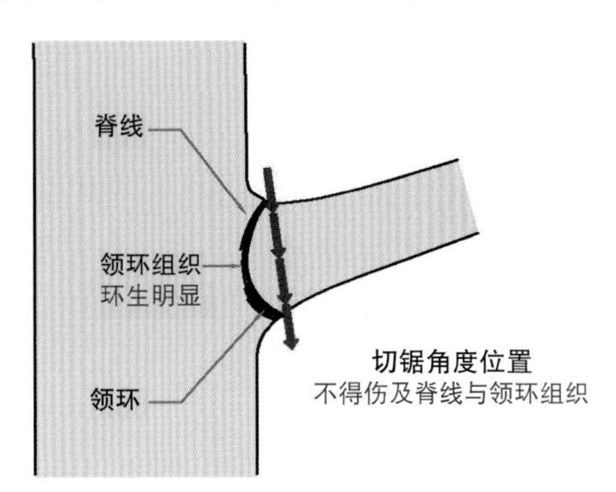

领环组织“环凸明显”型

自“脊线”到“领环”—— 外移下刀

黄槿“脊线”与“领环”样貌图

【领环组织“环凸明显”型】

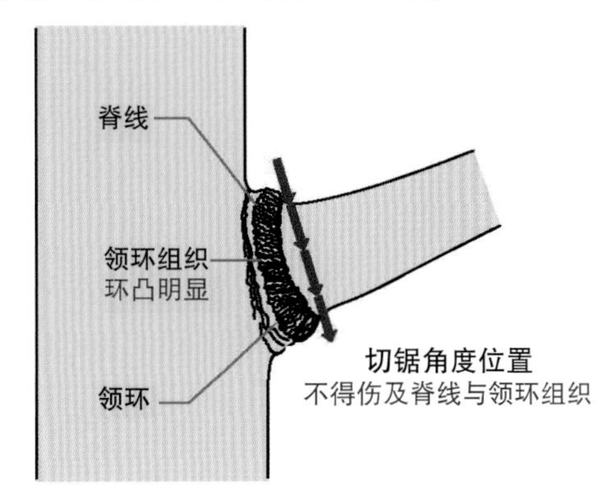

修剪部位若位于左右分枝之间
有“上下脊线”而无“领环”时
可以“自上脊线到下脊线”为角度下刀！

树木修剪下刀的角度，一般情况下应该自“脊线”到“领环”贴切。但是，如果遇到主梢断折或干枯时，修剪位置是位于左右两分枝之间，这时候，就可以如附图一样，采取“自上脊线到下脊线”为角度下刀。这样也会使伤口在后续能逐渐愈合良好！

修剪部位若是直立主梢
有“脊线”而无“领环”时
可以自脊线约 45 度角下刀！

此外，如果遇到顶梢断折或枯干时，经常会无法看到“领环”的位置，这时候，就可以如附图一样，采取自脊线约 45 度角下刀。这样也会使伤口愈合良好！

第9招　伐木四刀修剪法

适用范围

1. 大型植栽枯死后须移除之前：植栽枝干遭受病虫害或天灾等外力损害而枯死之后，常常会以挖土机（俗称怪手）移除，但是植栽树体很大时，若贸然以挖土机挖掘时容易产生工程上的危害，因此顾及作业上的安全，就必须先进行伐木修剪后再挖掘移除，如此才能兼顾工程作业安全。

2. 遇有较垂直挺立的枝干须修剪时：有些植栽的不良枝是属于较直立性的或是枝干较粗大的，这些情况若以"粗枝三刀法"修剪时，常会因枝干树体过重而夹断修枝锯或电链锯，因此对于这类大型直立的枝干进行切锯时，为了作业上的安全考量，除了应该要特别小心与注意之外，也要善用"伐木四刀修剪法"，以免工作意外的发生。

修剪方法

伐木四刀修剪法的"工法口诀"为："倒向斜切、平切取木、对中锯倒、锯除干头"。

由于本项修剪法可以"决定倒向"，因此除非伐木修剪有空旷区域可以让第三刀修剪后，能顺势倒下也不会伤及人车建筑等，否则特别建议要适度配合起重机具的吊挂协助，在即将伐倒锯除的时候，借由吊挂牵引固定来防止倒伏或压伤的意外发生。

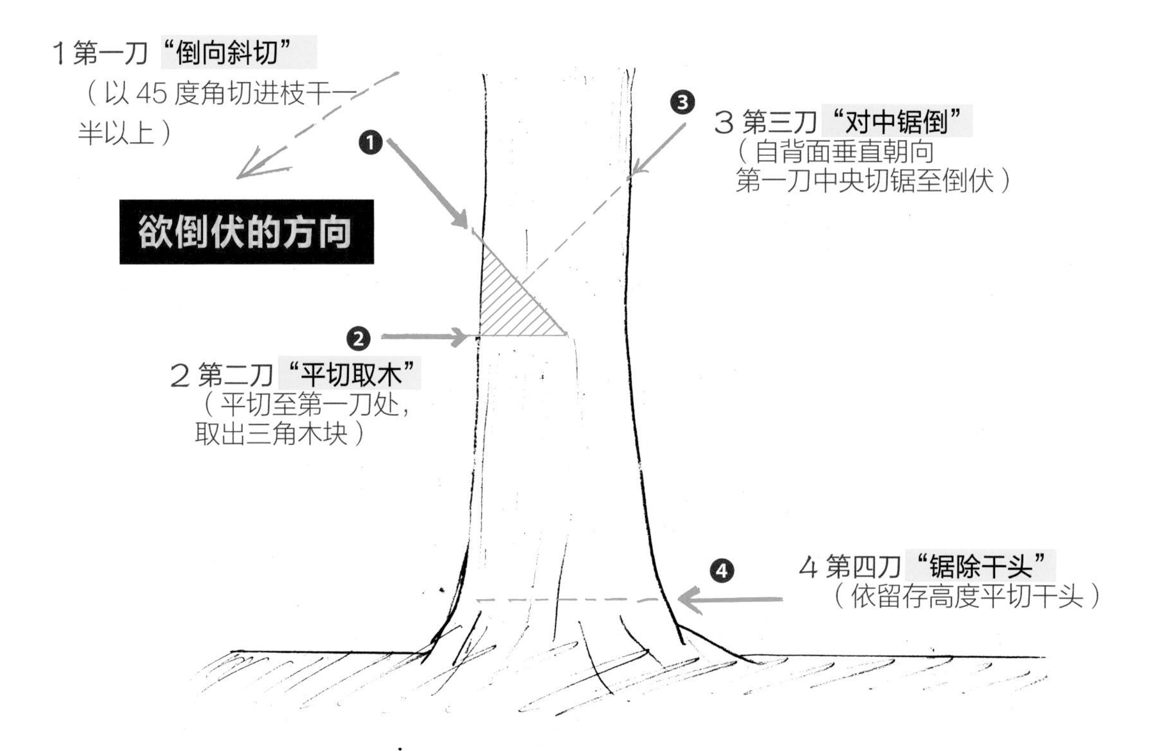

伐木四刀修剪法示范

可背诵并运用“工法口诀”：“倒向斜切、平切取木、对中锯倒、锯除干头”。

1 第一刀“倒向斜切”：先于预设倒伏的方向，以45度角向下切锯深入约干径粗细的1/2。

2 第二刀“平切取木”：以水平角度向第一刀终点的位置切锯。

3 水平角度切锯至端点位置，即可取下三角木块。

4 第三刀“对中锯倒”：自预设倒伏方向的背面反向位置，以45度角向下垂直朝向第一刀的中央位置切锯至断裂倒伏为止。

5 第四刀“锯除干头”：依据所欲留存高度，以水平角度切锯。图中为大型直立树干，故应配合起重机具吊挂协助。

第10招 叶柄基部45度角修剪法

适用范围

1. 棕榈类植栽：系指棕榈科所属的植栽，在外观上具有互生羽状复叶或掌状分裂复叶的所谓"椰子类"植栽。

2. 树形呈现"由中央开张放射状"的其他植栽：例如：观叶类（姑婆芋）、树蕨类（笔筒树、桫椤）、露兜树（林投）类、苏铁类、王兰类、龙舌兰类等枝叶呈现螺旋排列而由中央向外放射开张的树形之花木植栽。

修剪方法

叶柄基部45度角修剪法须先确认各种植栽的"叶鞘分生处"（意即叶柄基部的叶鞘部位），并且以此设定"修剪假想范围线"，作为修剪判定的基准。

若是在日常维护管理状态下，"修剪假想范围线"为水平线，植栽叶部末端若下垂超过该水平线，则该叶片即可判定由叶柄基部完全修剪去除，这也就是"弱剪"。

倘若是在准备进行移植作业的"补偿修剪"情况下，其修剪程度较"弱剪"为重，以树干为中心，由水平仰角为45度和135度的两条线构成"修剪假想范围线"，植栽叶部末端若超过"修剪假想范围线"时，则该叶片即可判定由叶柄基部完全修剪去除，这也就是"强剪"。

当进行这些植栽的修剪时，若遇有棕榈类的"佛焰苞"花序或是其他植栽的开花枝或结果枝时，除非另有开花结果的观赏或采收利用的需求之外，否则应该及时加以修剪去除，以免徒然消耗植栽养分。

若遇有棕榈类植栽（例如大王椰子）的老化圆筒状叶鞘已略与茎干部分离时，亦应加以剥离或修剪去除，以免其大型圆筒状叶鞘因风力或外力作用而掉落损伤人车等。

修剪去除叶部时，应紧贴干部将叶鞘部的叶柄部位以45度角向上斜切的方式进行修剪，绝不可以留下凸出的叶柄部位，以免不美观或成为病虫害的寄宿之处。

女王椰子"弱剪"前状况。　　女王椰子"弱剪"完成。

叶柄基部 45 度角“强剪”作业详图

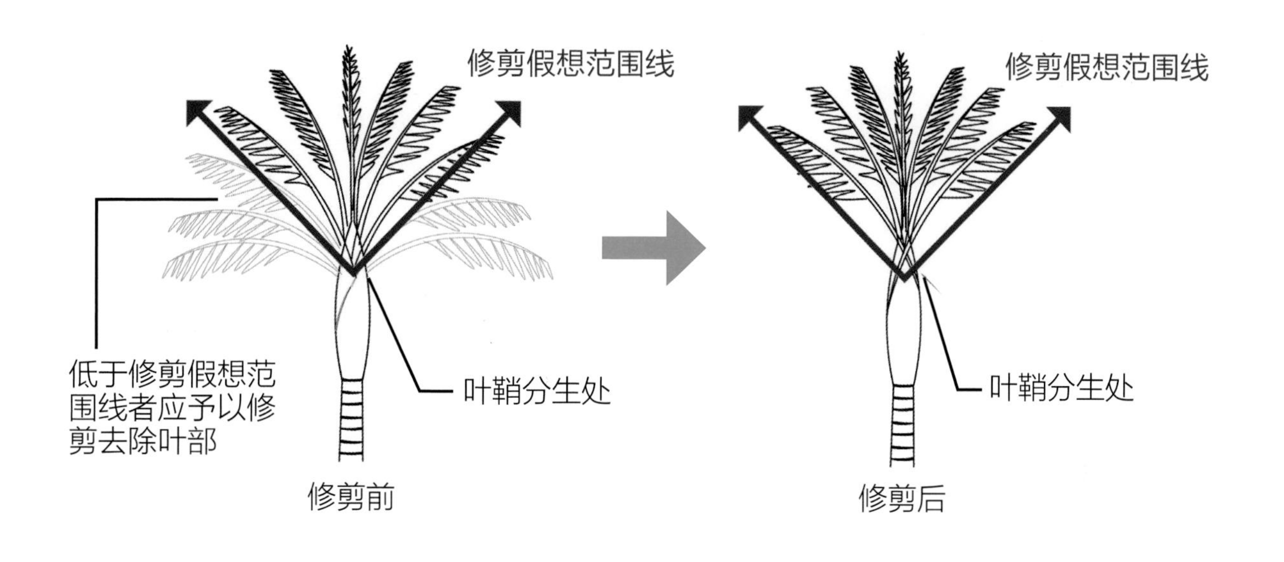

叶柄基部 45 度角“弱剪”作业详图

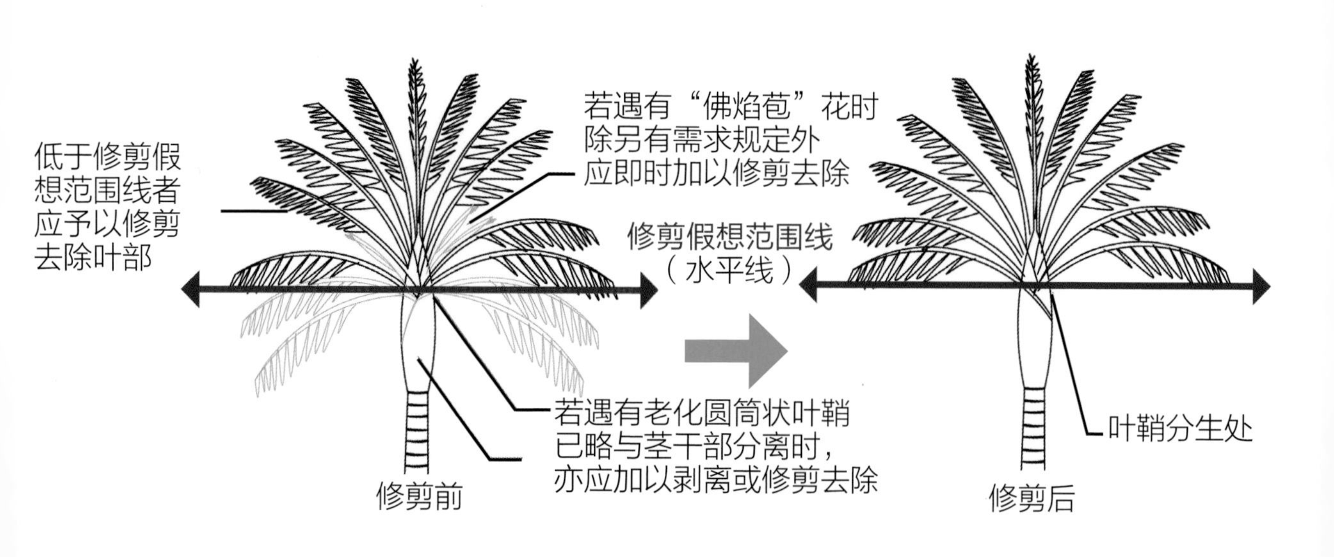

① 蒲葵的叶鞘分生处有许多不良的枯干及凸出的叶柄。

② 先修剪不良的枯干叶柄，可将修枝锯由下而上呈现 45 度角向上斜切锯除。

③ 接着将凸出不良的叶柄，同前述方式亦以 45 度角向上斜切锯除。

④ 按 “叶柄基部 45 度角修剪法” 修剪后的伤口较小，较能避免病虫害的滋生与寄宿，也能呈现较佳的整体美观。

⑤ 修剪完成。

第 11 招　新竹高宽摘心修剪法

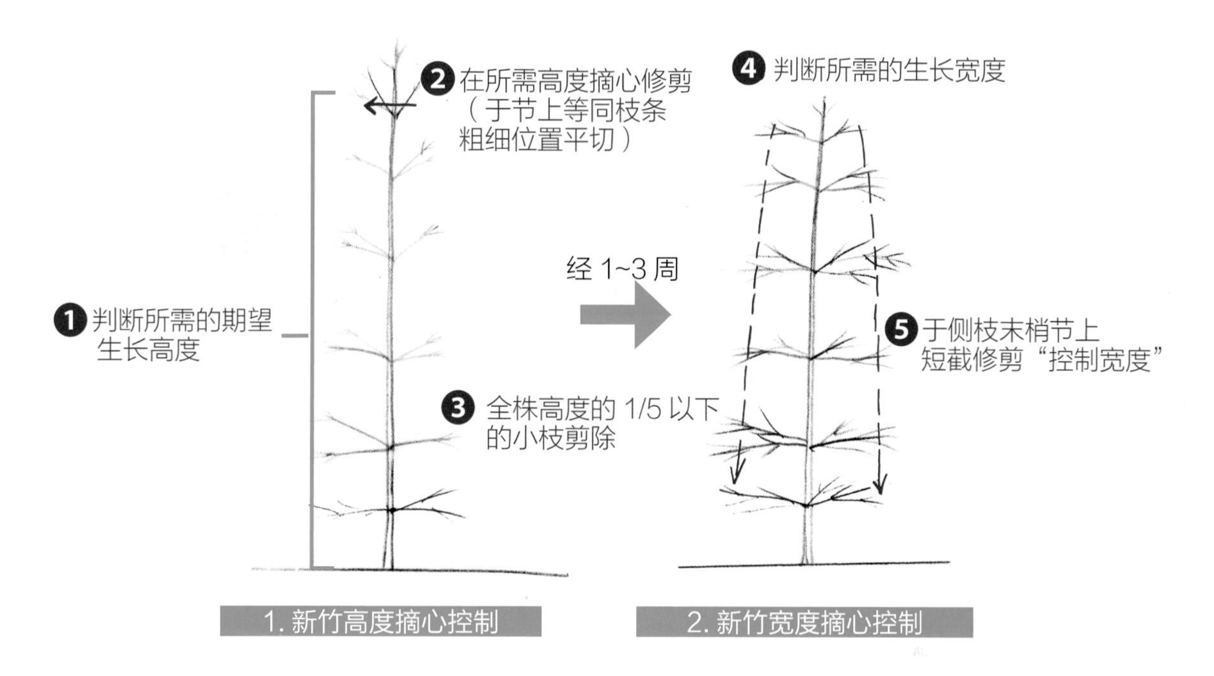

适用范围

竹类植栽的“新竹”生长阶段：是指竹秆为当年所新生的，因此每一节上及每一分生小枝或枝叶都是今年所萌发的新生阶段。

修剪方法

所谓的新竹高宽摘心修剪法，就是先进行新竹“顶梢摘心”的“高度控制”修剪，之后再进行新竹“侧枝摘心”的“宽度控制”修剪。

在作业上通常会等待竹类植栽遇有新笋在老竹旁边新生的时候，就可以将老竹从地面锯掉，等待新笋的继续成长。

1. 新竹高度控制修剪：当新生竹笋继续长高、并且逐渐一节一节向上伸展时，我们可以在新笋长到我们所想要的高度时，及时将顶梢摘心（即以手将末端顶梢转折拔掉一节或以剪定铗将心芽剪断），这样它就不会再继续往上生长而停在此处，新竹的高度就控制住了。

2. 新竹宽度控制修剪：接着约在一到三周后，即可看见新竹秆的每节上均有新生的小枝分生，并且会向两旁伸展开来。所以，当新生小枝的新叶尚未完全长出来之前，其小枝会持续长宽，因此可以在小枝长宽到所想要的宽度时，及时将各侧生小枝的心芽以手摘心（亦即将侧生小枝末端心芽转折摘除）或以剪定铗将心芽剪断，这样它就不会再继续往旁边长宽而停在此处，新竹的宽度就控制住了。

春季新竹生长阶段，可在所需要的高度处“摘心”修剪“控制高度”。

桂竹短截修剪“控制宽度”作业。

短截修剪“控制宽度”完成。

第 12 招 老竹三五疏枝修剪法

老竹三五疏枝修剪法作业详图

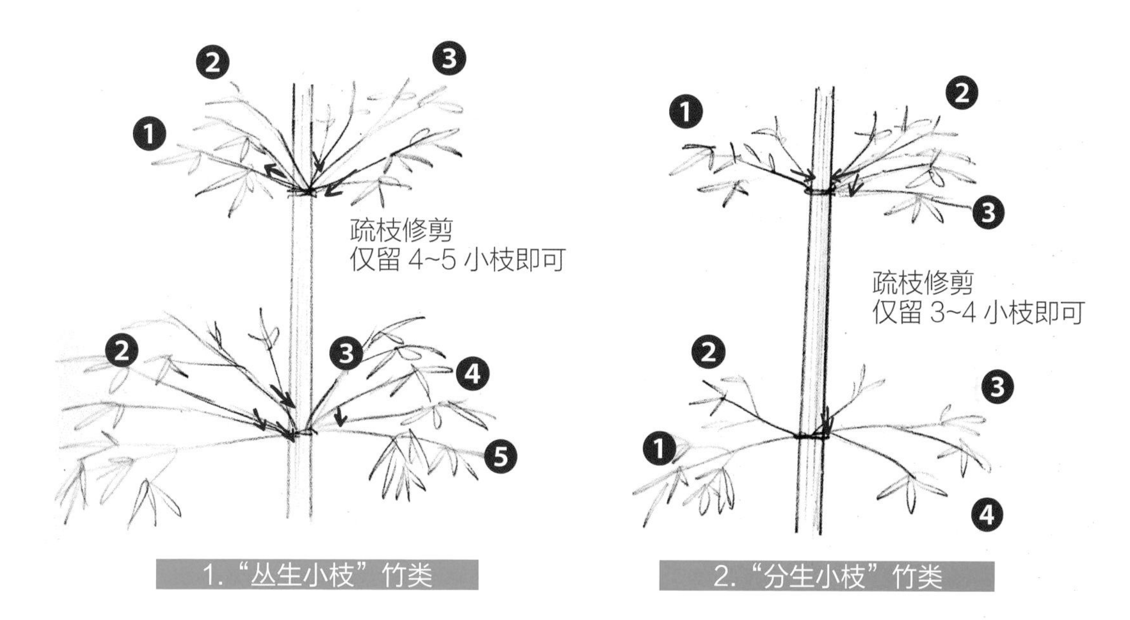

适用范围

竹类植栽的老竹生长阶段：是指竹秆每一节上除了有当年的新枝之外，更有一年生以上的老枝，且新枝与老枝都会再长出一定的小枝或枝叶的成长时期。

修剪方法

老竹的竹秆每一节上分生新枝的部位，必须在每年的“生长旺季”进行一次“疏枝疏芽”的作业，就称为老竹三五疏枝修剪法。

在做法上根据竹类节上分枝的特性，可以区分为两种，一种是针对“丛生小枝”的竹类、一种是针对“分生小枝”的竹类，作业方法如下：

1. 分生小枝竹类“疏枝仅留 3~4 小枝”：每年可于竹秆的每节分生小枝处，进行疏枝疏芽作业，也就是将分生的小枝，间隔摘除，留存生长较好的小枝，使每一节处仅须留存3~4 小枝，使其平均分布即可。

2. 丛生小枝竹类“疏枝仅留 4~5 小枝”：每年可于竹秆的每节丛生分枝处，进行疏枝疏芽作业，也就是将丛生的小枝，间隔摘除，留存生长较好的小枝，每一节处仅须留存 4~5 小枝，使其平均分布即可。

3. 竹秆基部数节小枝剪除不留原则：无论是“丛生小枝”或是“分生小枝”的竹类植栽，其竹秆自地面基部算起至总高度的 1/5 处（约 60~100cm 处），其间各节上所分生的小枝，全部剪除不留，以保持竹秆的地表部分之采光、通风良好，也可避免病虫害的寄宿与滋生。

八、修剪后的伤口保护作业

花木修剪后，植栽一定会有伤口，伤口后续如果无法愈合、或是愈合不良，致使伤口的木质部位暴露在自然环境下，若任由日晒雨淋常会导致蚁类害虫的啃食、或腐朽菌类的侵害而滋生像似菇类的子实体，进而使茎干腐烂破坏植栽的整体结构，一段时间后就会因腐朽形成“树洞”，直接影响树体的支撑作用力或水分及养分的输送能力，最终渐渐趋于败势而死亡。

腐朽菌类会侵害木质部而滋生像似菇类的子实体。

因修剪不当而腐朽并形成树洞。

以自脊线到领环的角度下刀就能保护伤口

木本类花木植栽都具有“形成层细胞”组织，因此可以不断地增生而有所谓的年轮，并且可使茎干不断变粗。这种常会顺沿枝条下方往上生长的形成层细胞，也称为“环状细胞”，在向上包覆枝条的过程中即能累积形成“领环组织”。

“环状细胞”在树干枝条两两分生之间，均会造成树皮产生一道明显可供辨认的皱褶线条，称为“脊线”。

若是“环状细胞”在树干枝条两两分生之外侧，因其弯曲下方处会聚集大量“环状细胞”，因此“环状细胞”经过弯曲压缩而隆起，就会形成一浅浅的环状凸起，犹如领口皱褶般的痕迹，则称为“领环”。

所以，在进行木本类花木植栽的修剪前，必须先认识“脊线”与“领环”的位置，下刀的位置如果也能贴近自“脊线”到“领环”的连线，伤口便能顺利愈合，这也是最佳的伤口保护方式。

每次修剪以应自脊线到领环的角度下刀。

给修剪伤口多一层保护，涂布伤口保护药剂

乔木类或大型灌木的花木植栽修剪切锯后，如果伤口直径较大，达到 3cm 以上时，建议在修剪后即刻实施伤口涂布药剂消毒的保护处理作业。

根据笔者的使用经验，市售的所谓树木修剪伤口愈合剂（无论是进口或是国产品牌），或是传统配方、偏方药剂（例如涂布油漆或树脂白胶、抹上水泥、涂抹黏土），都无法满足专业的实质需求。

因此笔者经过近十年来的实务工作研究及不断改良，调制了“中利配方伤口保护药剂”，可保护伤口免受大自然中的腐朽菌感染危害，其材料价格低廉，容易购买取得，自行调配快速容易，也能确保伤口消毒保护的长效性效果。

涂布“中利 4 号配方”伤口保护药剂。

涂布“中利 3 号配方”伤口保护药剂。

“中利配方伤口保护药剂”调配方法

1. 准备一个 6000ml 的塑料瓶，装入约 5000 ml 水。

2. 取“三泰芬 5% 粉剂”10g，倒入上面加水的瓶中，稀释成 500 倍水溶液。

3. 准备一个小水桶，将石灰粉取适量倒入水桶中。

4. 再于小水桶中倒入前述之“三泰芬 5% 的 500 倍水溶液”。

5. 调和均匀后即可成为“中利 3 号配方”伤口保护药剂。

6. 在“中利 3 号配方”伤口保护药剂中加入所需的颜料（黑、绿、红、蓝等），调和均匀即成为“中利 4 号配方”伤口保护药剂。

注 1. 三泰芬是系统性杀菌剂，不可用于果树。
2. 三泰芬可用三得芬、待克利、护矽得替代。

修剪是否正确，日后仍可鉴定与判断

花木植栽的修剪正确与否，可以在作业之后借由观察修剪切锯的伤口来进行检查与评判，而且其日后愈合的情形也可进行鉴定与判断，因此，观察修剪后的伤口可以作为整枝作业的验收或评估的参考项目。

切锯作业的方式及日后愈合的情况，有下面几种类型：

① 修剪的角度与位置正确。

② 伤口愈合完整良好
→如同“绿宝石”般完整。

③ 不当修剪切除上方脊线
→造成伤口上缘愈合不良。

④ 不当修剪切除下方领环
→造成伤口下缘愈合不良。

⑤ 不当歪斜未贴齐修剪
→伤口侧边缘将愈合不良。

⑥ 修剪切除过深
→伤及韧皮部及愈合不良。

⑦ 未贴切脊线领环，留得过长
→伤口久久难愈合而腐朽。

⑧ 未完全修剪切除木质部
→伤口因木质部无法愈合。

⑨ 不当修剪造成撕裂损伤
→造成主干及韧皮部损伤。

修剪正确与否的伤口判断图例

未正确贴切“脊线”及“领环”位置。

正确贴切“脊线”及“领环”位置。

肉桂采取“三刀法”修剪。

未正确贴切“脊线”及“领环”位置。

正确贴切“脊线”及“领环”位置。

这个枝条为“下凸型”领环组织。

未正确贴切“脊线”及“领环”位置。

错误切除到“脊线”且伤口“不平顺”。

错误切除到“领环”位置。

九、修剪作业安全提醒

修剪作业除了要具备专业技术之外，最重要的就是安全，从穿戴配备、工具到防护措施，都得事先规划。以下是修剪作业安全注意事项及相关提醒，作业前请务必再检查一遍。

个人穿戴配备注意了吗?

① 居家修剪作业的穿戴配备

工作服（长袖及长裤）、工作鞋（防滑）、手套。

② 修剪公共工程作业的穿戴配备

工作服（长袖及长裤）、工作鞋（防滑、防穿刺、防导电）、手套、反光背心、安全帽、安全带、护目镜。

公共工程修剪作业人员穿戴配备检核图
□安全帽
□护目镜
□反光背心
□背负式安全带
□工作服
□工作用手套
□工具及套袋
□工作裤
□工作鞋

现场防护措施注意了吗?

① 工作现场应善用：工程告示牌、警示灯、交通锥、围杆等。

② 应将工作范围以交通锥、围杆进行警戒防护。

高空作业安全注意了吗?

① 若须采用高空作业，应配合一名指挥人员以无线电及激光笔指挥在高空作业台上的人员进行作业。

② 若须使用梯具，应以三人为一组，除了爬站在梯上的执刀人员外，应再配合一名指挥人员、一名扶持固定梯具的人员，以确保安全。

③ 使用梯具应用绳索捆紧梯子末端，固定好梯具后才可进行工作。

④ 修剪作业期间，应有专人负责及留意作业场所范围内的安全防护及交通安全管制作业。

环境安全及清洁注意了吗?

1 如遇有较粗大树干会有锯除后压坏下方人车物品的危险时，可先以吊车将枝干固定后再进行锯除。

2 搬运枝叶垃圾应随时注意作业区域及搬运动线上修剪枝叶坠落的安全问题。

3 枝叶树干垃圾若无法立即清运处理，应整齐暂置于现场，以不妨碍人车通行与安全为原则，或以围界区隔。

4 善用电动吹叶机将木屑及枝叶集中清洁。

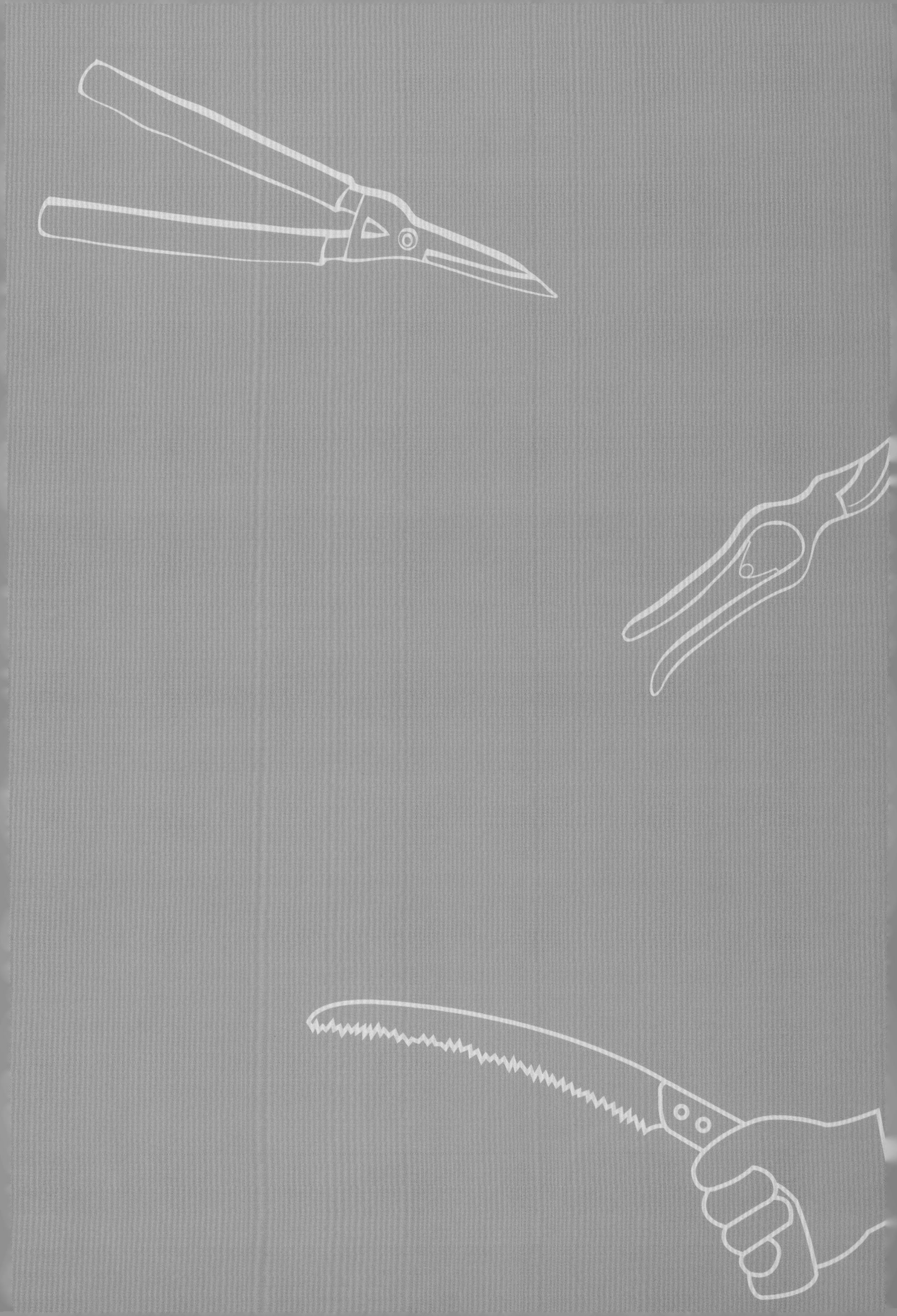

Chapter 3 修剪应用的基本原理

一、自然树形的分枝构成规律性原理

景观植栽都能呈现它的外观特有树形，让我们可以在观赏后留下深刻的印象，也因其自然树形的分枝构成有其规律性特征，更能使得千千万万种的植栽可以借此进行有效的植物分类，帮助人们学习与认知。

景观植栽具有分枝构成规律性的原理特色，其自然树形可分为如下三种枝序样式：

自然树形三种枝序样式图

1. 开张主干互生枝序型

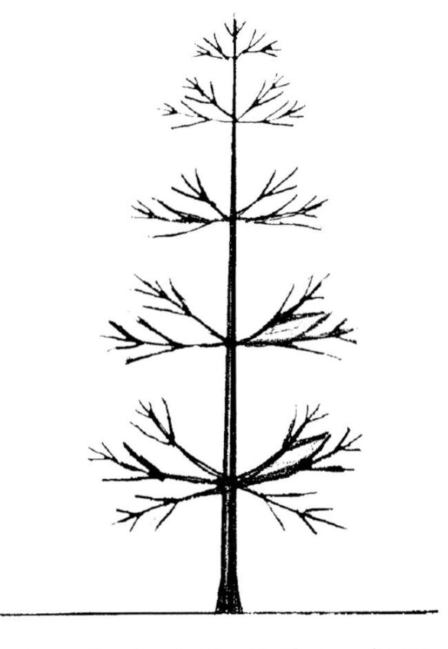

3. 直立主干分生枝序型

2. 开张主干对生枝序型

1. 开张主干互生枝序型

常见植栽例如：榕树、樟树、樱花、水黄皮、玉兰花、榉木、艳紫荆等。

其主干“顶端优势”弱故顶芽生长势亦弱，又因为下方互生的侧芽节间较短，因此使各分枝与主干间形成类似生长势均等的“多领导主枝”状态，并在各分枝的同一节上分生各自生长方向的“互生”侧枝，因此外观呈现中央集中而向外开张的分枝规律形态。

2. 开张主干对生枝序型

常见植栽例如：大花紫薇、青枫、台湾泡桐、流苏、女贞类、面包树、番石榴等。

其主干“顶端优势”薄弱故顶芽生长势极弱，又因为下方对生的侧芽生长势强，因此形成两枝顶端优势均衡明显的“双领导主枝”状态，并在各分枝的同一节上分生相对生长方向的“对生”侧枝，因此外观呈现中央稀疏而向外密集开张的分枝规律样貌。

3. 直立主干分生枝序型

常见植栽例如：枫香、木棉、黑板树、小叶榄仁、乌心石、黑松、雪松、竹柏等。

其主干"顶端优势"极强因此顶芽生长势强，故能年年继续向上生长形成具有明显直立主干形态的一个中央"单领导主枝"，并在主干每一分层节上"分生"侧枝，形成一层层如同伞形轮生状的分枝规律样貌，所以整体外观轮廓近似圆锥形、尖锥形居多。

由于花木植栽具有"分枝构成规律性"的原理，植栽主干自地表面向上生长时，会由"主干"分生"主枝"，再由"主枝"分生"次主枝（亚主枝）"，逐渐分生开张形成树冠外观。而上述的"主干、主枝、次主枝"是兼具植栽整体分枝构成支撑与养分水分供需输送的重要构造部位，因此将其称为"结构枝"。在修剪作业上：结构枝非必要不得修剪，且应积极保护。

图为苗圃特意栽培的黄连木植栽，其结构枝均较其"原树形"修长。

所以在进行花木修剪作业上，应该要依据其自然树形的外观轮廓，并配合其"分枝构成规律性"来进行修剪造型计划，如此才不会违反自然树形原理，使修剪工作适得其反，或是因违反自然规律性而产生令人视觉不适的感受。

若配合"分枝构成规律性"的原理来进行修剪，将能使植栽生长更符合自然法则，也将使植栽外观更具有自然度与亲和性。

二、破坏顶端优势促使萌生多芽原理

景观植栽因为具有所谓的"顶端优势"，因此树冠皆能逐渐向上生长，分枝构成也能向天际间发展。然而花木植栽生长到一定的树龄时，就会有成长缓慢、或是生长近似停顿的现象，因此其生长高度均有一定的限度，不会漫无止境地往上长。花木植栽生长高度有其局限性，除了与环境风土的适应性之外，其中最直接的影响是"顶端优势"随着树龄愈长、将会愈显薄弱。

在自然情况下一般而言，针叶系树种的顶端优势极强，具有明显的中央领导主枝，因此外观多呈现尖锥形的树冠；而阔叶系树种的顶端优势较弱，故不具有明显的中央领导主枝，因此外观多呈现开张状的圆球形树冠。

右边的落羽松具有正常的中央领导主枝，左边的落羽松中央领导主枝被破坏后形成双顶梢。

而所谓的“顶端优势”就是：植栽的树梢顶端部位具有养分水分竞争的优势，因此在生长上亦具有相对的强势。

直立主干分生枝序树形的植栽“顶端优势”常由位于树冠中央“领导主枝”上的“第一顶芽（主芽）”所带动，若是第一顶芽遭到破坏时，其下方常有第二潜芽或第三潜芽或更多潜芽等会蓄势待发、开始萌芽生长，并积极地意欲取代原先第一顶芽的地位与生长优势。

因此在修剪的应用上，应该避免修剪植栽的“顶梢”，所以万万不可施以“截顶”与“打梢”的修剪方式，因为花木植栽具有“破坏顶端优势促使萌生多芽原理”，一旦顶端优势遭到破坏后，顶芽便会竞相萌发，上端分枝会窜生，对于要维护中央领导主枝形态的尖锥形植栽而言，将会逐渐产生树形的变形，影响植栽品质与外观美感。

破坏顶端优势促使萌生多芽原理图

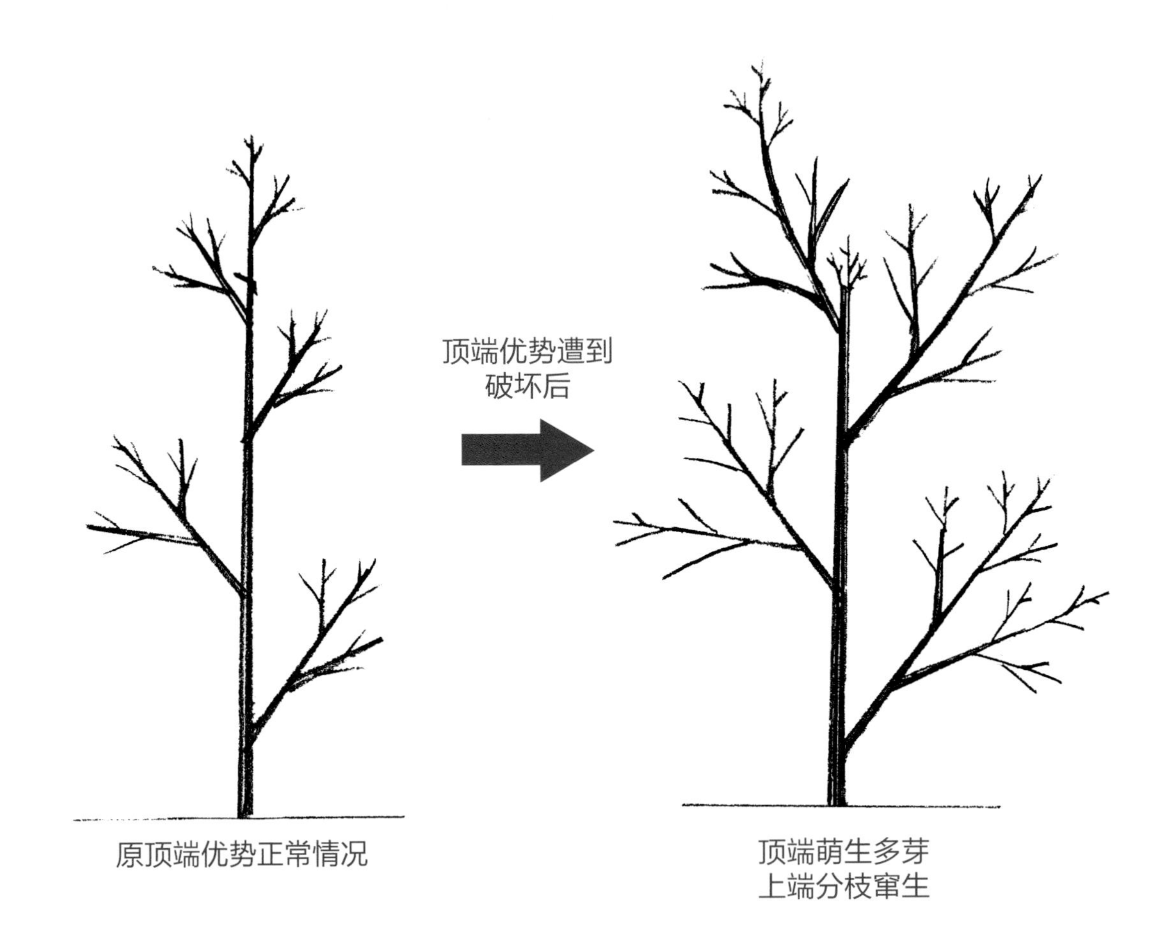

然而若对于要促进多分枝应用的造型植栽而言，则能借由"破坏顶端优势促使萌生多芽原理"，使植栽产生多分枝的状态，而用于植栽造型、修补树冠空间等，进而创造另一种植栽造型的特色与独特的美感。

"破坏顶端优势促使萌生多芽原理"也就是"抑制"顶端优势而"促成"侧枝侧芽的生长，若应用于修剪作业上则称为"抑制与促成修剪"，这对于枝条分生方向的控制、或是营养供需的调节作业、枝条疏密程度的调控等，皆能产生很大的效果。

如果是直立主干分生枝序的树种，例如：木棉、美人树、黑板树、小叶榄仁、榄仁、大叶山榄、竹柏、乌心石、枫香等，若是其中央领导主枝断折、或较为强势、或弱势、或是多发顶梢时，其自然树形大多会因此缺损、也缺乏树形美观，因此我们可以运用"破坏顶端优势促使萌生多芽"的相对性原理来进行"自然式修剪"，重塑改善自然式树形。

直立主干树形"自然式修剪"改善示意图

正常顶梢

无须处理，依照"分枝下宽上窄、造枝下粗上细、间距下长上短、展角下垂上仰"继续维护管理

没有顶梢

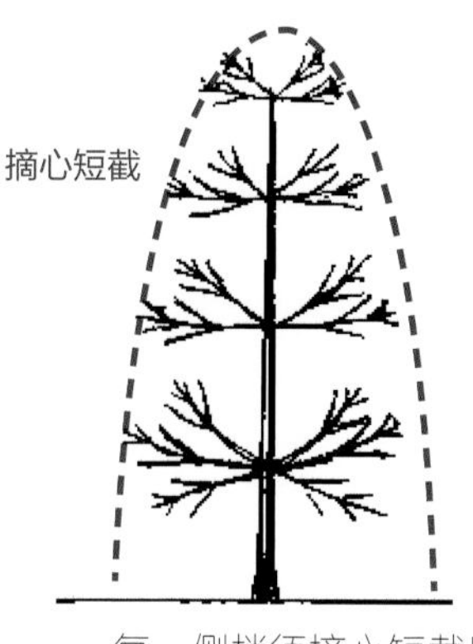

每一侧梢须摘心短截以促使顶芽萌发生长

强势顶梢

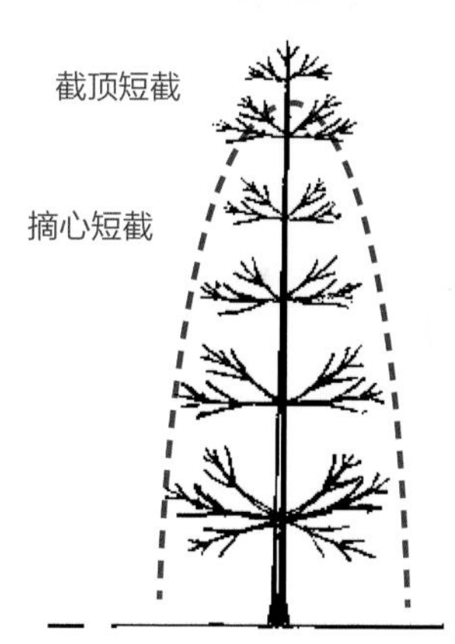

强势的顶梢须截顶短截
顶层侧梢则顺树形短截

弱势顶梢

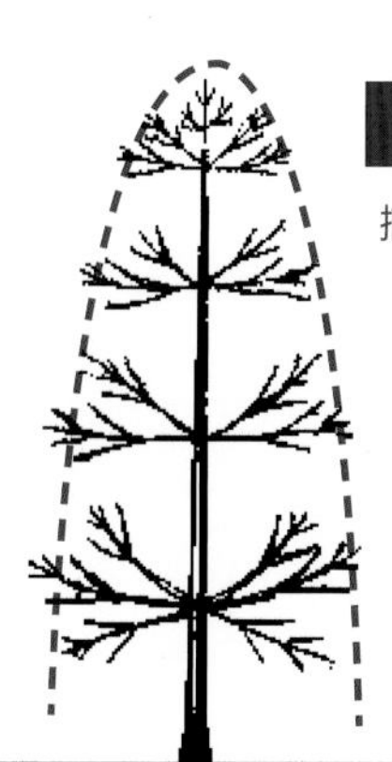

弱势的顶梢无须处理
每一侧梢须摘心短截

多发顶梢

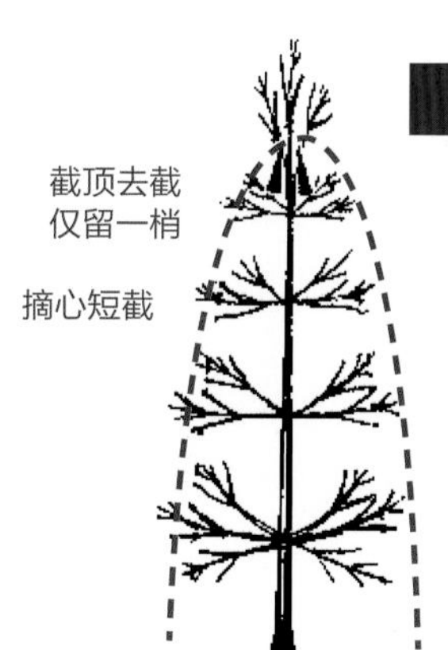

仅留一顶梢并摘心短截
顶层侧梢则顺树形短截

直立主干自然树形“修剪改善”图例

以小叶榄仁为例，先进行树体内不良枝判定修剪，然后按图中的符号进行相应处理。

Ⓐ 进行树冠内部“疏删”修剪　Ⓑ 进行树冠轮廓“短截”修剪　Ⓒ 等待枝叶萌生补满树冠

三、加粗加长发育形成生长枝序原理

景观植栽会一年一年周而复始地成长茁壮，是因为枝条能每年进行“加粗生长”与“加长生长”的结果。

“加粗生长”是由木本植栽的形成层细胞进行不断的分裂，向茎内分生成木质部，因此形成所谓的年轮，使枝条茎干能年年不断地加粗生长而变粗。

“加长生长”是由植栽的枝条顶芽与各侧芽一同萌生新梢开始，一旦新梢发芽长成枝叶之后，其顶端亦会形成新的顶芽，这样就又加长生长而伸长。

加粗加长发育形成原理图

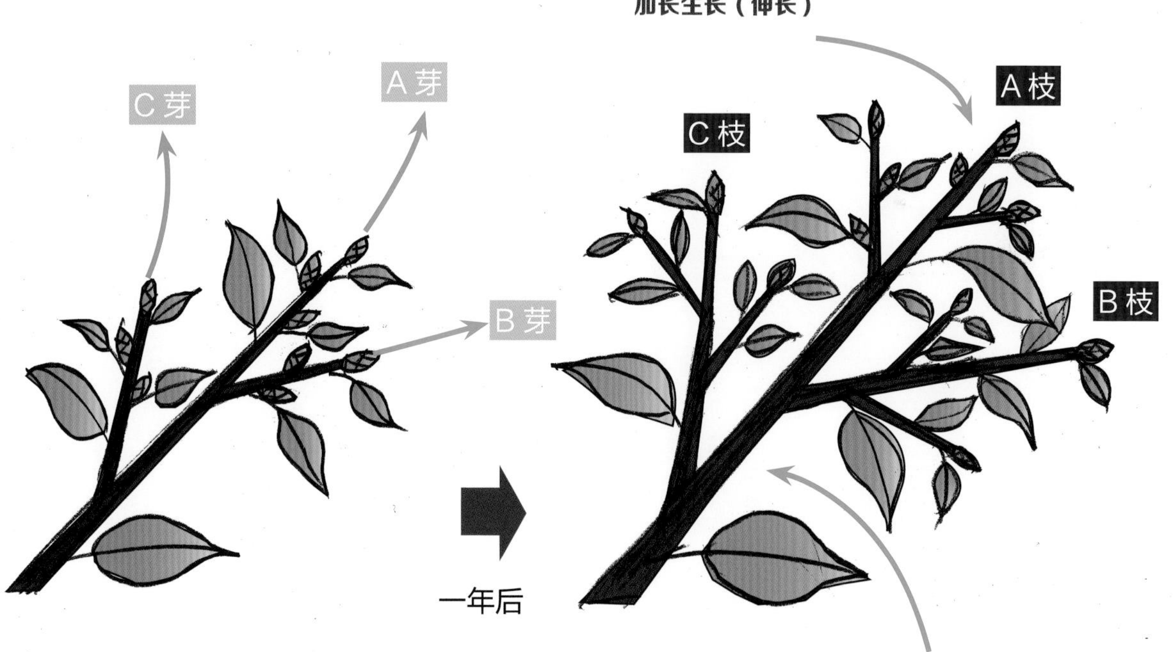

植栽的枝条能年复一年地生成一段长度，再年年借由此枝条延伸长出新的一段长度，因而使植栽能不断地增生长高、树冠也能不断地分生开展。若由外部来观察；即可明显看出枝条具有每年一段、且每年均不一定长度的分生，形成"生长枝序"的状态。透过观察推算植栽每年生长枝序的数量，就可以进行植栽树龄的推测估算，这种方式亦称为"生长枝序推估树龄法"。

生长枝序推估树龄法简图

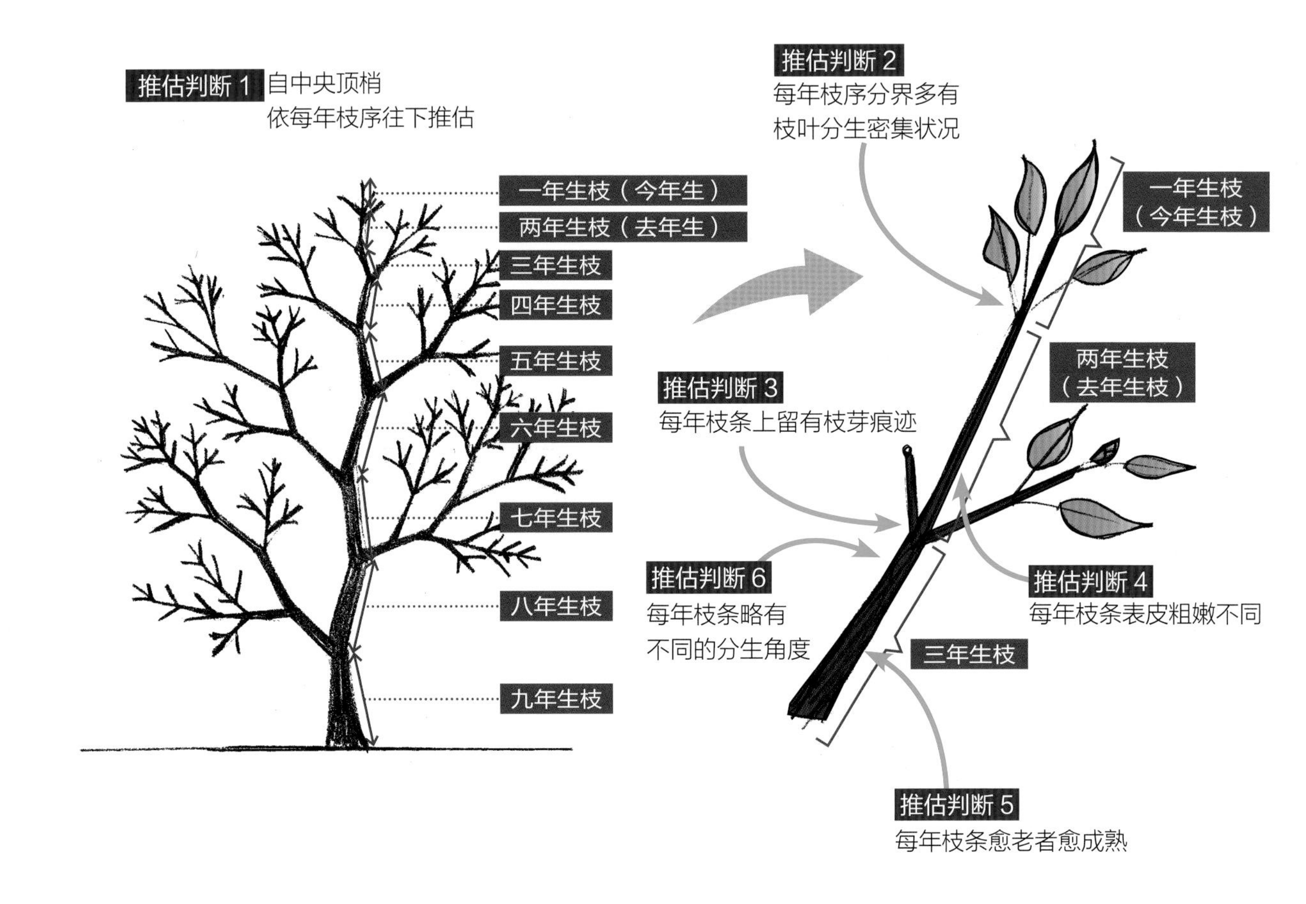

景观植栽枝条正因为具有"加粗加长发育"的原理，因此能够形成"生长枝序"，利用这种"加粗加长发育形成生长枝序原理"，可以在花木植栽修剪上配合调整树形的构成重心、树冠的分生比例等，借以使植栽整体有一稳固的构造与合理的外部造型。

四、修剪顶芽侧芽改变生长角度原理

景观植栽的枝条通常会依循着“自然树形的分枝构成规律性原理”有其生长的角度方向，一般如果要改变原先枝条生长的角度方向，通常可以运用竹木支架或是用绳索拉撑固定一段时间，使其木质部与韧皮部成熟之后即可解开固定设施，借以改变枝条生长的角度方向。

修剪“顶芽”改变生长角度原理详图

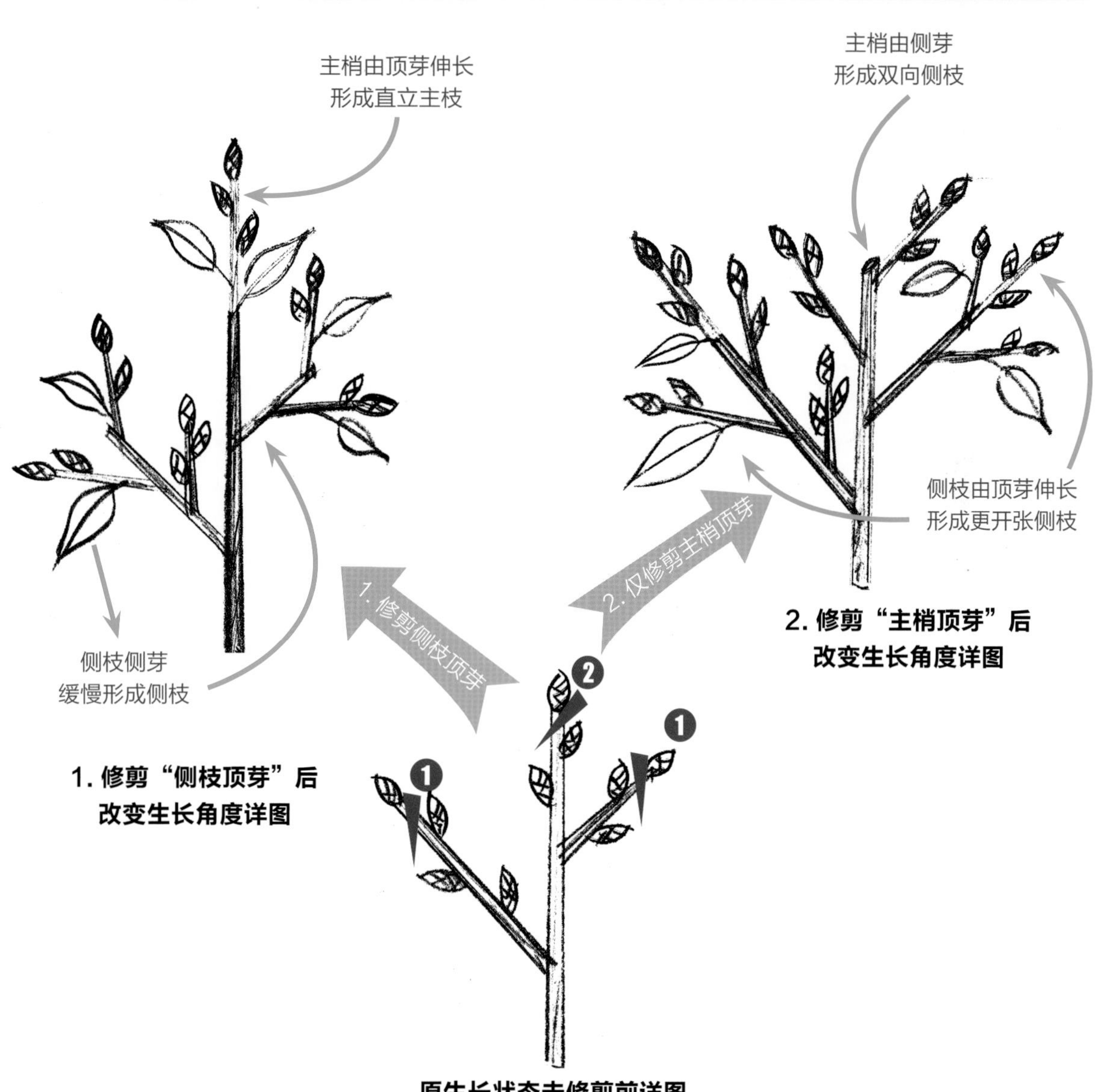

然而在修剪作业上，应该要运用“修剪顶芽侧芽改变生长角度原理”来进行控制管理，也就是修剪时要考量枝条末梢的“顶芽”与其下方的各“侧芽”生长角度，利用适当留存顶芽或侧芽的不同生长角度，即能借由其后续萌发生长，朝向我们所计划的方向生长。

运用“修剪顶芽侧芽改变生长角度原理”可以促使分枝合理化构成，控制枝条的疏密程度，调整树势发展、植栽造型等。

修剪“顶芽侧芽”改变生长角度原理详图

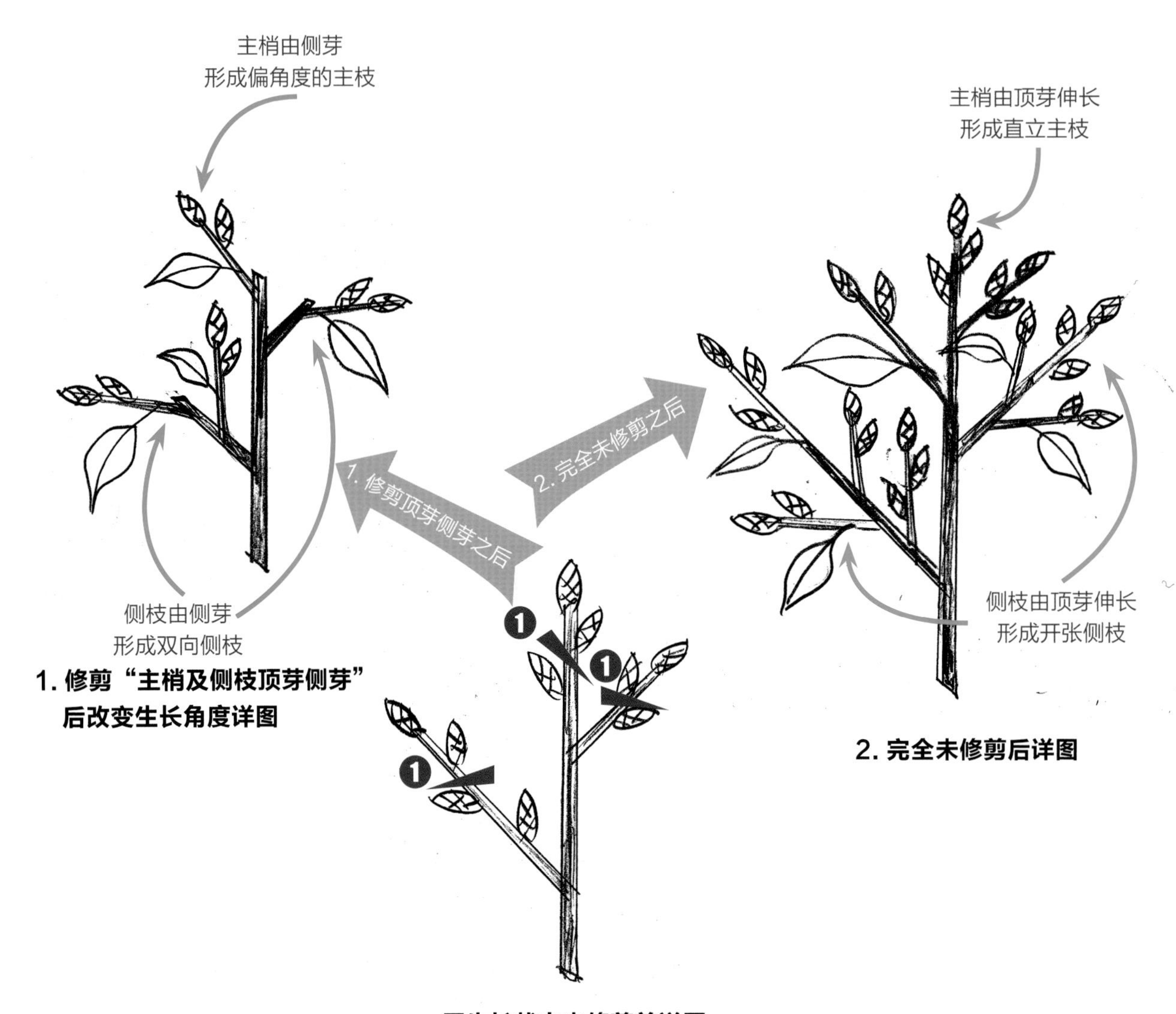

五、强枝可强剪及弱枝宜弱剪原理

景观植栽的品种繁多，在生长期间的栽培管理措施与环境风土的适应程度不同，其成长的速度与生长势的强弱皆会有不同的情况。因此，同样的植栽在不同的季节或是不同的生长环境下生长势的强与弱也会随之改变，这样便形成我们在修剪判断上的难处，到底要如何因应植栽生长势的强弱来进行修剪呢?

我们可以运用强枝可强剪及弱枝宜弱剪原理。

当正在进行修剪作业的时候，如果遇到“生长势强”或是“强枝”（意即：枝条粗壮、枝条长度较长、具有成熟的顶芽或侧芽者），就可以施以“强剪”（亦称为“重剪”或“深剪”），强制促成养分与水分的分散，使其转移至下方的潜芽，让原先强枝的生长暂时停顿，借以抑制强枝的生长，并会诱发潜芽萌发而形成侧枝。由于强枝的再生能力旺盛，其营养与水分竞争力强，因此进行强剪后也不会损伤它的生长势。

强枝进行“强剪”后的生长详图

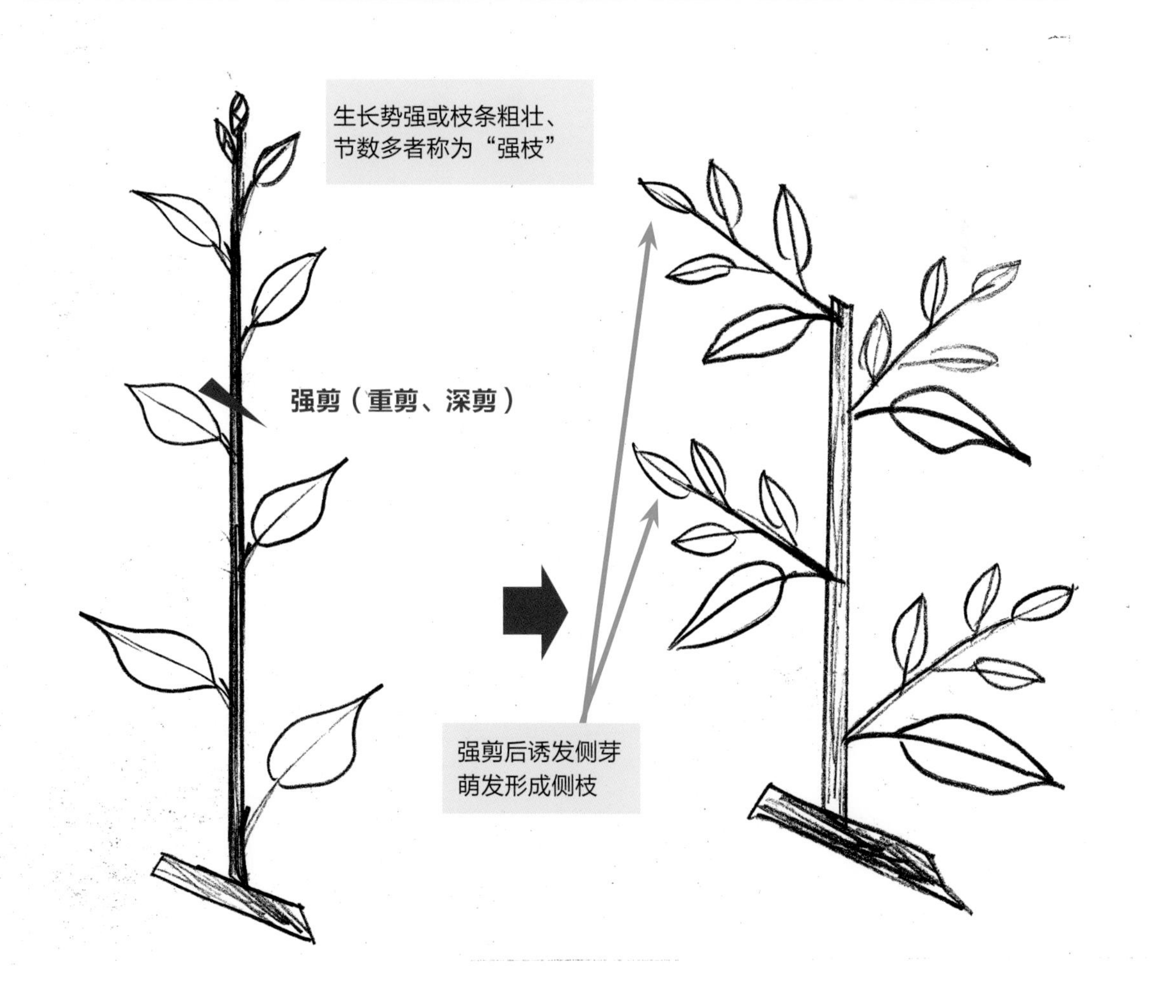

六、基部老叶修剪促进花芽分化原理

植物的生存之道，在于根、茎、叶的紧密联系与相互作用，展开“营养生长”，并不断增生、成长，促进了花、果实、种子的“生殖生长”，借此持续成长与茁壮。因此，植物的六大器官：根、茎、叶、花、果、子，皆关系着“营养生长”与“生殖生长”的运作与进行。

植物六大器官功能及作用图

果实

主要作用及功能：
1. 储存水分与无机盐类和有机养分。
2. 保护及孕育种子成熟。
3. 帮助种子散播进行繁殖。

种子

主要作用及功能：
1. 储存水分与无机盐类和有机养分。
2. 可经种植而繁殖后代。

花

主要作用及功能：
1. 开花、授粉、受精。
2. 后续结果。

茎

主要作用及功能：
1. 是植物体连接根和叶的部位。
2. 支持叶、花、果、子等器官。
3. 具有生长点能伸长衍生构造体。
4. 输送水分、无机盐类、有机养分。
5. 储存水分与无机盐类和有机养分。
6. 进行少量的光合作用，具有呼吸作用。
7. 调节与进行水分蒸散作用。

叶

主要作用及功能：
1. 储存水分与无机盐类和有机养分。
2. 进行水分的蒸散作用。
3. 进行光合作用，具有呼吸作用。

根

主要作用及功能：
1. 支持茎、叶、花、果、子等器官着生。
2. 输送水分与无机盐类和有机养分。
3. 储存水分与无机盐类和有机养分。
4. 具有根压以协助水分蒸散与输送。
5. 具有呼吸作用以进行气体交换。

景观植栽的修剪即是针对植物的六大器官进行去除的动作，并改变了其相互关系与位置，也因此会影响植栽体内营养的分配与蓄积，所以“（根、茎、叶）营养生长”与“（花、果、子）生殖生长”有其紧密的相互牵动联结关系。透过修剪作业就是要对此情况进行调整与控制，修剪后的茎、叶部也会因此丧失其功能与作用，并且伤愈组织形成而开始产生“愈合作用”，与自然界的腐朽菌之“腐朽作用”开始对抗。

植物六大器官生长关系图之图例说明

1 根部 支持作用及营养吸收蓄积

2 根部 根压作用：输送水分养分

3 茎部 支持作用及输送水分养分

4 叶部 光合作用：产生有机物、吸收二氧化碳释放氧气

5 叶部 蒸散作用：水分由植物体的气孔排出

6 叶部 呼吸作用：吸收氧气释放二氧化碳

7 花部 生殖作用：营养消耗

8 花部 日照量：影响花芽分化

9 果实 生殖作用：营养消耗与蓄积

10 种子 生殖作用：营养消耗与蓄积

11 种子 生殖作用：萌芽发育营养消耗

12 修剪 抑制生长，正常愈合，抵御蚁害等

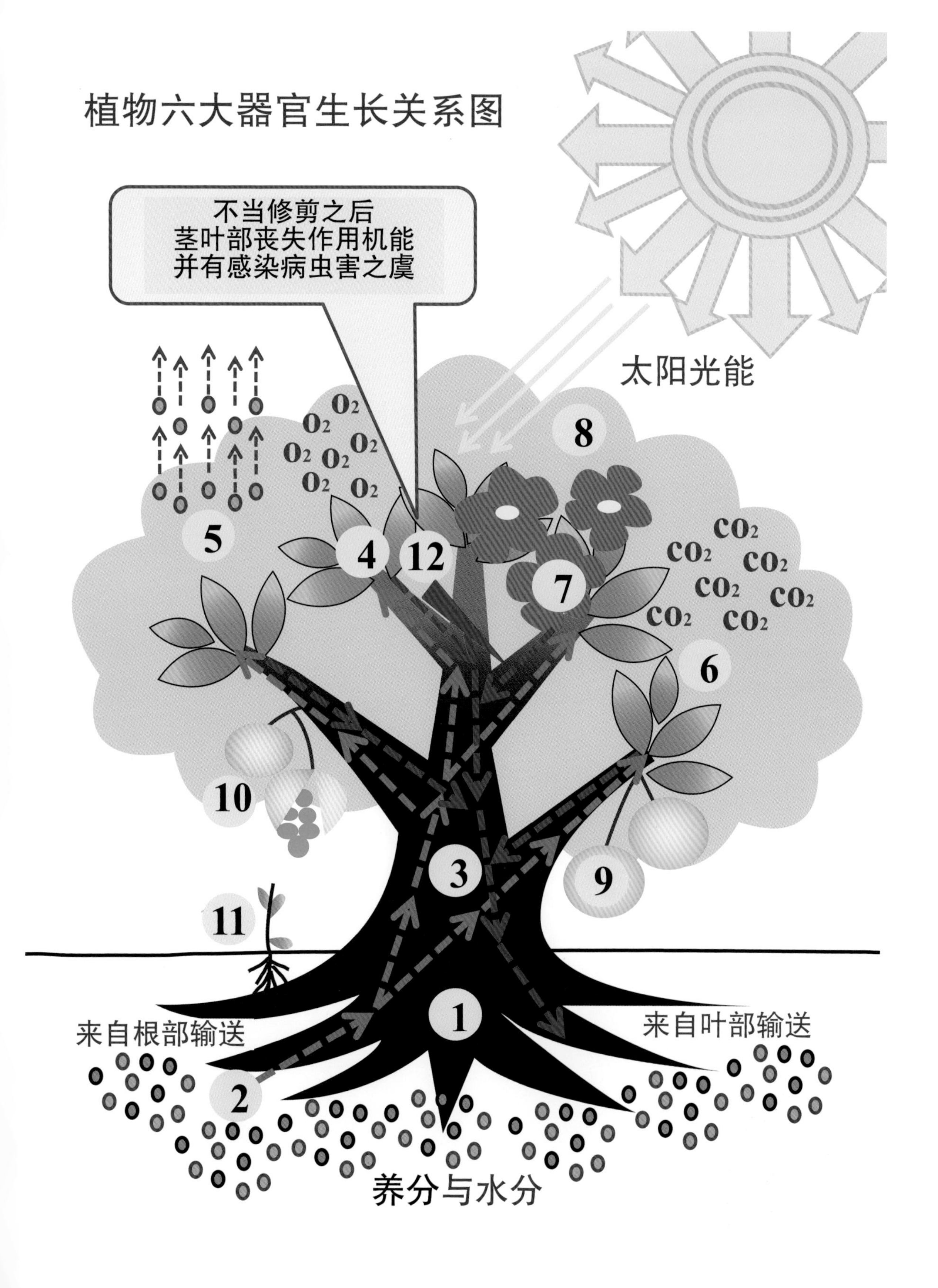
植物六大器官生长关系图
不当修剪之后
茎叶部丧失作用机能
并有感染病虫害之虞
太阳光能
O_2
CO_2
1
2
3
4
5
6
7
8
9
10
11
12
来自根部输送
来自叶部输送
养分与水分

景观植栽培育生长一段时间之后，其枝条将会不断增生发育，如果一直都没有适当进行修剪时，一般而言，枝条分生处的基部常会有宿存的老叶或小枝芽，这些宿存的老叶或小枝芽由于其位于枝条分生的重要部位，因此常会借由占地利之便而先行吸收输送到这里的养分水分，进而影响上部枝条的养分水分之分配与蓄积，这样就会造成开花结果植栽的不开花或开花不良与结果不佳、或是开花或结果尚未完成就产生落花或落果现象、或是枝叶茂密而遮蔽光线造成树冠的阴暗等一连串的不良现象。

因此修剪作业上应适当运用基部老叶修剪促进花芽分化原理，借由修剪去除枝条基部宿存老叶与小枝芽，减少养分水分的浪费，且避免妨害养分水分的输送、分配与蓄积，亦能使树冠内部增加采光与通风，因此增加树冠内部的日照量，使树冠内部的枝叶之光合作用效能提升、增进养分的转化储存利用，如此就能促进花芽分化作用，而使植栽开花结果能正常发展。

运用基部老叶修剪促进花芽分化原理所进行的修剪作业，称为"基部老叶修剪"，作业方法是将枝条基部的叶全数剪摘去除至枝长的 1/3~1/2；透过"基部老叶修剪"的方式，可以使一直不开花的白玉兰或一直无法开花结果的芒果等植栽，也能够在短期内促进花芽分化而使其能够开花结果发育正常。

基部老叶修剪促进花芽分化详图

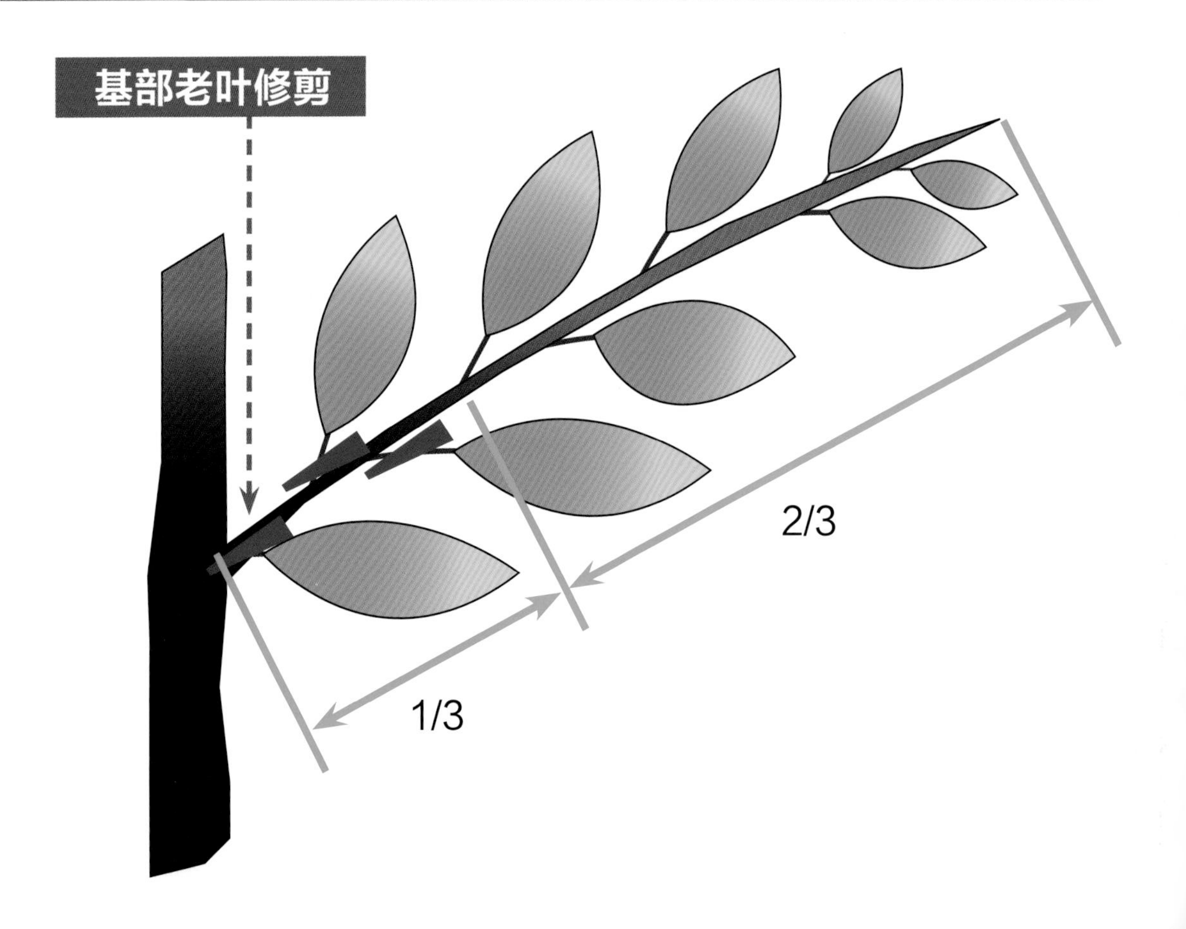

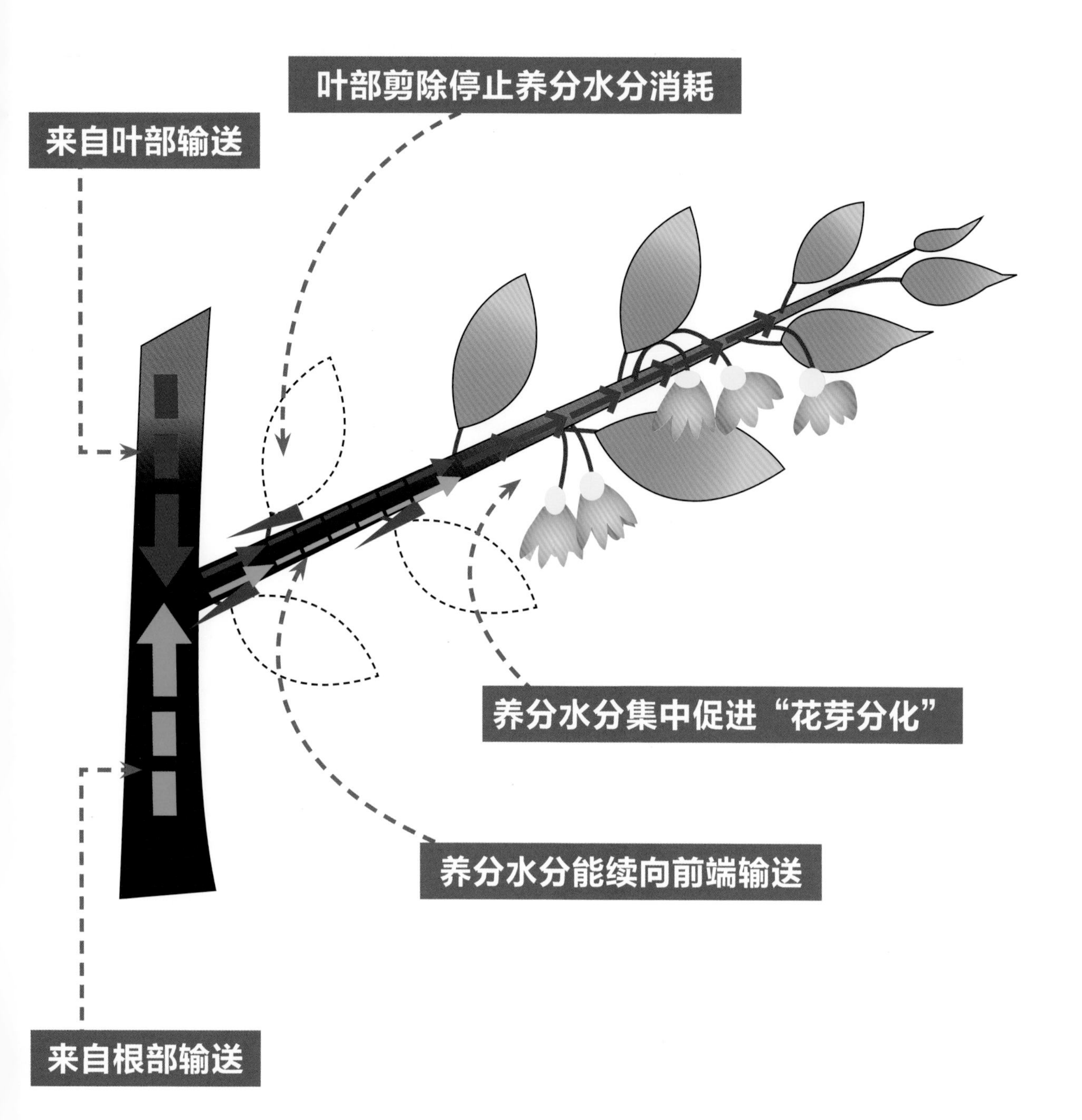
叶部剪除停止养分水分消耗
来自叶部输送
养分水分集中促进“花芽分化”
养分水分能续向前端输送
来自根部输送

Chapter 4
景观树木修剪标准作业流程

项目			实施要点
一、计划阶段	1	调查记录植栽状况	进行景观植栽修剪作业前，应先进行调查及记录工作，其内容为：树种中文名、学名、数量、单位、规格（树冠高度、树冠宽幅、米高直径）、所在位置地段或地址、所有权属单位或个人、有无受保护管制、植栽健康状态、数位影像记录等。
	2	确认植栽修剪目的	每次进行修剪作业前应先确认此次修剪作业目的： 1 为了提高树木的原树形移植成活率：补偿修剪 2 为了增进及改善树木定植后整体美观：修饰修剪 3 为了控制树冠疏密程度以防灾及防治病虫害：疏删修剪 4 为了抑制或促成生长以控制树体树冠大小：短截修剪 5 为了促进开花、结果或调节产期：生理修剪 6 为了改变树木外观以增加美感及观赏价值：造型修剪 7 为了老树或绿篱的更新复壮：更新复壮修剪 8 为了树苗的健康成长与大树灾后断梢复原：结构修剪
	3	评估植栽修剪规模	进行植栽修剪前须事先了解所需进行修剪的植栽生长与生理特性，并针对该植栽的生长状况、营养状态、基盘条件、所在基地周边情况、环境气候风土特性等进行审慎评估与考量，以评估植栽修剪规模，并据此拟订植栽修剪作业计划，以及评估植栽修剪作业的“强弱程度”；平时皆可进行“弱剪”作业，“强剪”则须配合植栽“修剪适期”。

<table>
<tr><th colspan="3">项目</th><th>实施要点</th></tr>
<tr><td rowspan="2">一、计划阶段</td><td>4</td><td>修剪作业适期计划</td><td>植栽“修剪作业适期”的判定原则如下：
●（针叶及阔叶）落叶性植物，宜择“休眠期间”；即落叶后到萌芽前的时期。
●（针叶）常绿性植物，宜择“休眠期间”；即冬季寒流冷锋过境后的时期。
●（阔叶）常绿性植物，宜择“生长旺季”；枝叶萌芽时即属其生长旺季。
其中又可分为：萌芽期长者于“萌芽期间内”皆宜，萌芽期短者于“萌芽前一个月期间”最佳。</td></tr>
<tr><td>5</td><td>工安防护预措报备</td><td>修剪作业计划阶段，应事先进行各种查询、报备、申请作业，经申请核准同意后才得开工。于不同的实施阶段中，应配合相关作业流程于事先进行相关的报备与申请作业，以免影响整体修剪作业进度。
相关的报备与申请应考量：植栽修剪的相关工作空间范围，若会影响交通流量时，应向交通警察单位申请使用路权、协助交通管制作业；如作业区域会占用停车格位时，应向停车管理处申请租借使用。</td></tr>
</table>

项目			实施要点
二、施工阶段	6	不良枝的判定修剪	乔木类植栽修剪作业，应首重注意树冠内部不良枝的整修与正确修剪下刀位置的判定。 不良枝有十二种：病虫害枝、枯干枝、徒长枝、分蘖枝、干头枝、叉生枝、阴生枝、忌生枝、逆行枝、交叉枝、平行枝、下垂枝。
	7	疏删短截判定修剪	木本类植栽之修剪作业，除了适时根据“十二不良枝判定法”进行“强剪”或“弱剪”之外，在植栽生长一段时间后，对于植栽树冠内部的枝叶芽或丛生小枝叶或密集生长的枝条等，也应进行合理的“疏删修剪”，可利用“疏删 V 点透空判定”方法。 对于树冠轮廓较过分扩张而变形生长的枝条部位、或因分枝较开张而使树冠中空的分枝与枝叶部位，则可以进行“短截修剪”，可利用“短截 V 点连线判定”方法。
	8	各类修剪下刀作业	乔木类植栽修剪遇到“粗大枝干（亦称为粗枝）”须以“三刀法”（先内下、后外上、再贴切）修剪下刀；若遇到“一般枝干（亦称为小枝）”则须以“一刀法”（自脊线到领环外移 0.5~1cm 下刀）修剪下刀。 灌木类植栽应考量不同植株种类其每次的“平均萌芽长度”进行修剪之后，再依植栽三种枝序形式予以细部剪定。创意造型修剪可于初期施行“强剪”的短截修剪方式达到“计划造型”。 棕榈类植栽的叶部若下垂超过以“水平角度”为“修剪假想范围线”以下时，则该叶片即可判定“弱剪”。

项目			实施要点
二、施工阶段	9	涂布伤口保护药剂	修剪切锯后之伤口若大于直径 3cm 时，应实施伤口之消毒保护处理作业，于伤口涂布药剂保护。"伤口保护药剂"可自行调制配方："三泰芬 5.% 粉剂"加水以 500 倍稀释后，再拌石灰粉调和均匀为涂剂后，即可进行涂布伤口消毒之用。亦可按上述配方调制涂剂后，再加入颜料进行调色。
	10	工地环境清洁善后	修剪作业时应随时注意工作范围区域及运搬动线道路的卫生安全及清洁等管理，且应防止路面遭受枝叶树干掉落之损坏，对于散落在道路、人行道等处的切锯木屑、枝叶等亦应尽速清除干净。 修剪作业后亦应立即将落地之树干及枝叶予以整齐暂置于现场不会妨碍人车通行与安全的处所，并须以安全防护警戒措施予以标示或围界区隔。

Chapter 5

十大类植物修剪图解示范

草本花卉修剪要领

本类皆属于草本植物，主要是用于观赏的花卉。依据其生命周期特性，分为“一两年生”“多年生”“宿根性”三类，修剪目的则在于促进开花。

修剪要领

1. 平时要多利用摘心、摘芽的方式，调节茎叶生长方向。
2. 开花枝于花谢后，应立即剪除避免其后续结果。
3. 花期后遇有茎部下方萌发新芽时，即可剪除上方的老茎。

性状分类	特性分类	常见植物举例
草本花卉	一两年生	一串红、三色堇、五彩石竹、夏堇、美女樱、矮牵牛、金鱼草、皇帝菊、万寿菊、孔雀草、百日草、千日红、鸡冠花、紫萼鼠尾草、白萼鼠尾草、薰衣草、甜菊、罗勒类、九层塔、大波斯菊、黄波斯菊、醉蝶花
	多年生	非洲凤仙花、非洲堇、四季海棠、情人菊、玛格丽特、繁星花、土丁桂、天使花、矮性芦莉、法国海棠、马蝶花、沿阶草类、麦门冬类、桔梗兰类、蜘蛛抱蛋、柠檬香茅、斑叶月桃、台湾月桃、红花月桃、香蜂草、彩叶草、马齿牡丹、松叶牡丹、拟美花类
	宿根性	翠芦莉、日日春、菊花类、大理花、日本鸢尾、紫花鸢尾、萱草、射干、海水仙、文珠兰、君子兰、孤挺花、海芋、赫蕉、小鸟蕉、天堂鸟、美人蕉、花菖蒲、苍兰类、矮性桔梗、大岩桐、仙客来、郁金香、风信子、水仙花类、台湾百合、百子莲

维护管理年历

1	2	3	4	5	6	7	8	9	10	11	12
□	□	□▲●	□	□	□▲●	□	□	□▲●	□	□	□▲●

1. 表示当月需要作业的项目，□弱剪、■强剪、△支架检查固定、▲基盘改善作业。
2. 表示“肥料”种类，●有机质肥、◎化学复合肥、○化学单效肥。

01 一串红

花谢后立即剪除花后枝即能延长花期

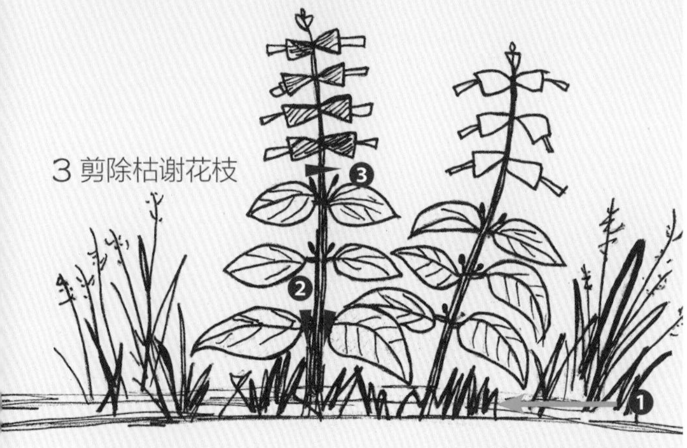

① 修剪前的状况：可以看见枯花、枯枝、黄叶。

② 先拔除清理植株下方的杂草及枯干枝条。

③ 将开花后之花后枝、枯干枝条一一剪除。

④ 花后的剪定作业完成。

DATA 一串红

科名 唇形科
俗名 爆竹红、象牙红
学名 *Salvia splendens* Ker-Gawl.
属性 一两年生草本
原产分布 巴西
特点解说 茎部具有棱线，叶卵形有锯齿，顶部着生唇形花，总状花序，花色主要有红、橘、紫、白等，亦有双色品种，花期秋至春季。性喜全日照，温暖至高温，生性强健，土质以排水良好之肥沃砂质壤土或壤土为佳。

02 九层塔

多多摘心摘芽，就能分枝茂盛产量提升

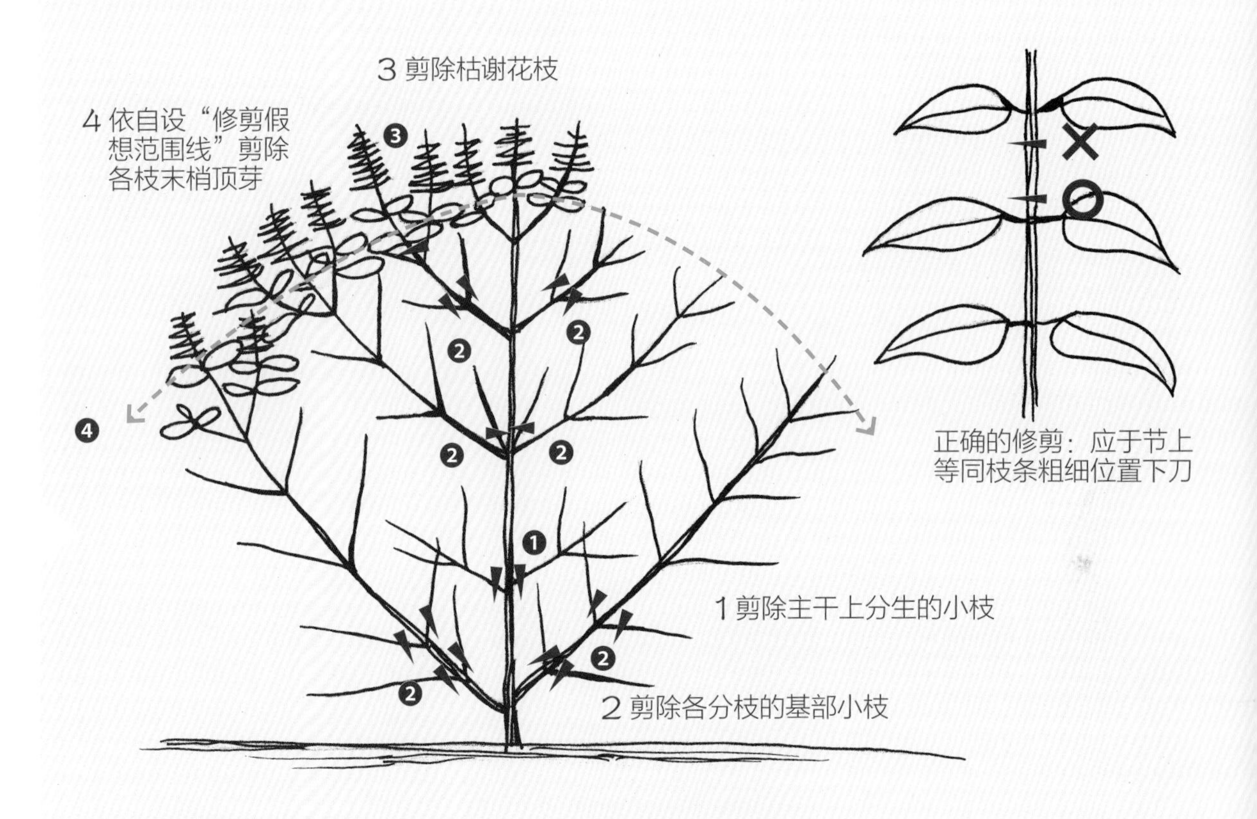

DATA 九层塔

科名 唇形科
俗名 罗勒、七层塔
学名 *Ocimum basilicum* L.
属性 一年生草本
原产分布 印度
特点解说 九层塔生性强健，栽培容易，性喜日照充足、通风排水良好，栽培上以有机质壤土或砂质壤土为佳，亦喜多肥，应多施氮肥。全株味道特殊，用于烹调具有去腥增香气的效果，亦可供药用。

1 修剪作业前的状况。

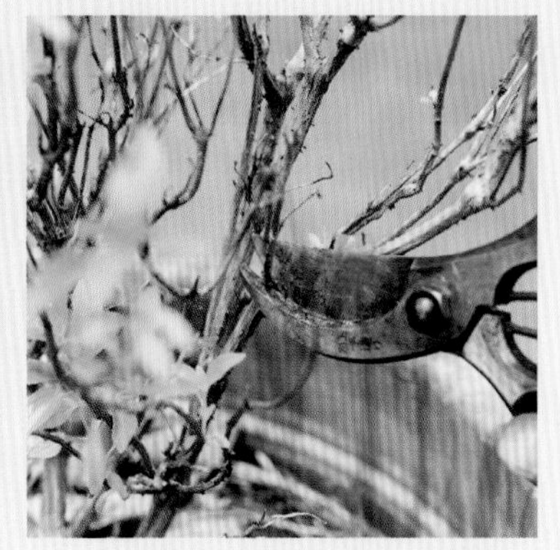

2 先从细小而繁杂的枯干枝开始修剪起。

3 枯干枝下段仍有效存活的枝条须保留（可以指甲抠树皮，根据干湿情况判断）。

4 第一阶段枯干枝皆剪除完毕之情况。

5 就整体评估新芽分生较密集处作为短截修剪假想范围线。

6 依此范围线将过长的枝或芽摘心摘芽及剪枝。

7 剪枝应于节的上方修剪。

8 修剪作业完成后的情况。

9 修剪一个月后的生长情况：新芽已长成叶。

03 夏堇

花季后应将老化的枝叶剪除即能复壮

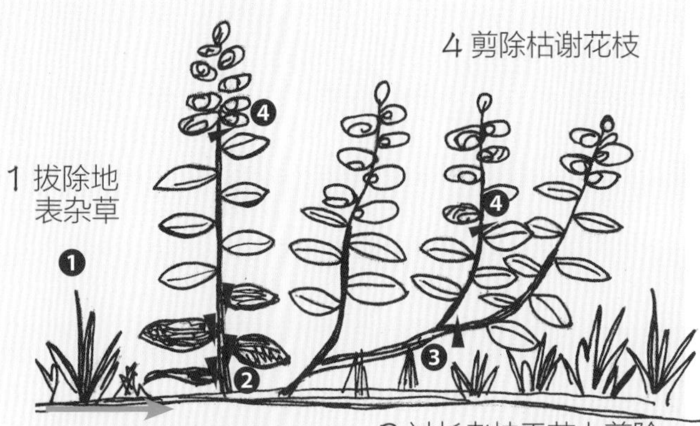

① 修剪作业前，看到的是正在开放的花，夹杂着花谢后的枯干花枝及杂草。

② 先拔除清理植株下方的杂草。

③ 轻轻拉起开花后的花后枝，再以剪定铗于下方的节上剪除。

④ 花后剪定完成之伤口，对生叶序宜成“平口”。

⑤ 花后剪定完成：花朵数目虽略少，但数日后即能再见花朵盛开的情况。

DATA 夏堇

科名 玄参科
俗名 越南倒地蜈蚣、蝴蝶草
学名 *Torenia foumieri* Lind.
属性 一年生草本
原产分布 越南
特点解说 茎部分枝极多，叶对生呈长心形，具细锯齿缘。花期多于夏、秋季，花顶生，有白、紫红、紫、蓝色。繁殖方法多采播种法。性喜全日照环境，耐高温，故适合于屋顶、阳台栽培。

04 情人菊

花谢后不断地剪掉花枝就能持续开花

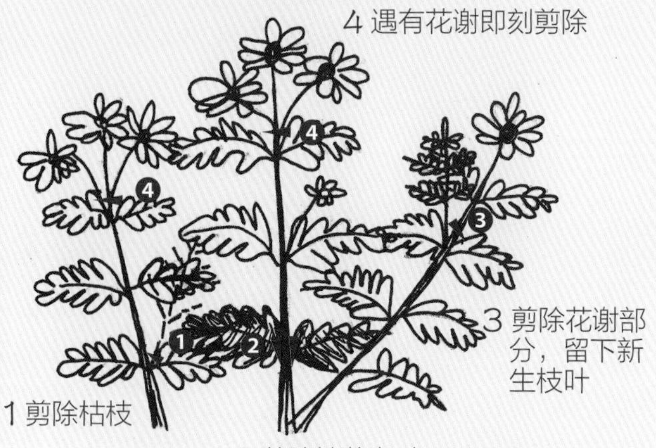

① 修剪前全株多有凌乱的枝条。

② 自基部修剪枯干枝。

③ 若遇有较粗或较长的枝，可以采取分段修剪方式进行。

④ 将已开花后之花梗直接摘花剪除。

⑤ 整体剪枝及摘花修剪作业完成。

DATA 情人菊

科名 菊科
俗名 黄花玛格丽特
学名 *Argyranthemum frutescens* cv. 'Golden Queen'
属性 多年生草本
原产分布 园艺栽培品种
特点解说 株高 20~40cm；叶互生呈羽状裂叶；花茎细长腋出，花冠单瓣黄色，花谢花开，花期长达一个月左右。春秋季可以扦插法繁殖，土质以砂质壤土最佳，日照排水需良好。

05 日日春

花季后将老化的枝叶剪除即能复壮

① 修剪前有开花后老化而黄化枯干的枝叶。

② 先剪除开花后的枝条，自下方新生分枝节上贴齐枝序角度剪除。

③ 必须选择已萌芽的节上修剪，切勿仅于下方节间上做任意的修剪。

④ 修剪时应垂直枝条角度为 90 度角，剪成平口。

⑤ 逐一检视各枝条进行修剪，完成。

DATA　日日春

科名　夹竹桃科

俗名　日日草

学名　*Catharanthus roseus* (L.) G. Don

属性　宿根性草本

原产分布　南美洲、马达加斯加群岛、西印度

特点解说　聚伞花序腋出或顶生，花冠五裂，花色繁多。成熟种子落地也能萌发，故繁殖均用播种法，于春、夏、秋三季进行。性喜全日照，能耐高温、耐旱，排水需良好。

06 翠芦莉

每个花季结束后应做短截的更新复壮修剪

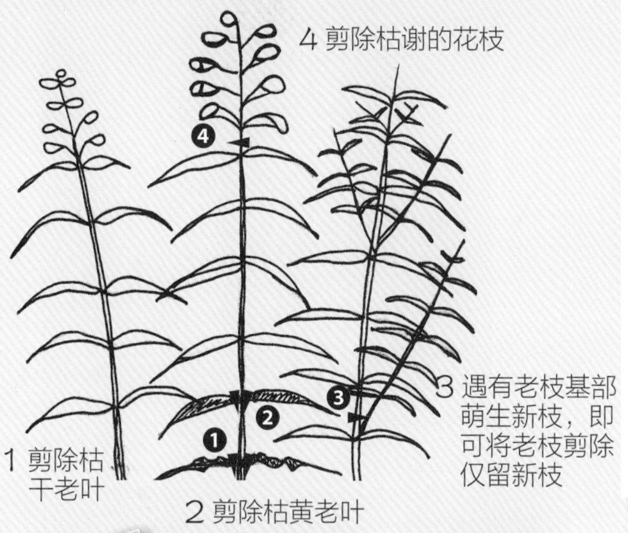

① 修剪前状况：仅有数朵开花后之花枝。

② 于已开花后之花枝的下方节上直接剪除。

③ 剪枝方式采取对生枝序于节上“同茎粗细距离”平剪（剪成平口）。

④ 整体花后剪枝修剪作业完成，会犹如没有操作一般自然。

DATA 翠芦莉

科名 爵床科

俗名 紫花芦莉草、芦莉草

学名 *Ruellia brittoniana* Leonard

属性 宿根性草本

原产分布 墨西哥

特点解说 品种具有高性或矮性。茎略呈方形，红褐色；叶对生，线状披针形；花腋出，花冠蓝紫色、粉红色、白色，花期极长，于春季至秋季均能开花，花晨间绽开黄昏凋谢，寿命仅约一天，但花谢花开日日可见。极适合庭园美化或盆栽，亦是优良蜜源植物。

07 柠檬香茅

善加修剪，摘除老叶使用

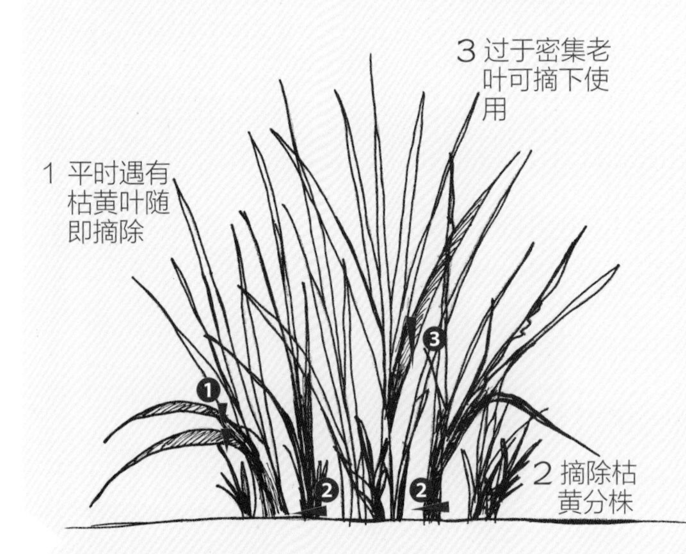

① 修剪前，叶片密集生长略有老化现象。

② 可将外侧老叶以手摘除，老叶可直接用于餐饮或沐浴，亦可晒干备用。

③ 整体修剪作业完成后的情况（间植戟草不会影响生长故可留植）。

④ 切勿直接以刀剪除，除了不美观之外亦恐将破坏其生长点而阻碍生长。

DATA 柠檬香茅

科名 禾本科

俗名 香茅草、柠檬草

学名 *Cymbopogon citratus* (DC.) Stapf

属性 多年生草本

原产分布 印度

特点解说 具有单叶，可用作鲜草或干草料，用于提炼精油，具有抗菌、杀虫、防蚊的作用。性喜全日照，不耐寒，种植适期宜择春夏季，栽培上应注意土壤应能排水良好，且以弱酸性砂质壤土为佳，繁殖多以分株法。

08 海水仙

每年冬季应将老叶老株剪除以利春夏成长

5 剪除枯谢的花枝

4 遇有结果枝茎部即刻剪除

3 叶尖枯黄部分顺其叶形修剪

2 剪除缺损严重叶部

1 拔除枯干或黄化老叶

① 花季后发现：受损茎叶、老化枯黄茎叶。

② 先从叶鞘基部，将枯黄茎叶以手抓握拔除。

③ 检视各子球间是否生长过于密集，若过于密集时可进行分株。

④ 修剪受损茎叶，剪除枯谢的花枝等，弱剪完成。

DATA 海水仙

科名 石蒜科

俗名 蜘蛛兰

学名 *Pancratium zeylanicum*

属性 宿根性球根花卉

原产分布 西印度

特点解说 株高可达1~2m，丛生状。叶剑状披针形。花色雪白，清雅芳香，花形典雅秀丽，花期甚长，自春末至夏季均可见花，适合庭园美化或盆栽。生性强健，可耐旱亦耐潮，栽培简便，维护管理便利。

09 台湾百合

每次开花后应将枯黄茎叶自地面剪除后培土追肥

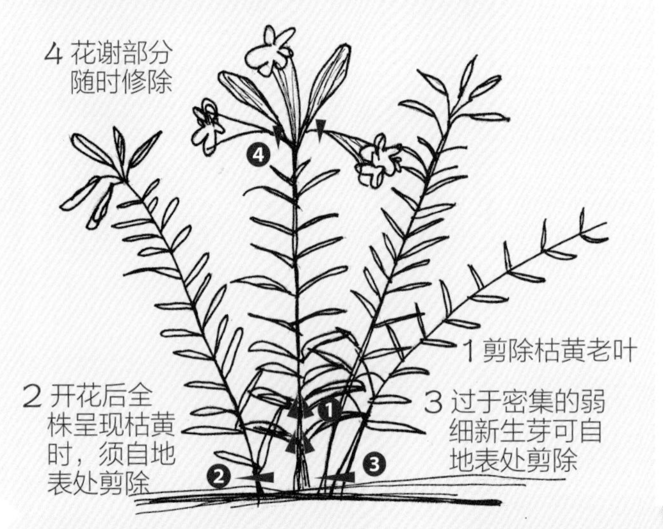

① 在百合开花后，呈现茎叶枯黄时即可进行修剪。

② 以剪定铗，用平贴地面方式将花茎剪除。

③ 修剪后以有机堆肥覆盖整平表土为佳。

DATA 台湾百合

科名 百合科

俗名 野百合、百合

学名 *Lilium formosanum*

属性 宿根性球根花卉

原产分布 中国台湾

特点解说 花白色，花冠呈现六角形喇叭状，叶子呈线状披针形，茎细长而直挺，花期自春季至秋季。其生性强健，适应性佳，在台湾全境分布极广，南至屏东，北至东北角及各离岛区域，是台湾的特有百合品种。

10 孤挺花

开花后的花茎应及时剪除以免结果消耗养分

① 盆栽开花后，呈现花枝结果现象。

② 以剪定铗，用平贴地面方式将花茎剪除。

③ 修剪完成。

DATA 孤挺花

科名 石蒜科

俗名 百支莲、华胄兰、喇叭花

学名 *Hippeastrum hybridum*

属性 宿根性球根花卉

原产分布 南美洲

特点解说 叶呈带状，肥厚而亮绿，花茎中空呈圆筒状，花瓣萼片六瓣呈喇叭状，品种花色繁多，花后可结蒴果，内藏黑色薄膜状种子，可作为繁殖用。性喜温暖湿润环境，可用于庭园美化、盆栽。

11 射干

开花后的花茎及老茎应及时剪除

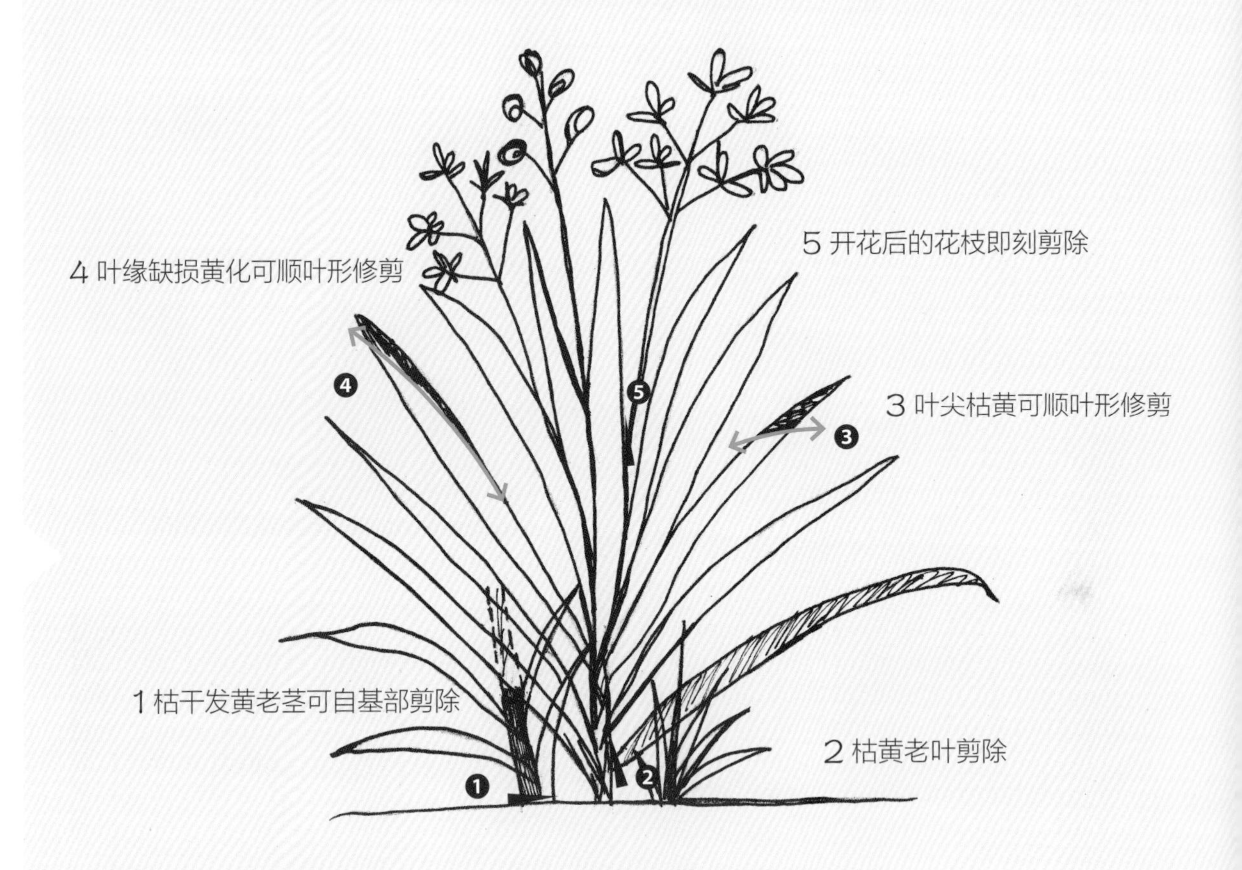

DATA 射干

科名 鸢尾科
俗名 射干菖蒲、姬唐菖蒲
学名 *Belamcanda chinensis* (L.) Redouté
属性 宿根性球根花卉
原产分布 中国大陆、日本、印度
特点解说 全株颇具线条美，其叶片呈扇形分生，植株挺拔，花梗细长，花冠具有橘色豹纹斑点，顶生。生性强健，耐旱，喜高温潮湿全日照环境。常用于庭园美化、盆栽。根茎具有清热解毒、降火消肿功效，亦可供药用。

① 修剪前发现：花后枝、结果枝、受损茎叶、去年生老茎。

② 先从叶鞘基部，顺着枝序方向将花后枝及结果枝剪除。

③ 各花枝的开花后之花序亦须逐一检视而剪除。

④ 继续将枯黄或去年生的老茎剪除。

⑤ 遇有断折的茎，可由下方节上顺着枝序方向将其剪除。

⑥ 剪除老茎完成后之伤口要阴干，应暂时不要浇水。

⑦ 各剪定之角度可顺着枝序方向进行。

⑧ 若老茎周边有新生分蘖芽时，可自地面将老茎平剪去除。

⑨ 修剪完成。

观叶类修剪要领

本类植株主要用于观赏茎叶部位。
大多属于半日照或耐阴性的各类草本或木本植物。

修剪要领

1. 叶缘叶尖枯干时，可顺着叶形修剪以维持美观。
2. 老叶枯黄变形破裂，可将叶部抽离剪摘去除。
3. 老化木质化枝条，需进行返剪促使更新复壮。

性状分类	特性分类	常见植物举例
观叶类	具明显茎干型	朱蕉类、竹蕉类、香龙血树类、番仔林投、千年木类、百合竹类、姑婆芋、马拉巴栗、福禄桐类、蓬莱蕉类、旅人蕉、芭蕉类、白花天堂鸟、鹅掌藤、粉露草类
	非明显茎干型	粗肋草类、黛粉叶类、椒草类、合果芋类、彩叶芋、美铁芋、白鹤芋、孔雀竹芋、观赏凤梨类、网纹草类

维护管理年历

1	2	3	4	5	6	7	8	9	10	11	12
□	□	□	■▲●	■	■	■▲●	■	■	■▲●	□	□

1. 表示当月需要作业的项目，□弱剪、■强剪、△支架检查固定、▲基盘改善作业。
2. 表示“肥料”种类，●有机质肥、◎化学复合肥、○化学单效肥。

01 孔雀竹芋

平时可将枯干老叶或不良叶片剪摘去除

① 修剪前，干枯茎叶堆积于盆面上。

② 先以手摘除干枯茎叶。

③ 再清除堆积于盆面上的干枯茎叶。

④ 用剪定铗剪除老化的茎叶或破损的叶子。

⑤ 整体修剪完成。

DATA 孔雀竹芋

科名 竹芋科

俗名 孔雀葛郁金、葛郁金

学名 *Calathea makoyana* E. Morr.

属性 多年生草本

原产分布 南美洲

特点解说 叶卵形，叶缘微波状，叶面具有特殊斑纹，叶背为紫红色，似孔雀羽毛。叶片在夜间或遇有枯水期时会闭合。耐荫，栽培容易，生性强健，惟忌强风及全日照。

02 白鹤芋

每年初夏可将去年开花后老株剪除以促进今年开花顺利

DATA 白鹤芋

科名 天南星科

俗名 苞叶芋

学名 *Spathiphyllum kochii* Engl. et K.Krause

属性 多年生草本

原产分布 中南美洲、马来群岛、菲律宾

特点解说 原生环境为温暖湿润之热带雨林地区，故能在潮湿且低光环境下生长良好。其叶翠绿，成株丛生状，短茎，叶为披针形或椭圆形，形状优雅。有净化室内空气的功能。植株生性强健，栽培容易，甚为耐阴，是全世界重要的室内观花观叶植物。

① 修剪前有干枯茎叶、破损叶及枯黄叶、老化茎叶、花后枝。

② 以手摘除干枯的茎叶。

③ 用剪定铗自叶鞘基部剪除破损及枯黄的叶片。

④ 剪除老化的茎叶。

⑤ 以 45 度角斜切的方式剪叶。

⑥ 修剪后，因盆栽介质干燥松软，可按压紧实固定介质。

⑦ 修剪后应适时给水，以利正常生长。

03 姑婆芋

平时应留意将枯黄老叶摘剪去除

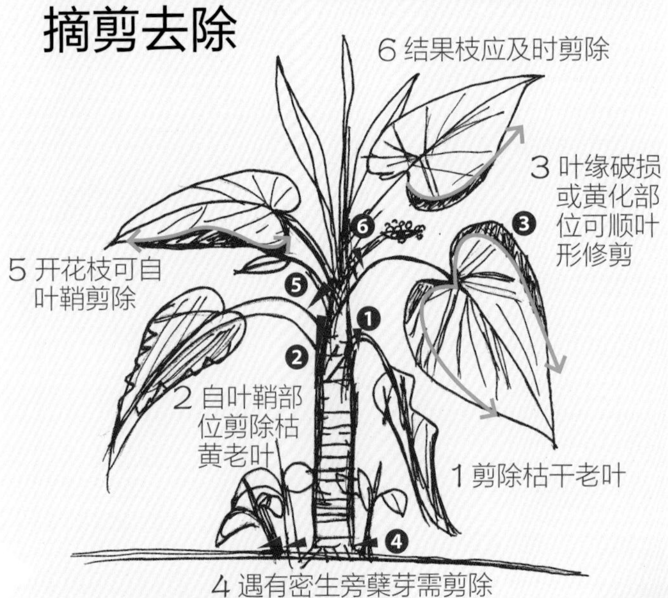

① 修剪前有不少花后枝、结果枝、受损老叶。

② 以手抓捏去除枯干叶鞘部。

③ 叶鞘基部的干枯叶鞘部剪除完成。

④ 叶柄部位可以剪定铗以45度角向上斜切修剪。

⑤ 摘花、摘果、摘叶完成。

DATA 姑婆芋

科名 天南星科
俗名 细叶姑婆芋、山芋
学名 *Alocasia macrorrhiza* (L.) Schott et Endl.
属性 多年生草本
原产分布 南美洲
特点解说 叶具有斜上肉质茎，根茎巨大含剧毒，但能药用。叶广卵形，宽大，可代用包裹食物。花黄白色，球形浆果熟呈深红色。

04 鹅掌藤

应使用锐利的刀具进行修剪以免伤口碎裂感染病虫害

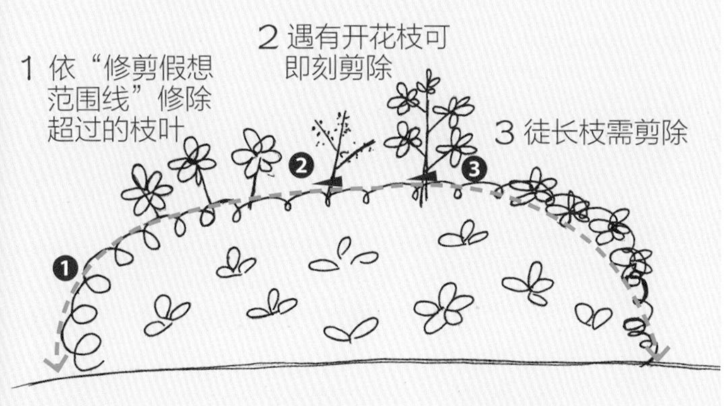

① 修剪前的植株过高，植株老化，枝叶长短不一。

② 在“修剪假想范围线”上，用剪定铗在节以平口剪除。

③ 以平行枝序方向剪除分枝。

④ 再以平行枝序方向，在节间短截分枝。

⑤ 修剪完成。

DATA 鹅掌藤

科名 五加科
俗名 鹅掌木、鸭脚木
学名 *Schefflera arboricola* Hay
属性 常绿灌木
原产分布 热带和亚热带地区
特点解说 生性强健，耐荫，抗旱，适合丛植或盆栽。

05 朱蕉

叶缘叶尖枯干时可顺着叶形修剪

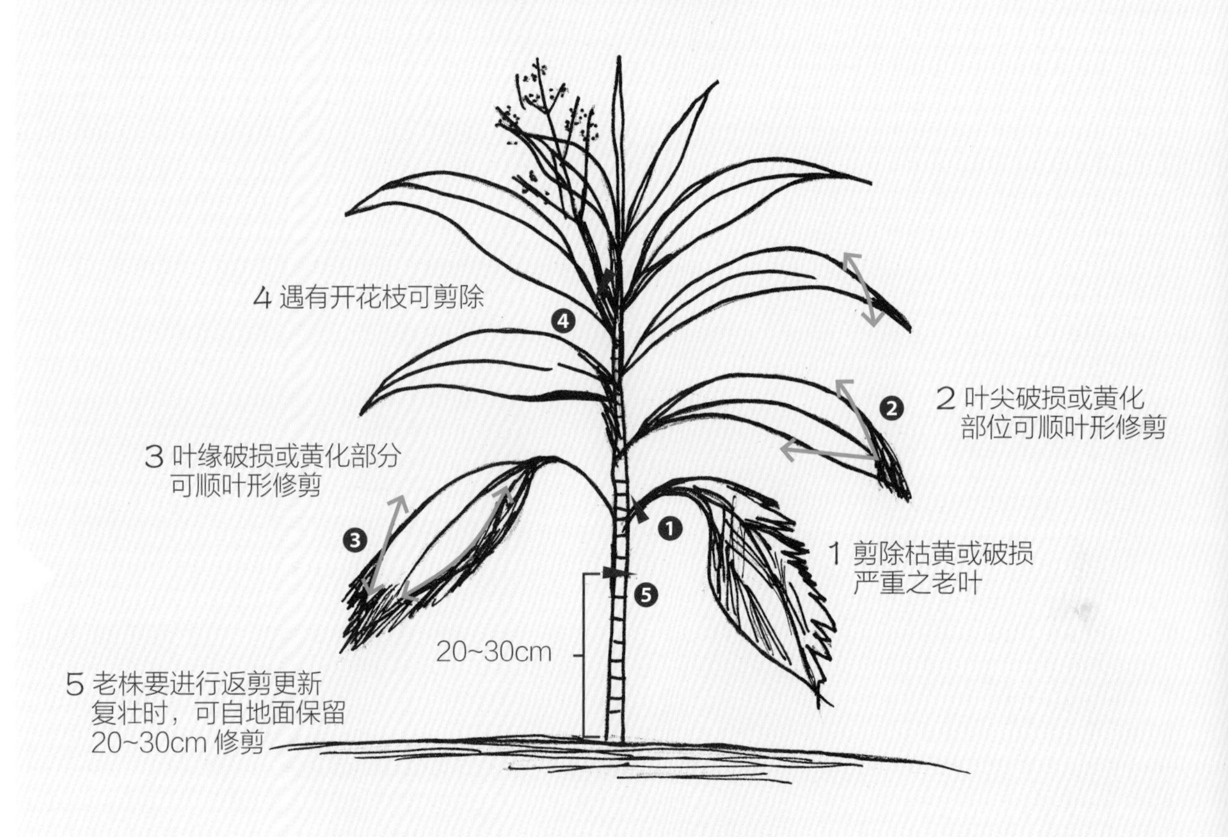

DATA 朱蕉

科名 龙舌兰科
俗名 红竹、红叶
学名 *Cordyline terminalis* (Linn.) Kunth.
属性 常绿灌木
原产分布 热带、亚热带地区
特点解说 叶片全缘，丛生，茎顶呈互生，叶面平滑为披针形或长椭圆形，叶色依品种而不同，有绿色、淡红、暗紫或淡红与黄色相间，常用于室内盆栽或庭园观赏。叶含酚类、氨基酸，可入药。栽培容易，可于夏季扦插繁殖。

① 修剪前植栽较高，下方无叶，茎干明显重心偏高。

② 先修剪开花后的枝条。

③ 叶面受损不良达 50% 以上的叶部，自叶鞘基部摘叶。

④ 可用剪定铗反向、自较密集之叶鞘部进行 45 度角向上斜切修剪。

⑤ 发现叶尖部位干枯不良时，可先顺着叶缘方向修叶。

⑥ 再反向顺叶缘方向修叶。

⑦ 修叶完成之全叶情况。

⑧ 单株修叶完成后的情况。

⑨ 整体修剪完成后的情况。

06 白边竹蕉

老叶枯黄变形破裂即可剪摘

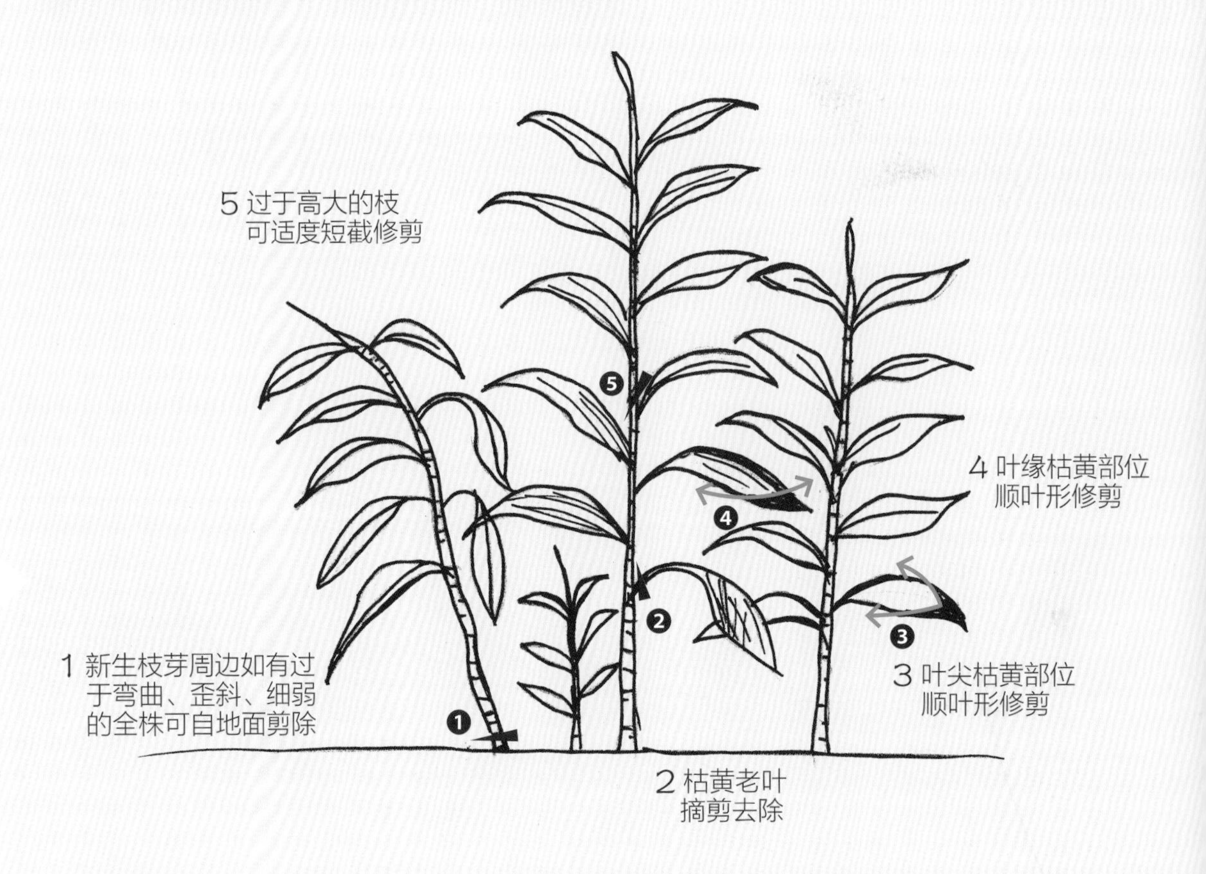

DATA 白边竹蕉

科名 龙舌兰科
俗名 白边万年青、镶边竹蕉
学名 *Dracaena sanderiana*
属性 常绿灌木
原产分布 喀麦隆、刚果
特点解说 茎干直立细长，常不分枝；叶互生，呈椭圆状披针形，叶片有乳白镶边或纵纹，使其亮丽、醒目、美观；花小，白色至淡绿色，且不多开，为圆锥花序，顶生。适合室内盆栽、插花、庭园耐荫区域栽培。

① 修剪作业前发现：植栽分株过于密集，并有“返祖现象”，萌生全绿色原种竹蕉。

② 先将新生及老化的全绿原种竹蕉的枝、叶、芽，进行剪枝摘除。

③ 地面有萌生全绿色原种的新芽，亦须摘除。

④ 摘除原种枝叶改善“返祖现象”完成后的情况。

⑤ 发现枝叶老化程度严重或叶尖部位干枯不良时，可于地面剪除。

⑥ 进行枝条中段剪枝时，应于节上进行平剪。

⑦ 整体修剪完成后的情况。

草本花卉
观叶类
灌木类
乔木类
竹类
棕榈类
蔓藤类
地被类
造型类
其他类

07 马拉巴栗

遇到老化下垂的叶片即可摘除修剪

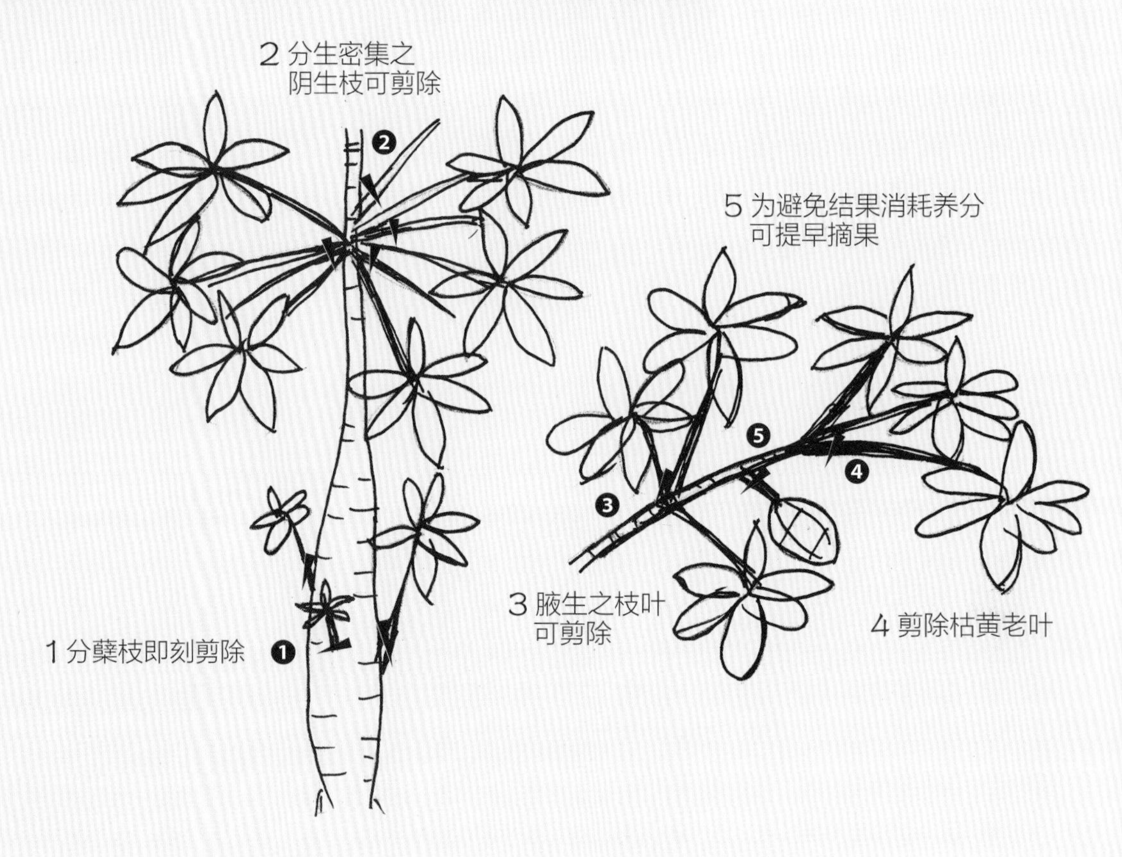

DATA 马拉巴栗

科名 木棉科

俗名 美国花生、发财树

学名 *Pachira macrocarpa* (Cham. et Schlecht.) Walp.

属性 常绿小乔木

原产分布 墨西哥

特点解说 树皮绿色光滑，侧枝轮生；叶为掌状复叶，具长柄，叶表光滑油亮；单花腋生，白色，花丝细长；蒴果木质化。生性强健，适合室内外栽植。

① 修剪前植株的枝叶杂乱。

② 自基部以 45 度斜角锯除干基部已长成的分蘖枝。

③ 将不良分生的主枝，自脊线到领环的连线外移 0.5~1cm 锯除。

④ 用剪定铗剪除细小的分枝。

⑤ 遇有平行枝欲锯除平行下枝时，可将切枝锯反向切锯。

⑥ 若有断折枝条要保留时，用剪定铗依其枝序方向修剪。

⑦ 遇有枯干枝及结果枝亦应贴切剪除。

⑧ 枯干枝及结果枝剪定完成。

⑨ 修剪完成：枝叶层次分明、地面采光亦较充足。

08 白花天堂鸟

枯干老叶及开花后的花茎应及时剪除

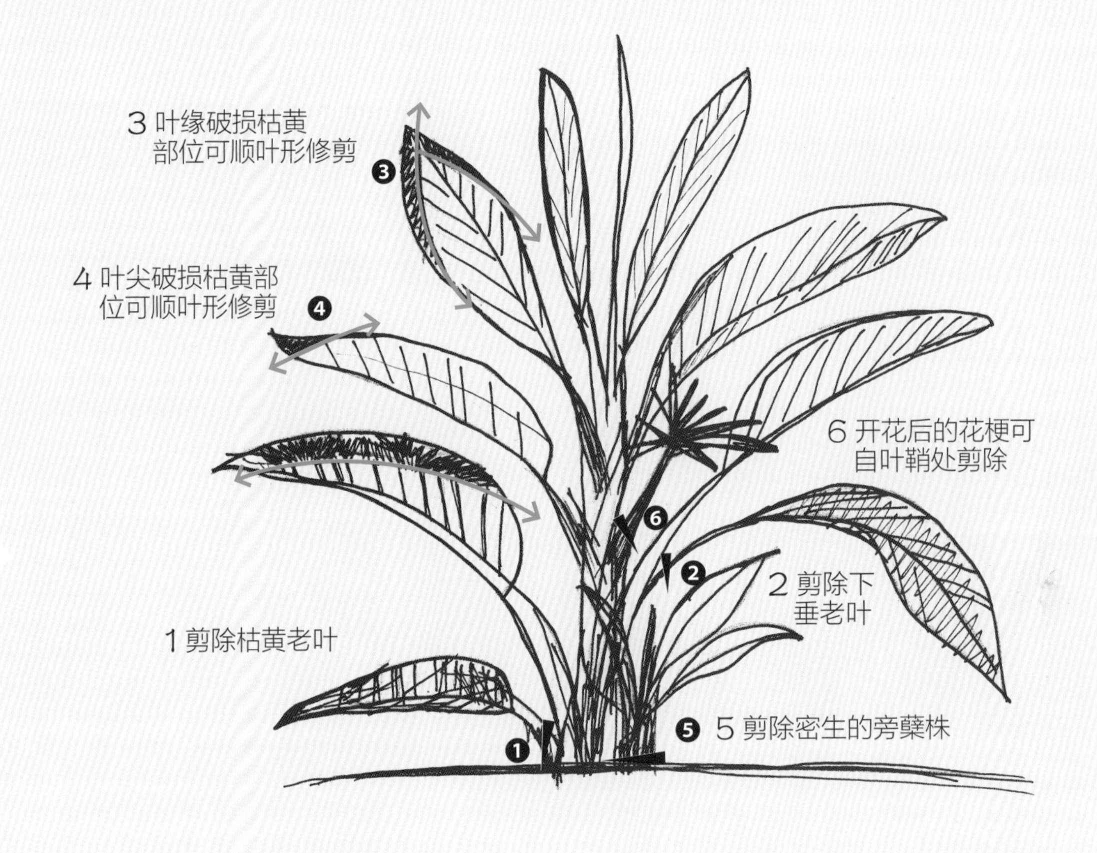

DATA 白花天堂鸟

科名 旅人蕉科

俗名 白鸟蕉、琉璃鸟蕉

学名 *Strelitzia nicolai*

属性 常绿灌木

原产分布 热带非洲

特点解说 叶丛生，茎端具长柄，状如芭蕉，叶柄具翅与沟；花序由叶腋长出，花茎短，苞片黑紫，舌瓣白色，样貌状似天堂鸟的花形。可用于庭园美化、高级花材，幼株栽培为盆栽供室内绿化用，常用分株法进行繁殖。

① 修剪作业前发现：枯黄叶，干枯花茎及旁蘖株密生。

② 首先可将干枯花茎以切枝锯锯除。

③ 再将枯黄叶片切锯或修剪去除。

④ 切锯之下刀角度宜以 45 度角向上斜切。

⑤ 旁蘖株密生情况可以圆锹挖除后再回填栽培介质。

⑥ 生长在外侧的旁蘖株亦可以切枝锯自地面切除。

⑦ 修剪完成。

灌木类修剪要领

本类植物皆属于木本植物，其植株高度一般为 2m 以下，且呈现多分枝而使主干不明显。

修剪要领

1. 应依每次平均萌芽长度进行弱剪。
2. 遇有花后枝及徒长枝叶，应立即剪除。
3. 修剪应依平行枝条叶柄的方向贴剪。
4. 每二至三年应返剪一次更新复壮。
5. 绿篱边角宜修倒圆角增加日照量。
6. 可设定修剪假想范围线创意修剪。

性状分类	特性分类	常见植物举例
灌木类	常绿性	杂交玫瑰和蔷薇类、蔷薇类、月季花、黄叶金露花、金露花、蕾丝金露花、细叶雪茄花、六月雪、杜鹃、桂花、月橘（七里香）、树兰、含笑花、茉莉花、黄栀类、厚叶女贞、日本小叶女贞、银姬小腊、胡椒木、小叶厚壳树、海桐、厚叶石斑木、中国仙丹、宫粉仙丹、矮仙丹、大王仙丹、马缨丹、小叶马缨丹、大花扶桑、朱槿、紫牡丹、野牡丹、变叶木类、苦蓝盘、小叶赤楠、金英树、花蝴蝶、红桑、迷迭香 、华八仙、芙蓉菊、黄虾花、红虾花、珊瑚花、蓝雪花、毛茉莉
	落叶性	山马茶、安石榴、立鹤花、欧美合欢、羽叶合欢、红粉扑花、金叶黄槐、金叶霓裳花、山芙蓉、火刺木类、贴梗海棠、木槿、狭瓣八仙、醉娇花、红蝴蝶、圣诞红、绣球花、麻叶绣球、矮性紫薇、红花继木

维护管理年历

	1	2	3	4	5	6	7	8	9	10	11	12
常绿性	□	□	□	■▲●	■	■	■▲●	■	■	■▲●	□	□
落叶性	■	■▲●	□	□	□▲●	□	□	□▲●	□	□	□	■▲●

1. 表示当月需要作业的项目，□弱剪、■强剪、△支架检查固定、▲基盘改善作业。
2. 表示“肥料”种类，●有机质肥、◎化学复合肥、○化学单效肥。

主要灌木修剪重点

1. 黄叶金露花、金露花、蕾丝金露花：本类植栽虽然在春季至秋季周期性开花期长，但是如果以造型为目的进行修剪时，因为花芽生长后被不断地剪除就无法顺利开花，因此维护管理方式应配合其栽培目的而进行。
2. 细叶雪茄花：其开花周期长、生长强健、萌芽力强，极耐修剪造型。
3. 六月雪：这类植物的花芽在八月份时，会在今年生的枝梢末端开始形成，并在入秋前形成花蕾，一直到寒冬结束之后，遇到春季回温时即可开始开花。因此必须避免在入秋后到翌年春季间进行强剪，而是要在开花期后的六七月间方可进行强剪，如此可使开花较为良好，若季节不适而强剪将会影响生长势、使其渐渐生长不良。
4. 杜鹃：因为杜鹃的花均开在枝条末梢的顶芽，因此促使分枝茂密、萌生较多而整齐的顶芽，即可使其开花整齐。然而其花芽分化需时半年，因此仅能在每年春季开花期后之一个月内进行造型强弱剪，其他时间则须避免修剪，仅能剪除徒长枝，如此在翌年就能使杜鹃花开得整齐而密集。此外，杜鹃的浅生细根需要大量的氧气，因此栽培土质必须供水正常、排水良好。
5. 桂花：造型方式可视同乔木般地以十二不良枝判定修剪后再进行细部的整修，其中应注意其摘心与摘芽的控制，借以使植株朝向所计划的生长方向与目标成长。
6. 月橘（七里香）、树兰、含笑花：因萌芽力强极适合作为绿篱或花丛，但也因此需要注意将树冠内部的不良枝进行剪除，以免影响通风及采光促使病虫害的好发与滋生寄宿。
7. 黄栀类：这类植物包含重瓣黄栀、山黄栀、玉堂春、水栀子等开花芳香浓郁的灌木类植栽，由于其花芽分化时间经常在七月至九月期间进行，并且可达两次之多，因此必须注意在这段时间不要进行强剪，而是仅能在花开后将此花后枝进行弱剪即可，而且若能疏删修剪一些伸展过度的长枝，也能使花开较为密集。
8. 茉莉花：每年应于春季萌生多芽期间，将其细小的分蘖枝及枯干枝条进行剪除，并适当使枝条彼此之间留有较宽间距，以免枝叶密集而竞夺采光与通风，影响生长发育。

01 杜鹃

每年仅能于开花后的一个月内进行强剪

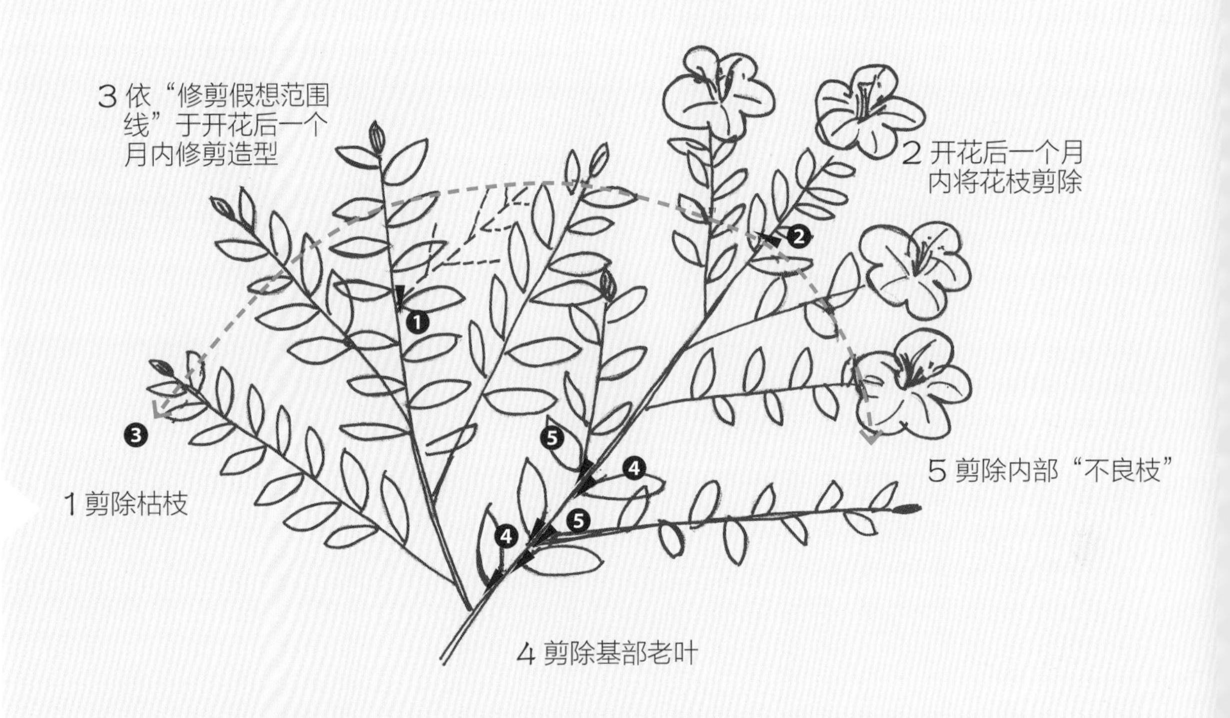

DATA 杜鹃

科名 杜鹃花科
俗名 杜鹃花
学名 *Rhododendron simsii* Planch
属性 常绿灌木
原产分布 日本引进栽培品种
特点解说 品系繁多，以艳紫、粉红、白及大红等四种为庭园景观常用植物，株高可达 2~3m。叶互生，叶披针形至长椭圆形，全缘，叶面有褐色细毛密生；花顶生于枝端，总状排列，花冠漏斗形。非常耐污染，但全株有毒，误食会引起恶心、呕吐、血压下降、呼吸抑制、昏迷及腹泻。

本案例运用 补偿修剪 | 修饰修剪 | 疏删修剪 | **短截修剪** | **生理修剪** | **造型修剪** | 更新复壮修剪 | 结构性修剪

① 先设定“修剪假想范围线”。

② 可以全株中段萌芽较集中处作为“修剪假想范围线”。

③ 先以剪定铗进行“修剪假想范围线”的剪枝。

④ 修剪后伤口应避免形成Y字形干头枝。

⑤ 因此修剪位置最好选择分枝处下方修剪。

⑥ 遇有以往修剪不良的干头枝亦需贴剪去除为宜。

⑦ 再进行“修剪假想范围线”的摘心修剪。

⑧ 修剪时尽量于节上平行叶序方向剪定。

⑨ 完成修剪作业后的情况。

02 桂花

应常疏删修剪保持树冠内部采光与通风才能促使开花不断

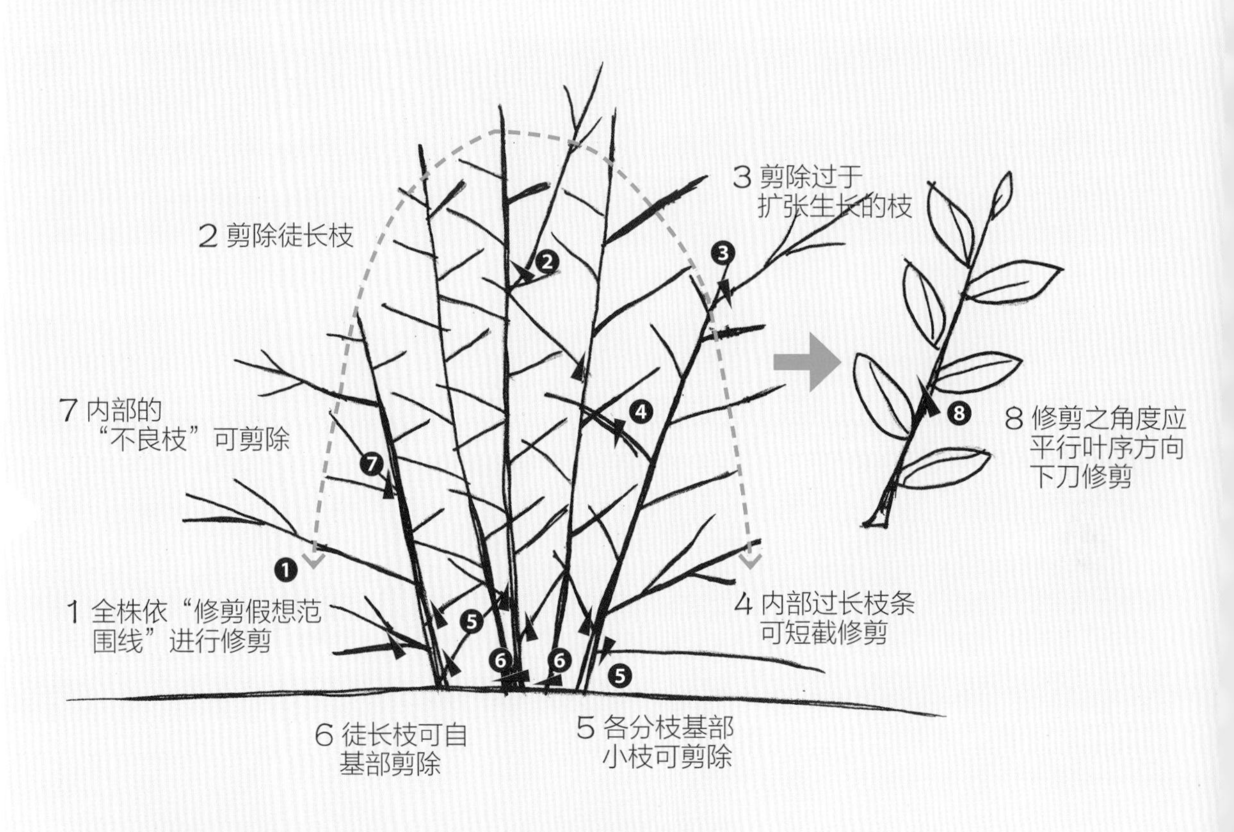

DATA 桂花

科名 木犀科
俗名 四季桂、月桂花
学名 *Osmanthus fragrans* (Thunb.) Lour.
属性 常绿灌木
原产分布 中国大陆、日本等
特点解说 生性强健，喜半日照环境。叶互生，披针形或长椭圆形，浅锯齿缘，薄革质；花全年均可盛开，乳白色，具芳香味。可以高压及扦插繁殖，是园艺景观常用香花类灌木植栽，其花亦可用于焙茶及制作香料。

本案例运用 补偿修剪 | **修饰修剪** | **疏删修剪** | 短截修剪 | 生理修剪 | 造型修剪 | 更新复壮修剪 | 结构性修剪

① 修剪作业前发现：生长茂密、蔓藤缠勒。

② 蔓藤缠勒茎干部位者，可以剪定铗将其剪断以利清除。

③ 尽量贴剪叉生枝修剪完成后的情况。

④ 修剪末梢小枝。

⑤ 修剪的角度应尽量于节上平行枝序方向剪定。

⑥ 进行末梢之摘芽修剪时亦应于节上平行枝叶序方向剪定。

⑦ 末梢的摘芽修剪完成后的情况。

⑧ 逐一进行“十二不良枝”判定修剪完成。

⑨ 三周后即可发现全株呈现茂盛而优美的姿态。

03 月橘

应留意保持树冠内部的采光与通风才能减少病虫害的发生

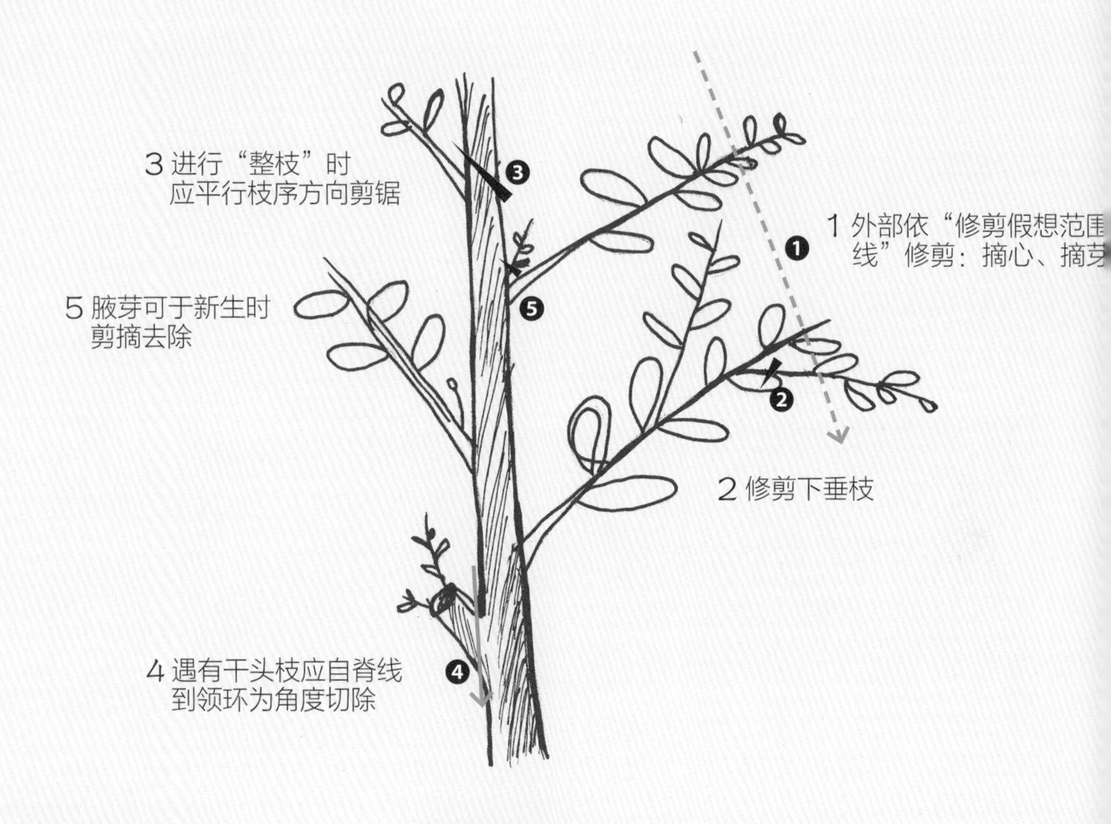

DATA 月橘

科名 芸香科
俗名 七里香
学名 *Murraya paniculata* (L.) Jack.
属性 常绿灌木
原产分布 中国大陆、台湾，亚洲南部，印度、马来西亚、菲律宾、澳大利亚等
特点解说 生性强健，喜排水良好、日照充足环境，花白芳香，果熟橙红可食，为庭园景观绿篱优良植栽及蜜源与诱鸟生态绿化植物。枝干材质细致，为优良印章雕刻材料与工具柄材。

本案例运用 补偿修剪 | **修饰修剪** | **疏删修剪** | 短截修剪 | 生理修剪 | 造型修剪 | 更新复壮修剪 | 结构性修剪

① 修剪前发现：其枝叶繁杂、分枝密集。

② 依循“十二不良枝”判定原则可先进行分蘖枝的修剪。

③ 以剪定铗进行阴生枝的修剪。

④ 遇有较粗的枝条可以切枝锯（自脊线到领环为角度）进行切除。

⑤ 叉生干头枝亦须切除。

⑥ 干头末端宜以切枝锯采取 45 度斜切方式，尽量避免水平伤口。

⑦ 可以手指抓捻枝条长度 1/3~1/2 的基部老叶，进行“摘叶”。

⑧ 遇有已遭腐朽菌侵害之枝条应自脊线到领环为角度切除。

⑨ 三周后即可发现全株枝叶分布更为自然且较为茂盛。

04 大王仙丹

开花后的枝条应即时剪除才能促使后续开花不断

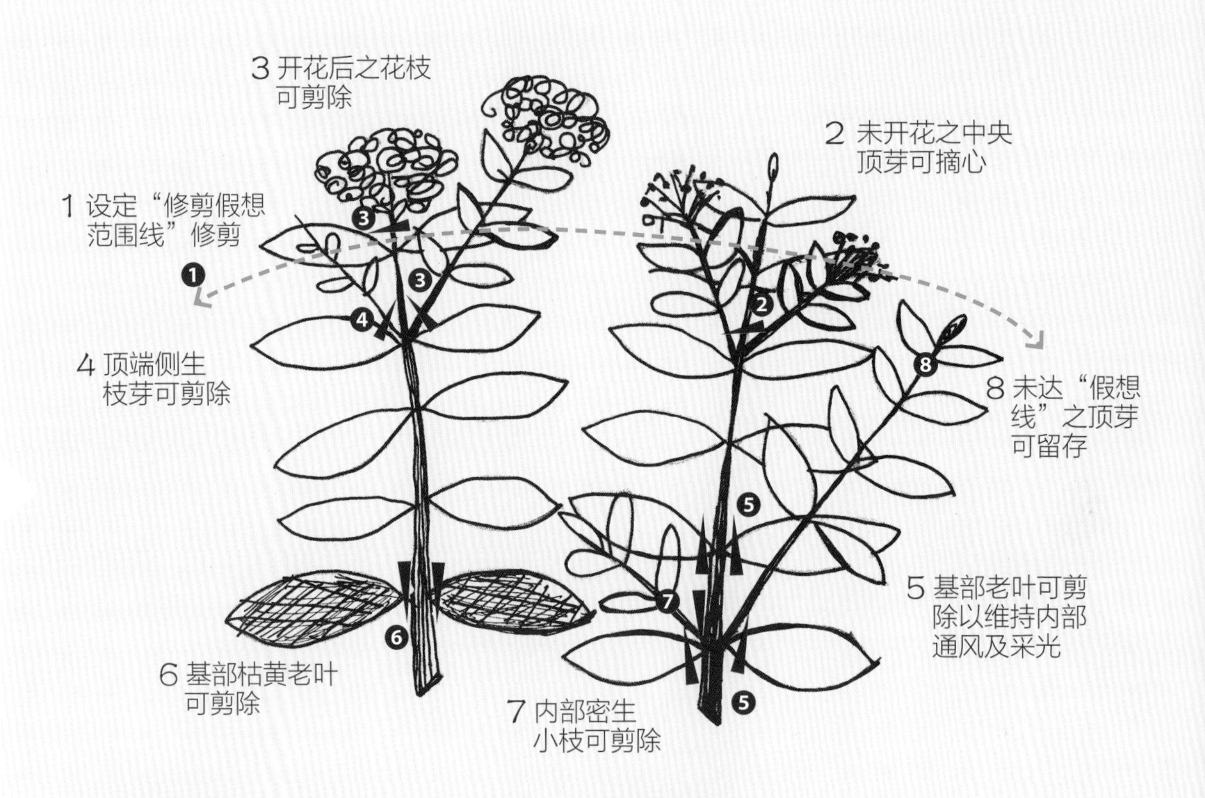

DATA 大王仙丹

科名 茜草科

俗名 大仙丹、仙丹花

学名 *Ixora duffii* cv. 'Super King'

属性 常绿灌木

原产分布 亚洲热带地区

特点解说 全株可高达 1~3 m。叶呈单叶对生，长椭圆形，叶面平滑革质；伞房花序，花开红色，丛状，于全日照、温暖环境下，可四季常开。繁殖宜采扦插法或高压法，常用于庭园景观、盆栽。

本案例运用 补偿修剪 | 修饰修剪 | 疏删修剪 | **短截修剪** | **生理修剪** | **造型修剪** | 更新复壮修剪 | 结构性修剪

① 修剪作业前发现：已开花的花后枝及顶梢新芽已萌发，树冠内亦有枯枝及藤蔓。

② 设定“修剪假想范围线”，先将顶梢开花后之枝条自花序下方的节上剪定成平口。

③ 纠缠于树冠间的藤蔓一一清除。

④ 顶梢已萌发新芽的部位，同花后枝一样自下方的节上剪定成平口。

⑤ 于“修剪假想范围线”以内的各枝条顶梢，可以剪定铗进行摘心。

⑥ 摘心亦可以用手捏紧转动的方式进行。

⑦ 接着将树冠内的不良枝或枯干枝一一剪除。

⑧ 整体修剪作业完成后的情况：仍维持略圆球形造型为佳。

05 马缨丹

枝条老化呈现木质化时，需进行返剪更新复壮

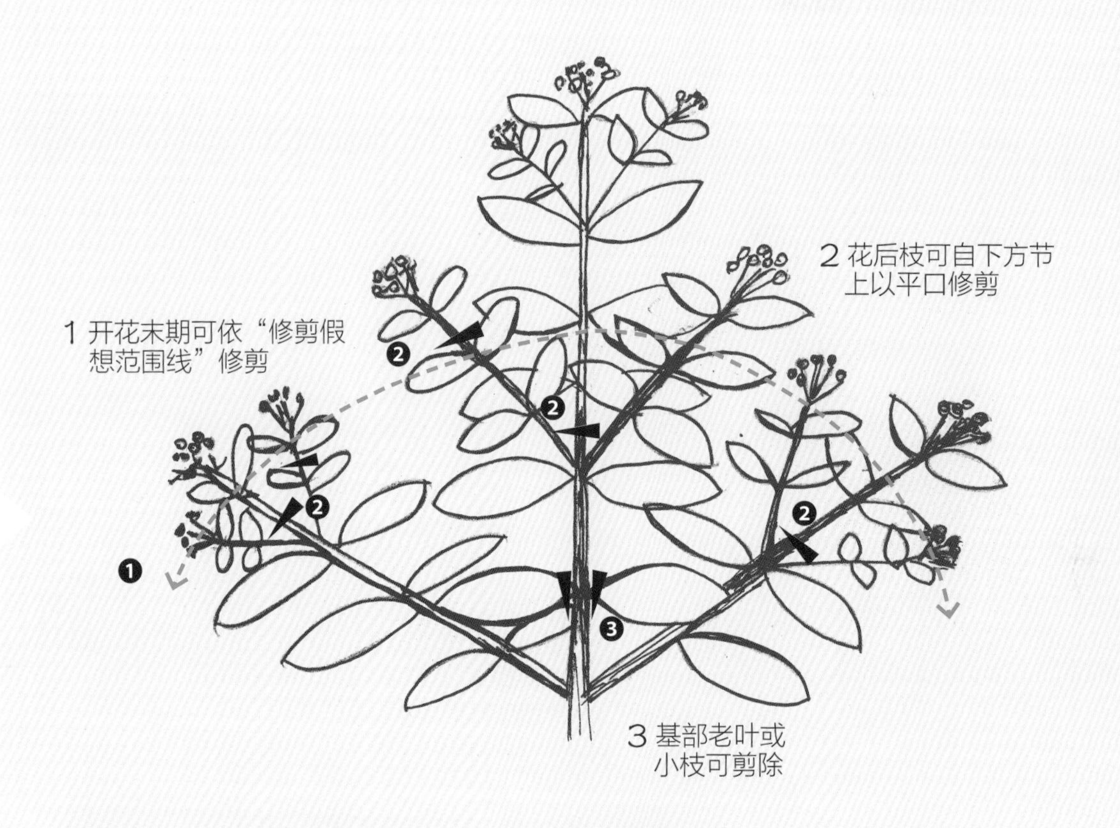

DATA 马缨丹

科名 马鞭草科
俗名 五色梅
学名 *Lantana camara* L.
属性 常绿灌木
原产分布 园艺培育种
特点解说 生长强健极易栽培，性喜干燥向阳之处。花色繁多，有黄、白、橙、红、粉红等色，花期几乎全年，观花效果极佳，可为蜜源植物及庭园景观使用。

本案例运用 补偿修剪 | 修饰修剪 | 疏删修剪 | **短截修剪** | 生理修剪 | **造型修剪** | 更新复壮修剪 | 结构性修剪

① 修剪作业前的状况：树冠扩张变形。

② 采取每次平均萌芽长度判定“修剪假想范围线”后，进行边缘弱剪修剪。

③ 以修枝剪“正握”依着“修剪假想范围线”进行修剪。

④ 边缘倒圆角部位可以修枝剪“反握”进行修剪。

⑤ 接着以剪定铗进行枝条裸露部位“巡剪”，对生枝序者须于节上剪成平口。

⑥ 若遇有“一节多分枝”之裸枝情况时应于分枝下方的节上修剪。

⑦ 尽量不要使末梢成“裸枝”状。

⑧ 整体修剪作业完成后的情况。

⑨ 三周后其萌芽完整且又继续开花。

06 金英树

若能将开花后的枝条剪除就能促使后续开花不断

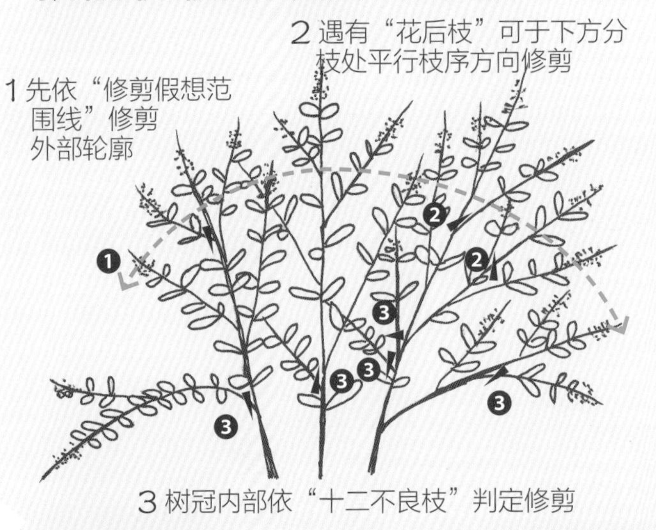

本案例运用 补偿修剪 | 修饰修剪 | 疏删修剪 | **短截修剪** | **生理修剪** | 造型修剪 | 更新复壮修剪 | 结构性修剪

① 修剪作业前的状况。

② 于全株中段萌芽较集中处判定“修剪假想范围线”，逐一进行弱剪修剪。

③ 由左侧顺势向右侧进行修剪，目前左侧修剪作业完成。

④ 再将右侧修剪后之整体修剪作业完成后的情况。

⑤ 一个月后其已萌发新的叶芽与花芽，且生长茂盛。

DATA 金英树

科名 黄褥花科
俗名 金虎尾花
学名 *Thryallis glauca* (Cav.) Kuntze
属性 常绿灌木
原产分布 墨西哥、危地马拉
特点解说 具有多数分枝，单叶对生，长椭圆形、卵形或椭圆形；花多顶生，呈总状花序，花金黄色，鲜明亮丽美观。可播种繁殖，生性强健，喜全日照、排水良好土质。

07 大花扶桑

开花期后应即时修剪造型才能确保后续开花

2 再以剪定铗平行叶序方向于节上修剪

1 先以修枝剪依“修剪假想范围线”修剪外部

本案例运用 补偿修剪 | 修饰修剪 | 疏删修剪 | **短截修剪** | 生理修剪 | **造型修剪** | 更新复壮修剪 | 结构性修剪

① 修剪作业前的状况。

② 采取每次平均萌芽长度判定“修剪假想范围线”后，先进行侧边弱剪修剪。

③ 顺势而上将边缘以“倒圆角”方式进行修剪。

④ 整体修剪作业完成后的情况。

⑤ 一个月后其萌芽完整而生长茂盛的情况。

DATA 大花扶桑

科名 锦葵科
俗名 扶桑、扶桑花
学名 *Hibiscus rosa-sinensis* Linn.
属性 常绿灌木
原产分布 中国大陆、日本
特点解说 花色繁多，以红、橙、黄、粉、白为主，耐风、耐旱，全年可开花，宜丛植或修剪造型成绿篱。

08 黄栀

保持树冠内部采光与通风 并常追肥才能促使开花不断

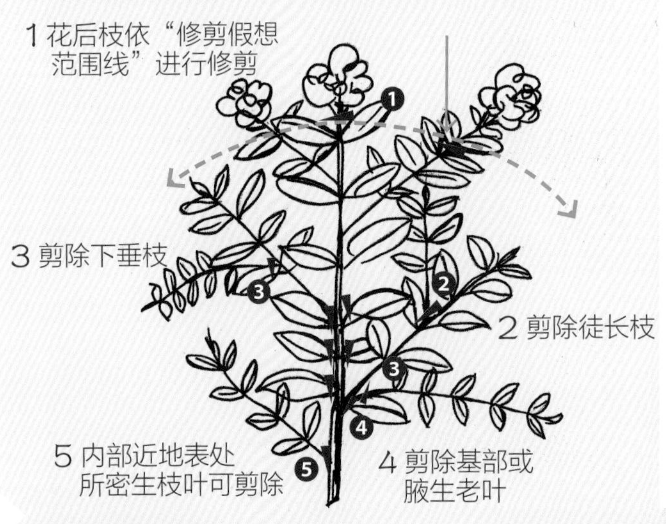

本案例运用 补偿修剪 | 修饰修剪 | 疏删修剪 | **短截修剪** | 生理修剪 | 造型修剪 | 更新复壮修剪 | 结构性修剪

① 修剪作业前发现：过于扩张偏斜生长、与盆器比例大小失当。

② 以盆器高度约1~1.5倍以内作为“修剪假想范围线”，设定后即进行修剪。

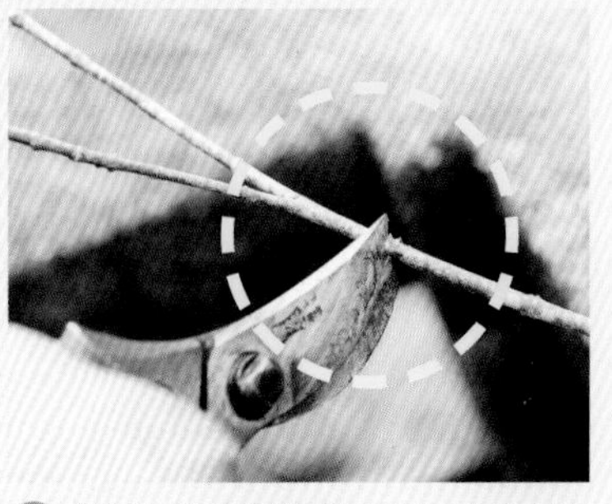

③ 进行短截修剪时亦应寻找节上已有萌芽处进行剪定为佳。

④ 依序逐一将各枝条修剪作业完成后的情况。

DATA 黄栀

科名 茜草科
俗名 黄栀花、黄栀子
学名 *Gardenia jasminoides* Ellis
属性 常绿灌木
原产分布 园艺培育种
特点解说 花白色芳香，果实长椭圆形，果熟时呈黄红色，可做染料或入药。

09 迷迭香

多多摘除末梢叶芽 保持植株生长健壮

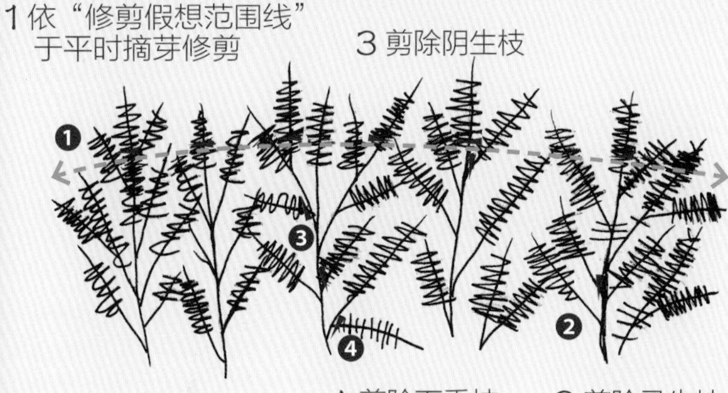

本案例运用 补偿修剪 | 修饰修剪 | 疏删修剪 | **短截修剪** | 生理修剪 | 造型修剪 | 更新复壮修剪 | 结构性修剪

① 修剪作业前的状况，显见若干长得较长的枝芽。

② 一手抓住叶梢另一手持剪定铗进行修剪，以使枝叶不掉落。

③ 依“修剪假想范围线”进行修剪完成，其剪下的枝叶可供使用。

④ 约一个月后新芽萌发长成，整体依然茂盛。

DATA 迷迭香

科名 唇形科
俗名 海洋之露、圣玛丽亚玫瑰
学名 *Rosmarinus officinalis*
属性 常绿灌木
原产分布 土耳其、法国、西班牙、突尼斯等地中海地区国家
特点解说 茎近似方形，茎上布满狭窄尖状的树叶，叶片正面为深绿色，叶片背面为银灰色，叶对生狭细尖状、肥厚多汁、具强烈辛香味；花朵小呈淡蓝色、淡紫色或粉红色或白色，春夏季开花。性喜日照充足、排水良好区域，能耐旱、耐霜寒。

草本花卉 观叶类 灌木类 乔木类 竹类 棕榈类 蔓藤类 地被类 造型类 其他类

10 红桑

应将基部老叶摘除以保持树冠内部的采光与通风

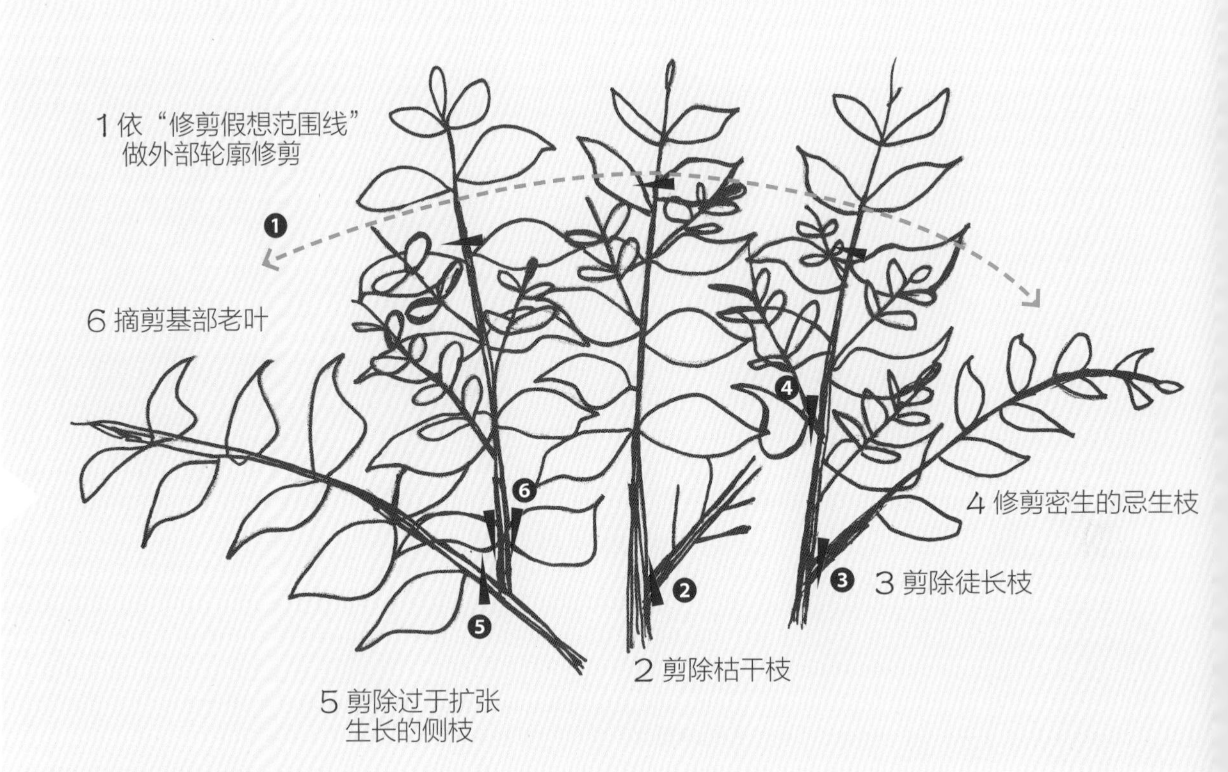

DATA 红桑

科名 大戟科
俗名 威氏铁苋
学名 *Acalypha wilkesiana*
属性 常绿灌木
原产分布 太平洋诸岛
特点解说 叶常年呈现铜红色至铜绿色红斑，极具观叶效果。春季至秋季可用扦插法繁殖，性喜全日照、高温多湿，耐旱，阴暗处易徒长叶色不良。栽培土质以肥沃之砂质壤土最佳，排水需良好。

本案例运用 补偿修剪 | 修饰修剪 | **疏删修剪** | **短截修剪** | 生理修剪 | **造型修剪** | 更新复壮修剪 | 结构性修剪

① 修剪作业前的状况。

② 因植栽数量不多且枝叶较大，故可用剪定铗修剪以确保品质完美后进行边缘修剪。

③ 自“修剪假想范围线”逐一进行弱剪剪定。

④ 若须由枝上剪定时，切勿在任意位置下刀。

⑤ 可于新芽的节上剪成平口。

⑥ 若见新芽旁边分生老枝或裸枝时，按下一步骤处理。

⑦ 可将老枝剪除而仅留新芽。

⑧ 逐一修剪后之整体作业完成后的情况。

⑨ 约三周后的情况：新芽萌发长成，整体显得更加茂盛。

11 杂交玫瑰和蔷薇类

善用“留三节剪定法”可以促使全年开花不断

DATA 杂交玫瑰和蔷薇类

科名 蔷薇科

俗名 玫瑰花、蔷薇

属性 常绿灌木

原产分布 园艺栽培种

特点解说 茎具刺；叶为奇数羽状复叶，呈长卵形有锯齿缘，叶薄革质；花具有单一顶生或单顶丛生，花色丰富多彩，具芳香味或无香味；果实为瘦果，褐色，内有子可用于播种繁殖，但一般多以扦插、高压或嫁接法培育。性喜全日照、排水良好区域，是全世界重要的切花、盆栽、庭园景观植栽。

本案例运用 补偿修剪 | 修饰修剪 | 疏删修剪 | 短截修剪 | **生理修剪** | 造型修剪 | 更新复壮修剪 | 结构性修剪

① 修剪作业前发现：花已开过、亦有徒长枝。

② 先顺着徒长枝之下方基部的分生处往上算起，于第三节处进行剪定。

③ 开花枝留三节剪定完成后的情况。

④ 遇有枯干枝亦须进行剪定。

⑤ 末梢裸枝部位亦须短截修剪到各节上成平口。

⑥ 若遇有中段分枝之裸枝情况时则应平行枝叶序方向进行剪定。

⑦ 中段分枝裸枝剪定作业完成后的情况。

⑧ 整体各枝条自基部算起“留三节”剪定作业完成后的情况。

⑨ 约一个月后其“留三节”处所萌芽即为花芽之情况。

12 合欢类：欧美合欢、羽叶合欢、红粉扑花

开花后的枝应即时剪除就能促进后续开花

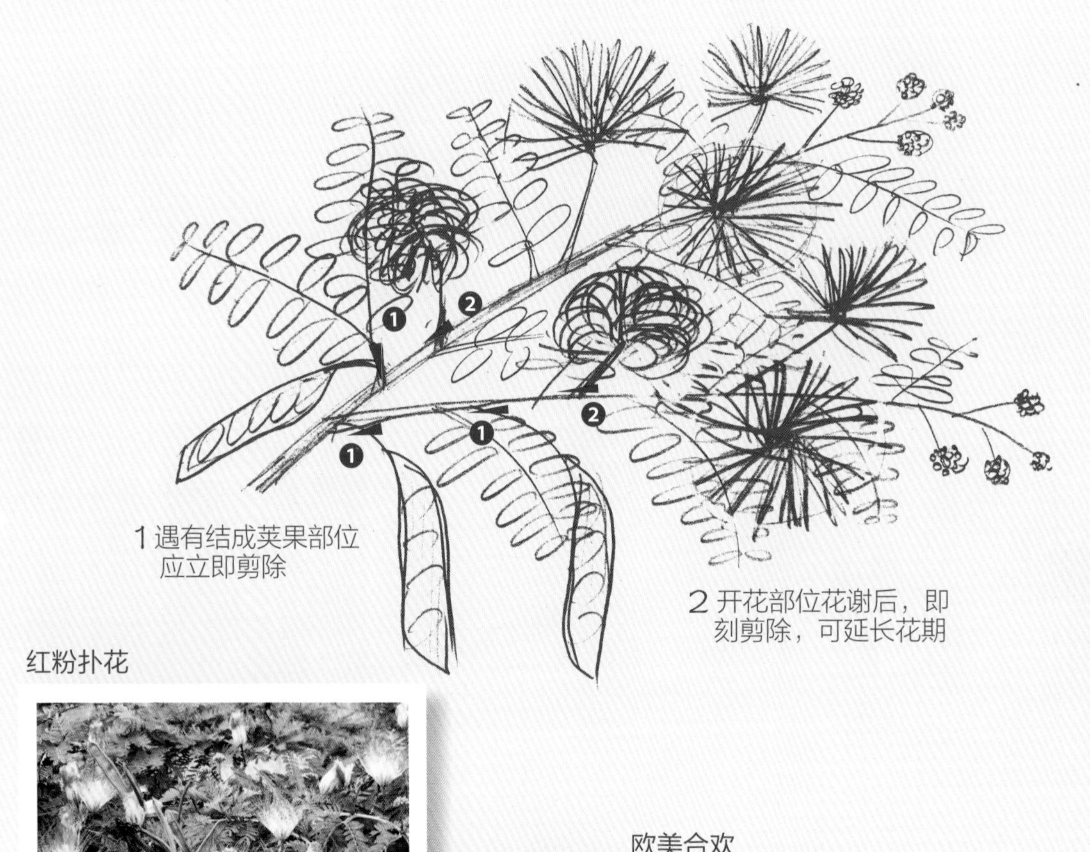

红粉扑花

欧美合欢

DATA 合欢类：欧美合欢、羽叶合欢、红粉扑花

科名 含羞草科

属性 半落叶灌木

原产分布 日本引进园艺栽培品种

特点解说 粉红色花朵，花呈粉扑状极为可爱，花开时布满全株，十分艳丽而壮观。

羽叶合欢

本案例运用 补偿修剪 | 修饰修剪 | 疏删修剪 | **短截修剪** | **生理修剪** | 造型修剪 | 更新复壮修剪 | 结构性修剪

① 修剪作业前发现：主要枝条过于伸长而扩张偏斜生长。

② 采取每次平均萌芽长度判定“修剪假想范围线”后进行弱剪剪定。

③ 主要分枝以“修剪假想范围线”进行剪定完成。

④ 末梢小枝有花芽者，应予以保留。

⑤ 末梢须短截修剪时，亦须于节上以平行枝叶序方向进行剪定。

⑥ 整体修剪作业完成后的情况。

⑦ 约十天后花朵盛开的情况。

⑧ 三周后其花朵凋谢又再度萌芽之情况。

13 圣诞红

开花后的枝即时剪除，就能延长花期

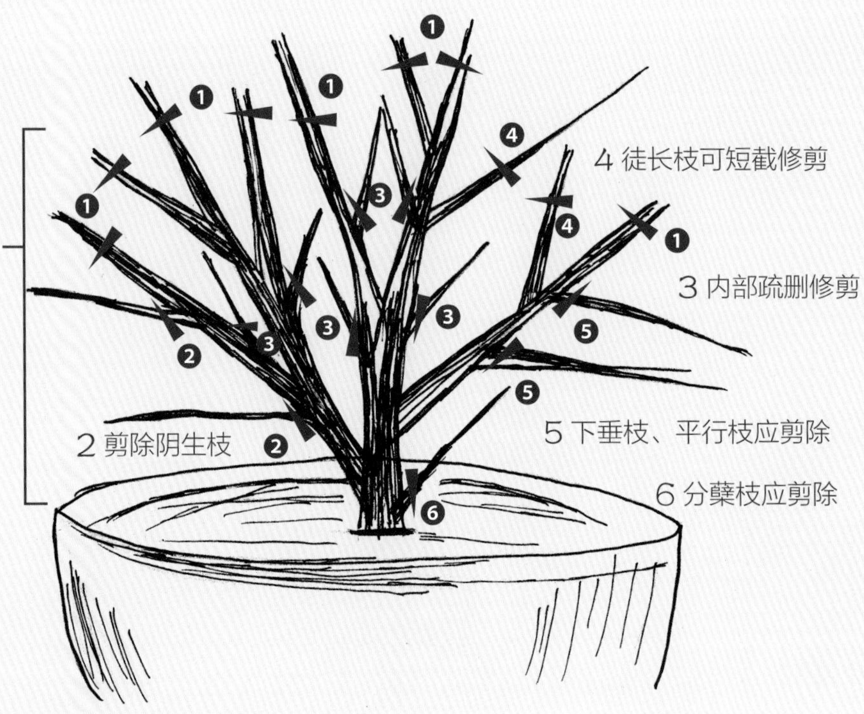

DATA 圣诞红

科名 大戟科
俗名 猩猩木、一品红
学名 *Euphorbia pulcherrima* Willd. et Kl.
属性 半落叶灌木
原产分布 墨西哥
特点解说 属短日照植物，全株含有剧毒，乳汁会引起皮肤红肿发炎过敏骚痒。茎分枝多；叶卵状椭圆形或提琴形，边缘有波状齿或浅裂；苞叶深红，丛生于茎梢，真正的花是在中心部位呈黄绿色的圆球形果状物。

本案例运用 补偿修剪 | 修饰修剪 | 疏删修剪 | 短截修剪 | 生理修剪 | 造型修剪 | 更新复壮修剪 | **结构性修剪**

① 修剪前苞叶已掉落，分枝细小且过于密集生长。

② 先将盆面枯叶以手抓除清理。

③ 将枯干枝叶一一以剪定铗剪除。

④ 以盆口直径设定为“修剪假想范围线”后进行剪定。

⑤ 剪定之角度须于节上以平行枝叶序方向进行剪定。

⑥ 遇有新芽者，尽量保留而于其节上剪定。

⑦ 各分枝之红苞叶应于下方寻其节上剪定。

⑧ 遇有分枝过密时亦须疏枝。

⑨ 修剪完成应保有平均分布的分枝架构。

14 矮性紫薇

花期后可进行花后枝剪除以避免结果消耗养分

本案例运用 补偿修剪 | 修饰修剪 | 疏删修剪 | **短截修剪** | **生理修剪** | 造型修剪 | 更新复壮修剪 | 结构性修剪

1 修剪前发现：枝条过于伸长而扩张生长。

2 采取每次平均萌芽长度判定“修剪假想范围线”后进行弱剪修剪。

3 以“修剪假想范围线”进行高度控制的修剪完成后的情况。

4 再将树冠宽度冠幅修剪完成后的情况。

5 三周后其枝叶萌芽茂盛之情况。

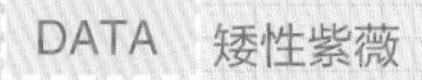

科名 千屈菜科

俗名 小花紫薇、矮种紫薇

学名 *Lagerstroemia indica* L.

属性 落叶灌木或小乔木

原产分布 中国大陆、印度

特点解说 全株茎干光滑；叶对生；花顶生，圆锥花序，花瓣波浪状，有桃红、紫红或白色，常于5~8月开花。栽培土质以肥沃富含有机质之土壤为佳，排水需良好，喜全日照环境。

15 山芙蓉

花谢后可进行花后枝及全株的十二不良枝的修剪

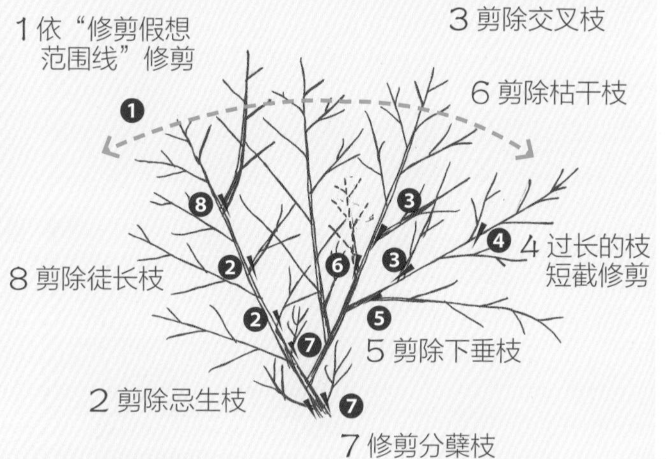

本案例运用 | 补偿修剪 | 修饰修剪 | **疏删修剪** | 短截修剪 | 生理修剪 | 造型修剪 | 更新复壮修剪 | 结构性修剪

BEFORE

① 修剪作业前发现：主枝之分生新芽过于密集且分枝倒伏生长。

② 先于主枝部位将分生较细小的新芽或新枝逐一剪除。

③ 分枝倒伏生长者以切枝锯进行锯除。

AFTER

④ 切锯时应以自脊线到领环的角度进行贴切。

⑤ 整体整枝修剪作业完成后的情况。目前适逢花季故应保有顶芽。

DATA 山芙蓉

科名 锦葵科
俗名 芙蓉花、台湾山芙蓉
学名 *Hibiscus taiwanensis* S. Y. Hu
属性 落叶大灌木
原产分布 台湾特有品种
特点解说 花萼五裂浅钟形，花清晨初开为白色或粉红色，午后逐渐转为紫红色或桃红色，蒴果球形。木材色白质轻软，性耐旱、耐污染也耐贫土，极适合庭园景观绿美化之用。

乔木类修剪要领

本类植栽是具有明显主干之木本植物，且其生长高度常达 2m 以上。

修剪要领

1. 弱剪十二不良枝并避免强剪损伤结构枝及顶梢。
2. 粗枝三刀、小枝一刀须以自脊线到领环的连线外移0.5~1cm贴切。唯有“常绿针叶树种”修剪下刀应自脊线到领环等同枝条粗细下刀，待一年后再予“贴切”以免形成“树洞”。
3. 互生及对生枝序树种应求三要：干要正、枝要顺、形要美。
4. 直立主干轮生枝序树种修剪四个要点：分枝下宽上窄、造枝下粗上细、间距下长上短、展角下垂上仰。

性状分类	特性分类	常见植物举例
乔木类	温带常绿针叶	黑松、五叶松、琉球松、湿地松、雪松、杜松、台湾油杉、龙柏、中国香柏、中国檀香柏、黄金侧柏、香冠柏、台湾肖楠、偃柏、真柏、铁柏、银柏、花柏、竹柏、贝壳杉、百日青、罗汉松、小叶罗汉松
	热带常绿针叶	兰屿罗汉松、小叶南洋杉、肯氏南洋杉
	温带亚热带落叶针叶	落羽松、墨西哥落羽松、水杉、池杉
	温带亚热带常绿阔叶	樟树、大叶楠、猪脚楠、土肉桂、山肉桂、锡兰肉桂、青刚栎、光腊树、白千层、柠檬桉、红瓶刷子树、黄金串钱柳、蒲桃、水黄皮、杨梅、杜英、大叶山榄、琼崖海棠、白玉兰、黄玉兰、洋玉兰、乌心石、厚皮香、大头茶、山茶花、茶梅、柃木类、冬青类、树杞、春不老、台湾海桐、柑橘类、柠檬类、柚子类、金橘、杨桃、枇杷、嘉宝果、神秘果、光叶石楠、澳洲茶树、兰屿肉豆蔻
	热带常绿阔叶	榕树、垂叶榕、雀榕、岛榕、提琴叶榕、棱果榕、糙叶榕、黄金榕、印度橡胶树、面包树、波罗蜜、榴莲、倒卵叶楠、海芒果、台东漆、福木、番石榴、芒果类、龙眼、荔枝、莲雾、锡兰橄榄、西印度樱桃、蛋黄果、人心果、大叶桉、黄槿、棋盘脚类、木麻黄、千头木麻黄、银木麻黄、柽柳类
	温带亚热带落叶阔叶	桃、李、梅、樱花、梨、柿、碧桃、青枫、枫香、垂柳、水柳、木兰花、辛夷、乌桕、无患子、茄苳、台湾栾树、苦楝、黄连木、榉木、榔榆、九芎、紫薇、流苏、扁樱桃、广东油桐
	热带落叶阔叶	菩提树、印度紫檀、印度黄檀、凤凰木、蓝花楹、大花紫薇、阿勃勒、黄金风铃木、洋红风铃木、台湾刺桐、黄脉刺桐、火炬刺桐、珊瑚刺桐、鸡冠刺桐、大花缅栀、钝头缅栀、红花缅栀、黄花缅栀、杂交缅栀、黄槿、黄槐、羊蹄甲、洋紫荆、艳紫荆、铁刀木类、盾柱木类、雨豆树、金龟树、墨水树、桃花心木、美人树、木棉、吉贝木棉、黑板树、小叶榄仁、榄仁、第伦桃、火焰木、苹婆、掌叶苹婆、兰屿苹婆、日日樱、番荔枝类、垂枝暗罗、长叶暗罗

维护管理年历

	1	2	3	4	5	6	7	8	9	10	11	12
温带常绿针叶	■	■	■▲●	□	□	□△	□	□●	□	□	□	□
热带常绿针叶			□	■▲●	■	■△	■	■	■▲●	■	□	
温带亚热带落叶针叶	■	■▲●	□	□	□	□△	□	□	□	□	□	■
温带亚热带常绿阔叶	□	□	■▲●	■	□	□△	□	□	□▲●	□	□	□
热带常绿阔叶			□	■▲●	■	■△	■	■	■▲●	■	□	
温带亚热带落叶阔叶	■	■▲●	□	□	□▲●	□△	□	□▲●	□	□	□▲●	■
热带落叶阔叶	■	■	□	■▲●	■	■△	■	■	■▲●	■	□	■

1. 表示当月需要作业的项目，□弱剪、■强剪、△支架检查固定、▲基盘改善作业。
2. 表示“肥料”种类，●有机质肥、◎化学复合肥、○化学单效肥。

温带常绿针叶植栽

性状分类	特性分类	常见植物举例
乔木类	温带常绿针叶	黑松、五叶松、琉球松、湿地松、雪松、杜松、台湾油杉、龙柏、中国香柏、中国檀香柏、黄金侧柏、香冠柏、台湾肖楠、偃柏、真柏、铁柏、银柏、花柏、竹柏、贝壳杉、百日青、罗汉松、小叶罗汉松

01 五叶松

春季疏枝疏芽、夏秋剪除徒长枝 冬季摘除基部老叶

[一 . 枝干]

1 枝干的各节分枝可留 1~3 分枝，其余剪除

[二 . 分枝]

2 各分枝上的小枝可仅留 1~2 枝呈互生状，其余可剪除

[三 . 枝叶]

3 可依芽的生长方向摘留新芽

4 若不想由此处分枝，可摘芽

5 短截修剪后，枝的末端仍应留有叶子

6 切勿由此处修剪而成“裸枝”，以免枝条干枯

[四 . 顶芽]

7 基部老叶可以手抓捻摘叶

8 可自设“修剪假想范围线”，将嫩芽顶端抓握叶簇齐头修剪

DATA 五叶松

科名 松科

俗名 台湾五叶松

学名 *Pinus morrisonicola* Hayata

属性 常绿大乔木

原产分布 台湾中低海拔地区、海南岛

特点解说 性喜全日照，适合庭园及盆景用。树干皮灰褐至黑褐色，浅龟甲状或不规则浅沟裂，薄片状剥落；针叶五针一束，横断面三角形；雌雄同株，球果卵状椭圆形，种子尾端具长翅。

本案例运用 补偿修剪 | **修饰修剪** | 疏删修剪 | 短截修剪 | 生理修剪 | **造型修剪** | 更新复壮修剪 | 结构性修剪

① 修剪作业前，先判断设定各分枝层的修剪假想范围线。

② 各分枝末梢若要剪短，末梢“心芽”要摘心。

③ 决定适当的新芽长度，将叶簇抓起、剪成齐头即可。

④ 若希望老枝上萌芽长叶，须将老叶进行摘叶。

⑤ 错误的剪枝留下过长裸枝。

⑥ 正确的剪枝于节上留下的长度等同枝的直径为宜。

⑦ 强剪时，若任意从中间剪掉枝条，将会枯凋至分生位置而形成枯干枝。

⑧ 周边轮生之侧芽或分枝须适当摘芽，或剪除至剩下较水平的左右各一枝即可。

⑨ 修剪作业完成。

02 黄金侧柏

平时仅需将过分伸长的侧芽进行修剪摘芽即可

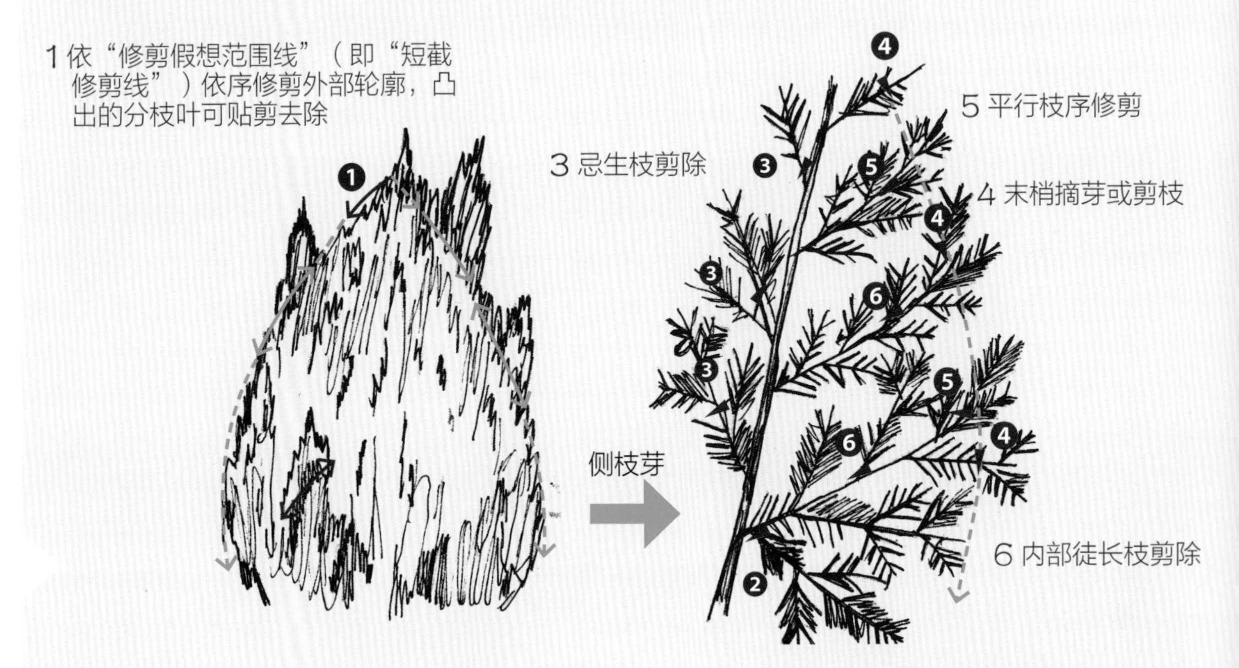

DATA 黄金侧柏

科名 柏科

俗名 黄金柏、黄金扁柏

学名 *Thuja orientalis* cv. Aurea Nana

属性 常绿小乔木

原产分布 自日本、荷兰引进栽培

特点解说 全株叶色金黄，株形锥状美观，喜全日照环境、排水良好及通风处。常供庭园配置，用于绿篱、盆栽。

本案例运用 补偿修剪 | 修饰修剪 | 疏删修剪 | **短截修剪** | 生理修剪 | **造型修剪** | 更新复壮修剪 | 结构性修剪

① 修剪作业前先计划“修剪假想范围线”。

② 树冠内部常会有外观看不到的枯叶。

③ 以摇动抖落的方式将树冠内部枯叶先行清除。

④ 抖落清除枯叶完成后的情况。

⑤ 依照计划修剪的高度，逐一进行顶端修剪。

⑥ 进行树冠宽度的控制，逐一修剪两侧边。

⑦ 整体修剪完成后的情况。

03 竹柏

善用摘心、摘芽进行促成或抑制修剪的造型管理

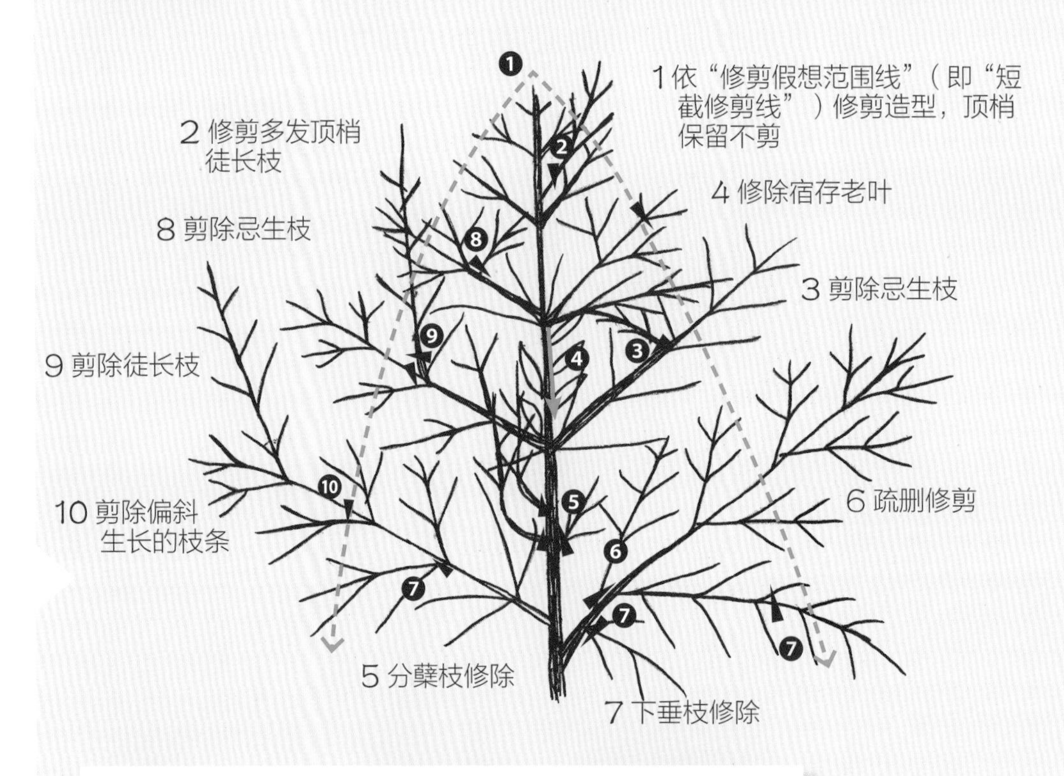

DATA 竹柏

科名 罗汉松科

俗名 百日青、山柏

学名 *Nageia nagi*（Thunb.）O. Ktze.

属性 常绿乔木

原产分布 中国大陆及台湾北部、日本

特点解说 叶脉平行似竹叶故名，春季新叶萌生同时开花，花雌雄异株。因生长缓慢干直且质硬，适合制作家具或雕刻。半日照、凉爽环境栽培容易，宜庭园、盆景栽培。

本案例运用 补偿修剪 | 修饰修剪 | **疏删修剪** | **短截修剪** | 生理修剪 | **造型修剪** | 更新复壮修剪 | 结构性修剪

① 修剪作业前须先设定“修剪假想范围线”（即“短截修剪线”）。

② 剪除超过“修剪假想范围线”的枝叶。

③ 修剪时，应以平行叶序方向于节上剪除。

④ 于枝上剪除时，须选在宿存叶子的节上剪除。

⑤ 剪除的位置若于节与节间，须退往分枝处的上方剪除。

⑥ 若要剪除较粗大的枝条部位，同样须于分枝上剪除。

⑦ “修剪假想范围线”上的枝叶若长短适当、无须剪枝者，得摘心抑制其萌芽。

⑧ 由下而上逐一检视各枝叶末梢，直到顶梢时，须于节上剪除。

⑨ 顶梢进行修剪、抑制顶端优势完成后的情况。

⑩ 自然锥形轮廓造型修剪的阶段完成后的情况。

⑪ 再将全株下方枝叶较密集生长部分进行疏删修剪。

⑫ 须剪除主干上的细小分蘖枝。

⑬ 由下往上、逐一检视修剪至此多枝丛生状的位置。

⑭ 让每节上的分枝皆成为横向分生状态，勿使其成为向上分生状态。

⑮ 逐一由下而上检视各分枝的疏密度，进行疏删修剪。

⑯ 使各分生小枝的间距能平均分布，且尽量水平呈现。

⑰ 最后将主干上的宿存老叶进行摘叶清除。

⑱ 修剪完成，具有锥形轮廓，全株枝叶疏密度一致，中央较缺陷部分须待其成长。

04 中国香柏

平时应将过分伸长的侧芽剪除以维持整体圆锥造型

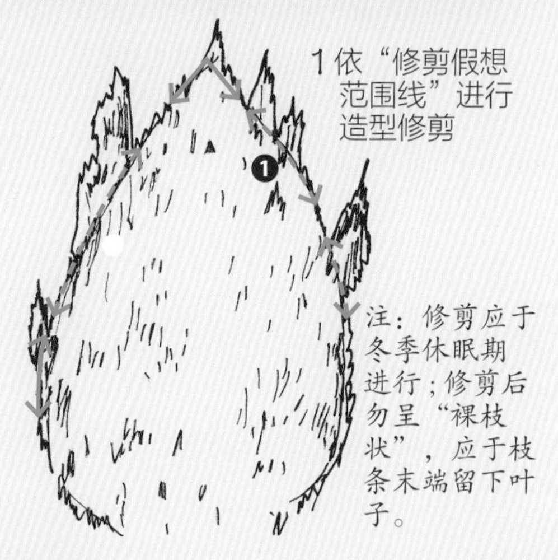

本案例运用 补偿修剪 | 修饰修剪 | 疏删修剪 | **短截修剪** | 生理修剪 | 造型修剪 | 更新复壮修剪 | 结构性修剪

① 修剪作业前，先判断设定“修剪假想范围线”。

② 自顶端开始修剪。

③ 侧芽超过“修剪假想范围线”时，亦须剪除侧芽。

④ 修剪作业完成。

DATA 中国香柏

科名 柏科

俗名 塔柏、台湾龙柏

学名 *Juniperus chinensis* Linn.

属性 常绿小乔木

原产分布 中国大陆及台湾北部、日本

特点解说 外观似龙柏，但较为宽胖，且鳞叶较龙柏尖长，颜色较浅翠绿。其全株具芳香松脂，可作为雕材、线香料材。性喜全日照环境，宜择排水良好土质栽培，为庭园景观常用材料。

05 台湾油杉

常疏枝疏芽以保持树冠内部采光与通风

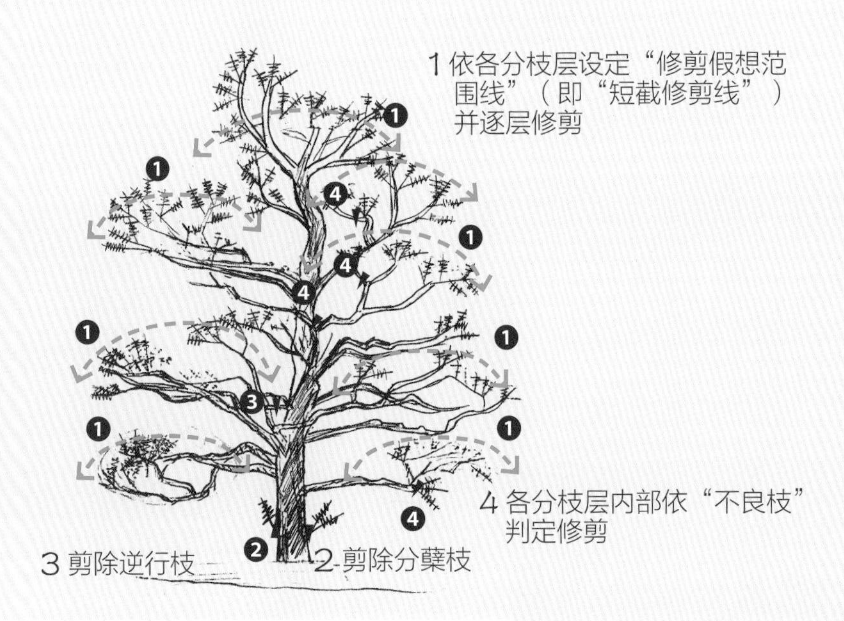

DATA 台湾油杉

科名 松科

俗名 油杉、德氏油杉

学名 *Keteleeria davidiana* (Franchet)Beissner var. *formosana* Hayata

属性 常绿大乔木

原产分布 台湾特有变种

特点解说 树干通直，干部受伤时会流出像油的汁液故名；树皮灰至暗褐色，常呈不规则裂开；叶线形，扁平，革质，略向下反卷，中肋于表里两面隆起；花雌雄同株，果实球果直立，幼时绿色，成熟时为栗色。生长速度缓慢，木材质地致密纹理漂亮，是台湾优良建筑材料。

本案例运用 补偿修剪 | 修饰修剪 | **疏删修剪** | **短截修剪** | 生理修剪 | **造型修剪** | 更新复壮修剪 | 结构性修剪

① 修剪作业前的植栽状况。

② 由下而上，剪除各分层末梢枝叶间的不良枝叶。

③ 枝条侧生的小枝、枝叶亦须剪除，使采光和通风良好。

④ 剪除阴生枝。

⑤ 过于伸长的枝叶，可于末端叶间剪除。

⑥ 过短的枝叶须自基部贴剪去除。

⑦ 剪定时须以平行叶序方向进行剪除，切忌修剪后呈现“裸枝”无叶的情况。

⑧ 各分层枝条整体修剪完成的情况。

⑨ 油杉属于轮生枝序，修剪时可间隔疏剪较小或不良枝。

⑩ 顶端的枝叶一般会较密集、茂盛，需耐心进行疏删修剪，并且可以高空作业车辅助作业。

⑪ 顶端枝叶疏删修剪完成后的情况。

⑫ 把全株枝条、末梢枝叶的不良枝疏删修剪完成后的情况。

⑬ 进行修剪时，应于“脊线到领环”的连线“外移约等同枝条粗细”的位置下刀，待明年再进行“贴切”。

⑭ 无论锯除或剪除，要外移等同枝条粗细下刀，才不会使伤口凹陷而腐朽。

⑮ 分枝过密的枝条可以疏枝。

⑯ 粗壮的徒长枝亦须锯除。

⑰ 逆行枝会破坏枝序的和谐与美感，须加以锯除。

⑱ 修剪后的枝条与枝叶保有适当间距，可以获得较佳的通风与采光。

温带亚热带落叶针叶植栽

性状分类	特性分类	常见植物举例
乔木类	温带亚热带落叶针叶	落羽松、墨西哥落羽松、水杉、池杉

温带亚热带落叶针叶植栽，主要是杉科落叶性的植物。若是依据其植栽叶部生理构造而言，这类杉科植物具有线形叶呈羽状排列，常于每年十一、十二月间的第一次寒流或冷锋过境后叶片就会开始渐渐变黄或橙红，并逐渐进入到休眠期，最后在低温不断的作用之下，终致全株完全落叶，仅留下由树干及各分生枝条的枝部所构成的树体轮廓，在冬季里特别能呈现出显眼的外形与树姿风格。

落叶针叶植栽在进入休眠期完全落叶后到春季萌芽前，这段时间其树液输送与流动会逐渐缓慢或暂停，因此此时最适合进行强剪与移植作业。这类落叶性的杉科针叶系植栽在休眠期间进行的强剪，只要伤口不是太大又是老化的枝干部位，就算是剪到只剩下没叶子的裸枝、光秃秃的状态，依然可以顺利萌芽、正常生长。

但因为这类植栽生长树形多呈“直立主干分生枝序”，犹如圣诞树般的锥形树冠，因此仅需针对外观轮廓较扩张生长的枝叶略微进行修剪即可，不用进行大幅度的修剪。

造型修剪时也必须留意其“直立主干分生枝序”树种修剪的四个要点，亦即为：“分枝下宽上窄、造枝下粗上细、间距下长上短、展角下垂上仰”。所以若要维持自然的锥形时，就应注意顶芽的顶端优势，避免被破坏，并且应栽培在全日照环境，以免使其侧芽徒长或因落叶而使树冠叶部稀疏，影响整体造型的美观。

“分枝下宽上窄”是指：下层枝条的宽幅应比上层枝条的宽幅大，下层较宽，愈往上层愈窄；“造枝下粗上细”则是考量整株树体的重心，因此应培养枝条粗细程度，使下层枝条较粗而愈往上层的枝条则愈细；“间距下长上短”则是指由主干上所分生的各枝条层级间距，应自幼苗培养时即使其下面间距较长而愈往上端的间距就较短；“展角下垂上仰”则是愈下层的水平分枝角度愈下垂而愈往上的水平分枝角度则愈上仰。

落叶针叶系植栽的修剪，弱剪与强剪的方式可以参照一般乔木类“十二不良枝”的判定方式，尤其修剪下刀的“再贴切”位置应遵循：“自脊线到领环外移约 1cm 下刀”；如果没有这样的贴切修剪，将会影响其伤口的愈合、枝干部位的输送与构造功能，妨害正常的后续生长。

01 落羽松

善用“分枝下宽上窄、造枝下粗上细、间距下长上短、展角下垂上仰” 修剪

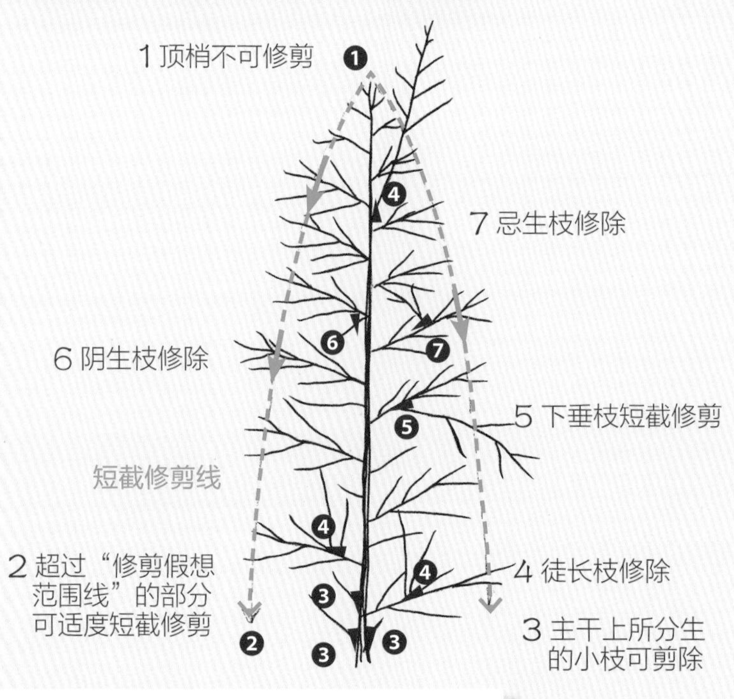

DATA 落羽松

科名 杉科

俗名 落雨松、落羽杉

学名 *Taxodium distichum* (L.) Rich.

属性 落叶大乔木

原产分布 北美洲

特点解说 株高可达30m，老树之根基部有板根，遇含水量高的土质或植于水边时，易生成如笋状的呼吸根。其叶互生呈羽状复叶，如羽毛一般故名。全株枝叶翠绿轻盈，自然树形犹似圣诞树，是优美庭园景观植栽，极适合单植、群植或列植。

本案例运用 补偿修剪 | 修饰修剪 | **疏删修剪** | **短截修剪** | 生理修剪 | **造型修剪** | 更新复壮修剪 | 结构性修剪

1 修剪作业前的情况。

2 设定“修剪假想范围线”。

3 除了剪除超过“修剪假想范围线”的枝叶，也要疏删修剪内部枝叶。

4 修除各主枝上的下垂枝。

5 向上生长的枝亦须剪除。

6 交叉枝需剪除其中一枝。

7 剪除干头枝丛生的分枝。

8 主干上分生的小枝必须剪除。

9 依序剪除主干所分生的小枝。

⑩ 修剪后仅留下较适当比例的主枝。

⑪ 对于树冠内部较密集的枝叶，可剪除主枝上靠近主干的不良枝。

⑫ 短而细小的干头枝可以剪除。

⑬ 忌生枝亦须剪除。

⑭ 修剪后的主枝呈现平展的分布状态。

⑮ 由下而上，将主干上各层主枝分生部位的不良枝剪除后的情况。

⑯ 最后将顶梢分生成三主梢的较弱小顶梢剪除，仅留一枝较优势而直立的枝梢。

⑰ 将超过“修剪假想范围线”的枝叶，以修枝剪或高枝剪进行末梢修剪。

⑱ 弱剪修剪完成：具有锥形轮廓的外观。

温带亚热带常绿阔叶植栽

性状分类	特性分类	常见植物举例
乔木类	温带亚热带常绿阔叶	樟树、大叶楠、猪脚楠、土肉桂、山肉桂、锡兰肉桂、青刚栎、光腊树、白千层、柠檬桉、红瓶刷子树、黄金串钱柳、蒲桃、水黄皮、杨梅、杜英、大叶山榄、琼崖海棠、白玉兰、黄玉兰、洋玉兰、乌心石、厚皮香、大头茶、山茶花、茶梅、柃木类、冬青类、树杞、春不老、台湾海桐、柑橘类、柠檬类、柚子类、金橘、杨桃、枇杷、嘉宝果、神秘果、光叶石楠、澳洲茶树、兰屿肉豆蔻

乔木类中的温带亚热带常绿阔叶植栽，属于木本植物，具有明显的主干，生长高度常达 2m 以上，性喜温暖环境，因此在四季如春的台湾中北部地区，这类植栽栽种极多，构成主要的景观植栽面貌。

由于温带亚热带常绿阔叶植栽的主要原生环境为温带及亚热带地区，因此在台湾的春季期间，在气候、温度及环境的作用下，均能使植栽有较适应生育适温的生长旺季，会有不断萌生新芽的外部特征。因此若要进行强剪或移植作业时，这类植物应该选择在春季的生长旺季萌芽期间，亦即在春节后气温开始回温后一直至清明期间，这段生长旺季的植栽生长势强、萌芽旺盛，强剪或移植作业后均能迅速恢复生长。

一般标准的乔木树形要有一段笔直粗壮的主干，因此植栽培育的分枝高度在 1m 以上为宜；且其在树冠的中央通常会有一向上伸直的“中央领导主枝”，而中央领导主枝的先端应位于树冠的最高点，故又称之为“顶梢”。顶梢可以让其他侧生的主枝或分枝依序围绕着中央领导主枝均匀分布，并以层次分明、从属关系明确的方式分生。

进行修剪作业时，应以“十二不良枝”的判定整修，掌握“自脊线到领环外移下刀”的正确修剪位置，尤其是粗枝三刀法的“先内下、后外上、再贴切”及小枝一刀法的直接修剪下刀的“再贴切”，其位置应遵循：“自脊线到领环外移约 1cm 下刀”；如果没有这样的贴切修剪，将会影响其伤口的愈合、枝干部位的输送与构造功能，妨害正常的后续生长。

修剪作业除了定期进行“十二不良枝”的“强剪”或“弱剪”之外，每年亦可以针对树体各部位新生的枝条进行修剪，若遇有树冠内部较密集生长者应进行合理的“疏删修剪”；若遇有树冠外幅较扩张生长者则应进行合理的“短截修剪”，如此可以避免及防止树体或树形过分扩张变形，或树冠开张而有中空现象以致容易开叉分裂，或因多生徒长枝及丛生小枝叶以致树冠内部枝叶密集而影响采光与通风不良，或因此而容易导致病虫害的发生。

01 樟树

春季宜用十二不良枝判定法进行整枝修剪

DATA　樟树

科名　樟科
俗名　樟、香樟
学名　*Cinnamomum camphora* (L.) Presl.
属性　常绿大乔木
原产分布　马来西亚等地
特点解说　樟树为提炼樟脑及樟脑油之主要原料，全株均可入药。

本案例运用 补偿修剪 | **修饰修剪** | **疏删修剪** | 短截修剪 | 生理修剪 | 造型修剪 | 更新复壮修剪 | **结构性修剪**

① 修剪作业前发现：枝条下垂、分生扩张。

② 先将分枝之细小枝叶进行剪定。

③ 拆除过久组立的支架。

④ 若见有枯干干头枝时，须平行自脊线枝序方向将其切除。

⑤ 将平行生长的枝条剪除一侧。

⑥ 一一剪除基部小枝及老叶。

⑦ 基部老叶亦可以手抓摘除。

⑧ 持续检视各枝条末端，若有密集簇生的末梢时，应于下方的节上剪除。

⑨ 整体修剪作业完成的情况。

02 土肉桂

应注重疏删修剪以维持树冠内部的采光与通风

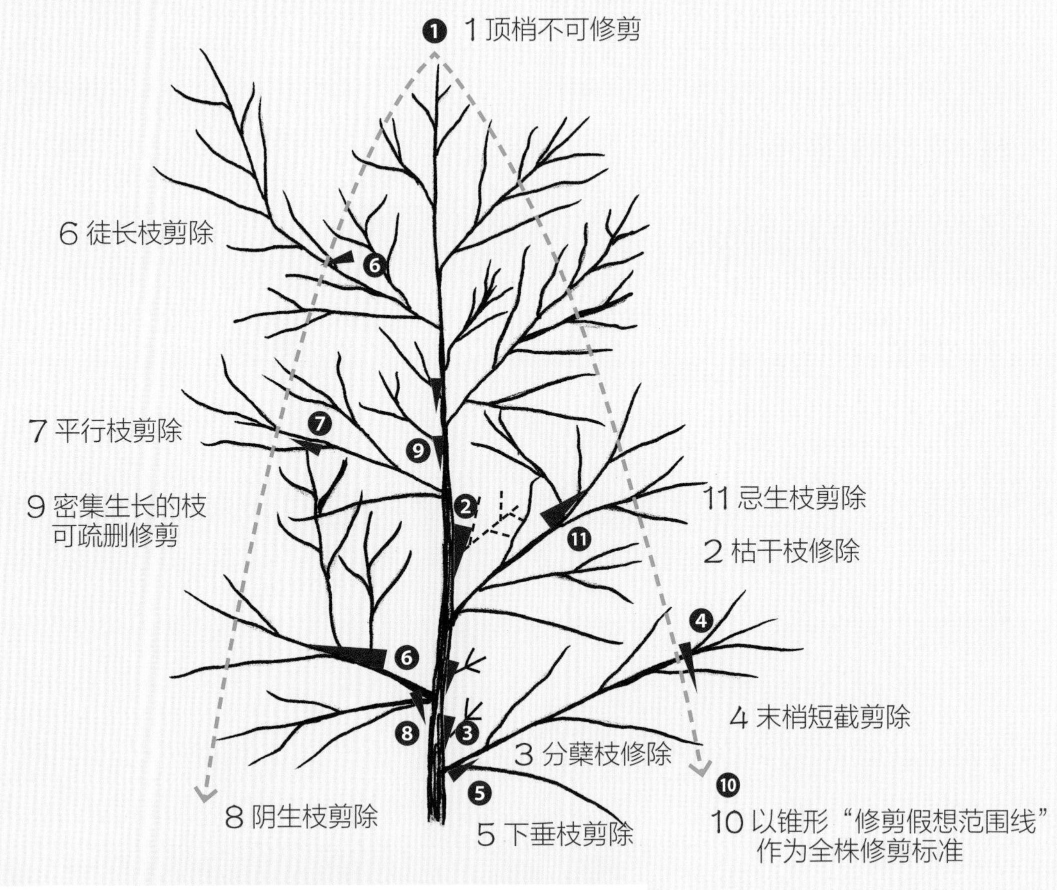

DATA 土肉桂

科名 樟科
俗名 台湾土肉桂、肉桂
学名 *Cinnamomum osmophloeum* Kanehira
属性 常绿乔木
原产分布 台湾特有品种
特点解说 全株具肉桂芳香。小枝圆细而亮绿；叶互生，革质，呈卵状长椭圆、卵状披针，全缘，具三出脉显著；聚伞花序腋生或顶生，具细柔毛，花被呈漏斗状；核果椭圆体，成熟时呈黑色。生性强健、喜全日照环境，是庭园景观常用植栽、盆栽，也是药用、烹饪用植物。

本案例运用 补偿修剪 | **修饰修剪** | **疏删修剪** | 短截修剪 | 生理修剪 | 造型修剪 | 更新复壮修剪 | **结构性修剪**

① 修剪作业前发现：枝叶茂密、略向两侧扩张生长。

② 将结构枝上的分蘖枝进行剪定。

③ 剪除干头枝。

④ 剪除忌生枝。

⑤ 叉生枯干枝以切枝锯修除。

⑥ 剪除不良枝时应平行枝序方向，以自脊线到领环外移0.5~1cm贴剪。

⑦ 剪除叉生枝。

⑧ 整体修剪作业完成后的情况。

⑨ 修剪作业完成两周后的情况。

03 白玉兰

摘除基部老叶即能促进开花

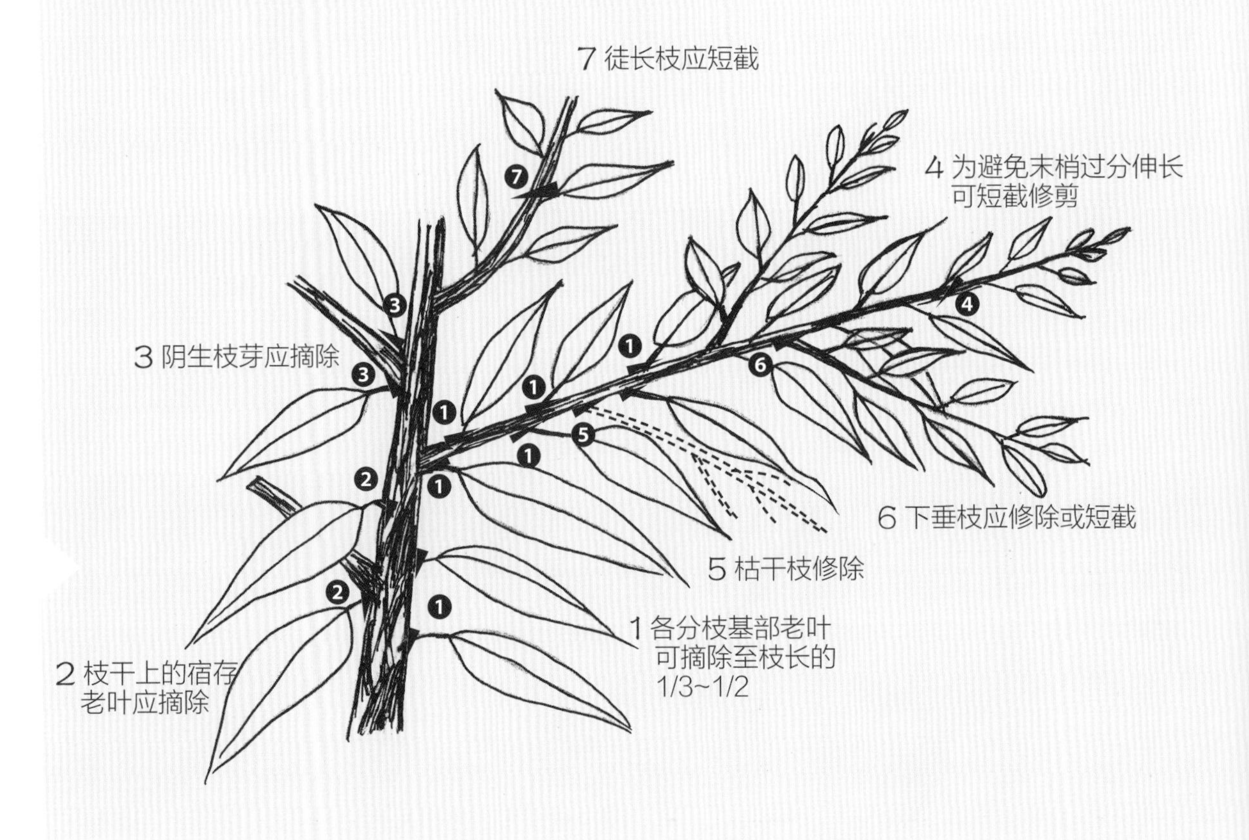

DATA 白玉兰

科名 木兰科
俗名 玉兰花、木笔
学名 *Michelia alba* DC.
属性 常绿大乔木
原产分布 印度尼西亚
特点解说 株高可达 20m，小枝浅绿色，密披绒毛；叶互生，呈披针形或椭圆形，全缘，质厚具有光泽；花单生于叶腋，花期多在春季至秋季，花蕾披有绿色的苞片，苞片在开花时脱落，具花梗，有毛，花瓣 8 片，披针形，肉质，具有强烈芳香气味，可提炼精油，是民间极受欢迎而常见的香花植栽。

本案例运用 补偿修剪 | 修饰修剪 | **疏删修剪** | 短截修剪 | **生理修剪** | 造型修剪 | 更新复壮修剪 | **结构性修剪**

① 修剪作业前发现：枝叶茂密，久不开花。

② 先剪除结构枝上好发分蘖枝。

③ 分蘖枝修剪完成。

④ 可以手抓捻方式摘除基部老叶。

⑤ 各枝条基部小枝及老叶须摘除至枝长的 1/3~1/2。

⑥ 基部小枝及老叶摘除完成后的情况。

⑦ 整体修剪作业完成后的情况。

⑧ 修剪作业完成三周后的情况。

⑨ 修剪后促使开花及新生花芽更多着生的状况。

04 山茶花

秋冬之际应以手抓捻摘蕾
每节仅留存一蕾（花苞）即可开花持久

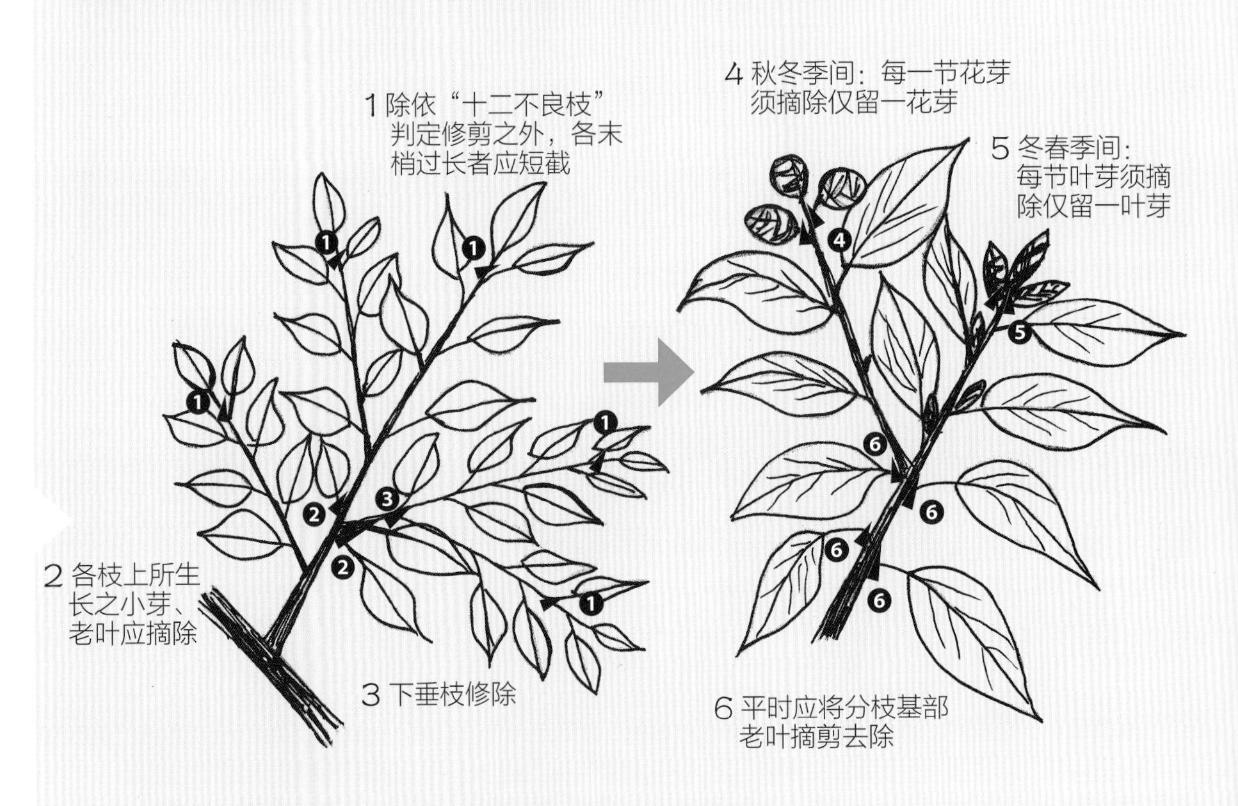

DATA 山茶花

科名 山茶科
俗名 茶花、椿
学名 *Camellia* sp.
属性 常绿小乔木
原产分布 中国大陆及台湾、日本、韩国
特点解说 性喜半日照性之环境，且生长缓慢，不需常常修剪，每年可于春、秋两季进行剪定。其品种很多，花色花形繁多，且姿美色艳，极具观赏价值。

本案例运用 补偿修剪 | **修饰修剪** | **疏删修剪** | 短截修剪 | **生理修剪** | 造型修剪 | 更新复壮修剪 | 结构性修剪

① 修剪作业前发现：枝叶茂密，密生小枝，并且已开花结束。

② 剪除干上着生的分蘖枝。

③ 剪枝切勿于枝条中段剪除，而应自脊线到领环外移贴切。

④ 剪除主要枝条上所着生之短小阴生枝。

⑤ 枝条分生过密集而使间距过短者，其右侧阴生枝应先予以剪除。

⑥ 接着再剪除左侧阴生枝。

⑦ 使枝条单独形成一枝。

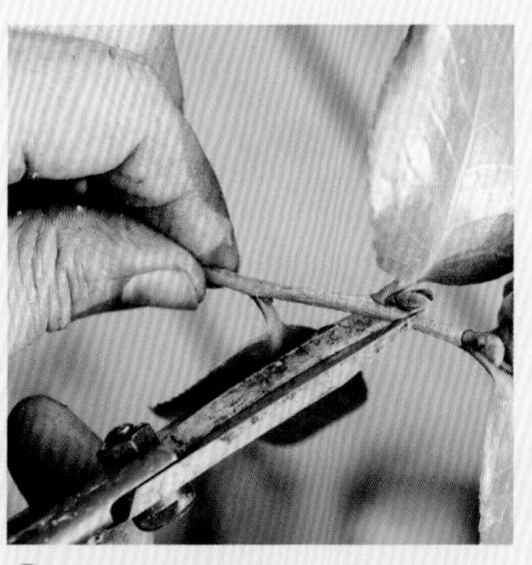

⑧ 开花后的枝条，可自下方节上予以剪除。

⑨ 花后枝剪除完成后的情况。

⑩ 剪除紧密生长的阴生枝。

⑪ 阴生枝剪除完成后的情况。

⑫ 基部黄叶及老叶须去除，可以手抓捻方式进行摘除。

⑬ 各枝条末梢之叶芽，仅能留存一芽，其余应以手摘芽去除。

⑭ 摘芽完成后的情况。

⑮ 末梢修剪时尽量留存有芽，应于芽上顺其芽生长平行方向剪定。

⑯ 末梢剪定完成后的情况。

⑰ 整体修剪完成后的情况。

⑱ 修剪作业完成两周后的情况。

05 金橘

采果时勿将结果枝下方紧邻的潜芽剪除 即能四季开花结果

DATA 金橘

科名 芸香科
俗名 金柑、金枣
学名 *Fortunella margarita* (Lour.) Swingle
属性 常绿小乔木
原产分布 中国大陆南部
特点解说 株高可达约 1~2m。叶互生，椭圆形，革质，叶子上布满腺体，叶子搓揉后会有清香味；花白色，顶生，花冠五裂，具柑橘类花朵特殊芸香，花期几乎全年，但集中在 2~8 月，全年皆能开花结果，故又称四季橘；果实扁圆形，橘红近似金黄色。金橘生性强健，易于栽培，民间喜于家中摆放盆栽以象征吉利、四季吉祥、如意。

本案例运用 补偿修剪 | 修饰修剪 | **疏删修剪** | 短截修剪 | **生理修剪** | 造型修剪 | 更新复壮修剪 | 结构性修剪

① 修剪作业前发现：正处于开花结果状态，略呈偏左扩张生长。

② 逐一剪除结果枝上端未开花的枝叶。

③ 逐一剪除结果枝下端未开花的小枝、老叶。

④ 仅留存结果枝的剪定后的情况。

⑤ 生长过于茂盛的未开花结果之枝条，可以剪除。

⑥ 应自脊线到领环外移进行贴剪。

⑦ 贴切修剪后的情况。

⑧ 分枝角度较狭小者，应剪除其中一枝，使其成为独立的一枝。

⑨ 枯黄枝叶皆应剪除。

⑩ 已开花结果后的老枝，可于其下端找寻健壮分枝，在节上进行剪定。

⑪ 平行枝及短小叉生枝亦可同时剪除。

⑫ 逐一检视不良枝，局部修剪完成后的情况。

⑬ 须剪除各枝条节上的短小裸枝。

⑭ 若有枝条过于伸长至树冠外者，应短截修剪去除末梢。

⑮ 短截修剪完成后的情况。

⑯ 整体修剪完成后的情况。

⑰ 修剪作业完成两周后的情况。

⑱ 枝条末梢可见黄熟果实更硕大，绿熟果实数量增多，并且开花不绝。

06 水黄皮

应着重于分蘖枝及徒长枝的控制与适时剪除

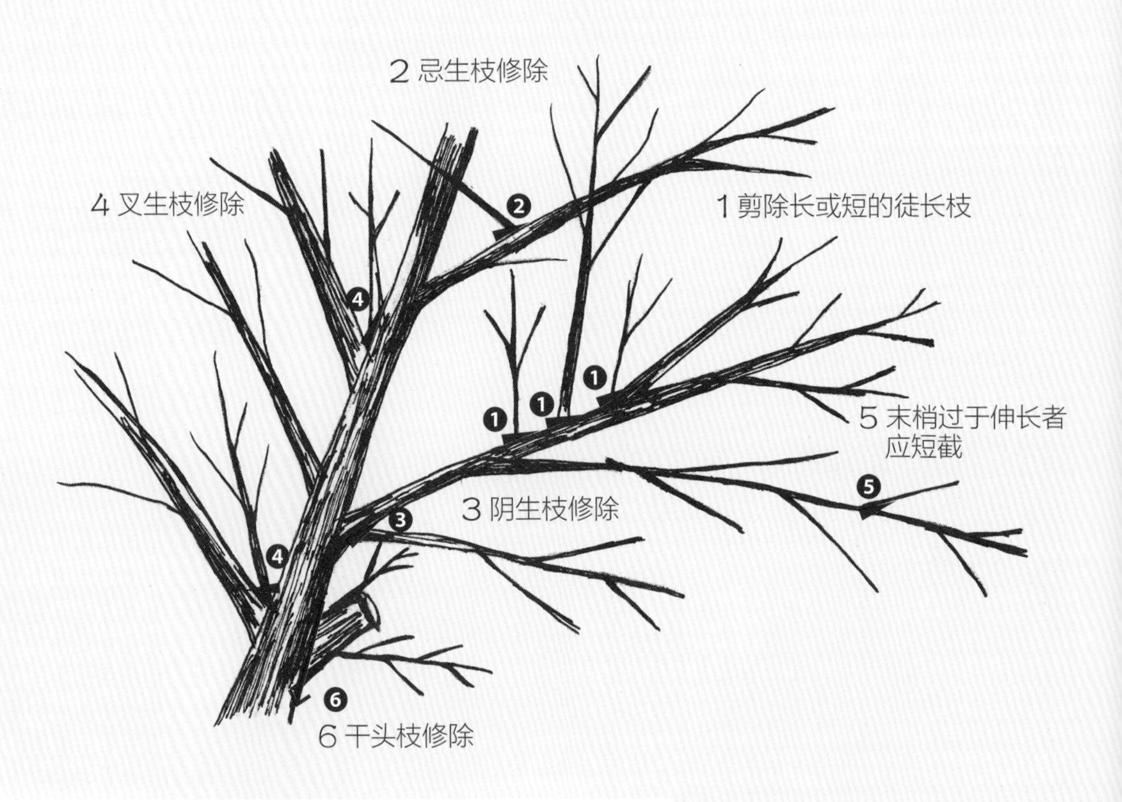

DATA 水黄皮

科名 蝶形花科
俗名 莲叶桐、水流豆、臭腥仔
学名 *Pongamia pinnata* (L.) Pierre ex Merr.
属性 常绿乔木
原产分布 中国大陆华南地区、台湾地区及印度、马来西亚、澳大利亚等
特点解说 单干直立具深根性；树皮灰褐色；叶为奇数羽状复叶，互生，革质，小叶对生，叶面光亮洁净；蝶形花，腋生，总状花序，呈淡紫色；荚果木质，长椭圆形，略呈刀状扁平，种子扁球形，黑色，富含油脂。生性强健抗风，耐盐性特强，常作为行道树、防风树和庭园景观绿美化植栽。

本案例运用 补偿修剪 | **修饰修剪** | **疏删修剪** | 短截修剪 | 生理修剪 | 造型修剪 | 更新复壮修剪 | 结构性修剪

① 修剪作业前发现：右上方枝叶生长较密集且略呈偏右歪斜生长。

② 可自地面将干基部分蘖枝平切锯除。

③ 须去除叉生枯干枝。

④ 须去除忌生干头枝。

⑤ 以电链锯锯除粗大的叉生枝，自脊线到领环外移 1cm 处下刀。

⑥ 锯除病虫害枝。

⑦ 较粗大或过长过重的枝条应以三刀锯除，本图为第一刀“先内下”。

⑧ 三刀法修剪完成。

⑨ 整体修剪完成后的情况。

热带常绿阔叶植栽

性状分类	特性分类	常见植物举例
乔木类	热带常绿阔叶	榕树、垂叶榕、雀榕、岛榕、提琴叶榕、棱果榕、糙叶榕、黄金榕、印度橡胶树、面包树、波罗蜜、榴莲、倒卵叶楠、海芒果、台东漆、福木、番石榴、芒果类、龙眼、荔枝、莲雾、锡兰橄榄、西印度樱桃、蛋黄果、人心果、大叶桉、黄槿、棋盘脚类、木麻黄、千头木麻黄、银木麻黄、柽柳类

热带常绿阔叶植栽，亦多属于木本植物，具有明显的主干，生长高度常达 2m 以上。性喜高温环境、不适低温环境，因此在四季如春的台湾地区，尤以中南部地区，这类植栽栽种极多，生性强健，生长快速。

这些植栽原生环境均为热带地区，在台湾春秋季间的清明至中秋期间，气候、温度及环境如同这些植栽的原生环境一般，所以这类植栽能表现出生长旺季的不断萌生新芽之特征与活力。因此，要进行强剪与移植作业时，最适合选择在这段时间。反之，若在冬季低温的时期，一旦强剪或移植后，常常会因为没有适温刺激萌芽或发根，将会影响其生长势、甚至危害到植栽的生命。

进行修剪作业时，应以“十二不良枝”的判定整修，掌握“自脊线到领环外移下刀”的正确修剪位置，尤其是粗枝三刀法的“先内下、后外上、再贴切”及小枝一刀法的直接修剪下刀的“再贴切”，其位置应遵循：“自脊线到领环外移约 1cm 下刀”。如果没有这样的贴切修剪，将会影响其伤口的愈合、枝干部位的输送与构造功能，妨害正常的后续生长。

由于热带常绿阔叶植栽的生性强健、生长速度极快，因此每次修剪作业后的伤口周边，经常会萌生许多不定芽而形成分蘖枝，因此应于每次修剪作业后，定期于每个月加强分蘖枝及新生不定芽的巡剪。

修剪作业除了定期进行“十二不良枝”的“强剪”或“弱剪”之外，每年亦可以针对树体各部位新生的枝条进行修剪，若遇有树冠内部较密集生长者应进行合理的“疏删修剪”；若遇有树冠外幅较扩张生长者则应进行合理的“短截修剪”，如此可以避免及防止树体或树形过分扩张变形，或树冠开张而有中空现象以致容易开叉分裂，或因多生徒长枝及丛生小枝叶以致树冠内部枝叶密集而影响采光与通风不良，或因此而容易导致病虫害的发生。

01 面包树

加强基部老叶摘除作业
采光与通风良好可促进开花

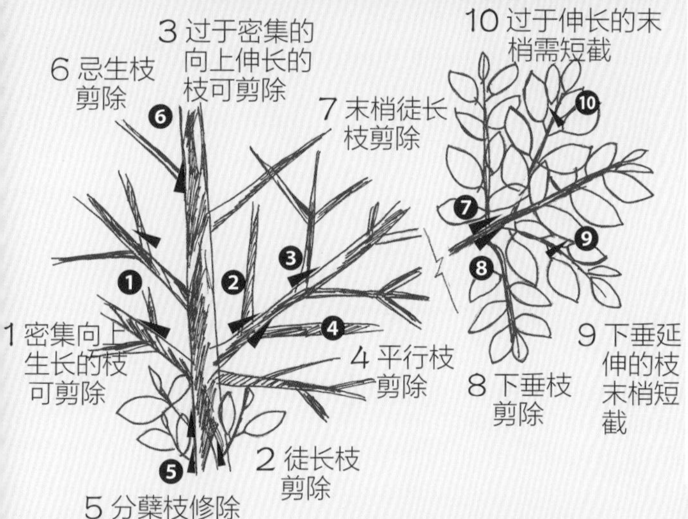

本案例运用 补偿修剪 | **修饰修剪** | **疏删修剪** | 短截修剪 | 生理修剪 | 造型修剪 | 更新复壮修剪 | 结构性修剪

① 修剪前发现：整体树冠略呈偏左生长。

② 粗大分枝上所长出的小枝可一一锯除。

③ 下垂枝、平行枝、枯干枝皆须锯除。

④ 对生所形成的两两交叉枝亦可锯除其中一侧进行疏枝。

⑤ 整体修剪完成呈现：较透空、采光良好的树冠。

DATA 面包树

科名 桑科

俗名 罗蜜树、面包果树

学名 *Artocarpus altilis*(Parkinson) Fosberg

属性 常绿大乔木

原产分布 太平洋群岛、马来西亚等

特点解说 树皮粗厚；枝粗壮，叶全缘或羽状浅裂至羽状中裂；雌雄同株，穗状花序；复合果球形肥大呈肉质，成熟呈深黄色，外表有突起。植栽可供庭园景观绿美化。

02 小叶榕

仅需留意：不要在冬季生长缓慢期间进行修剪

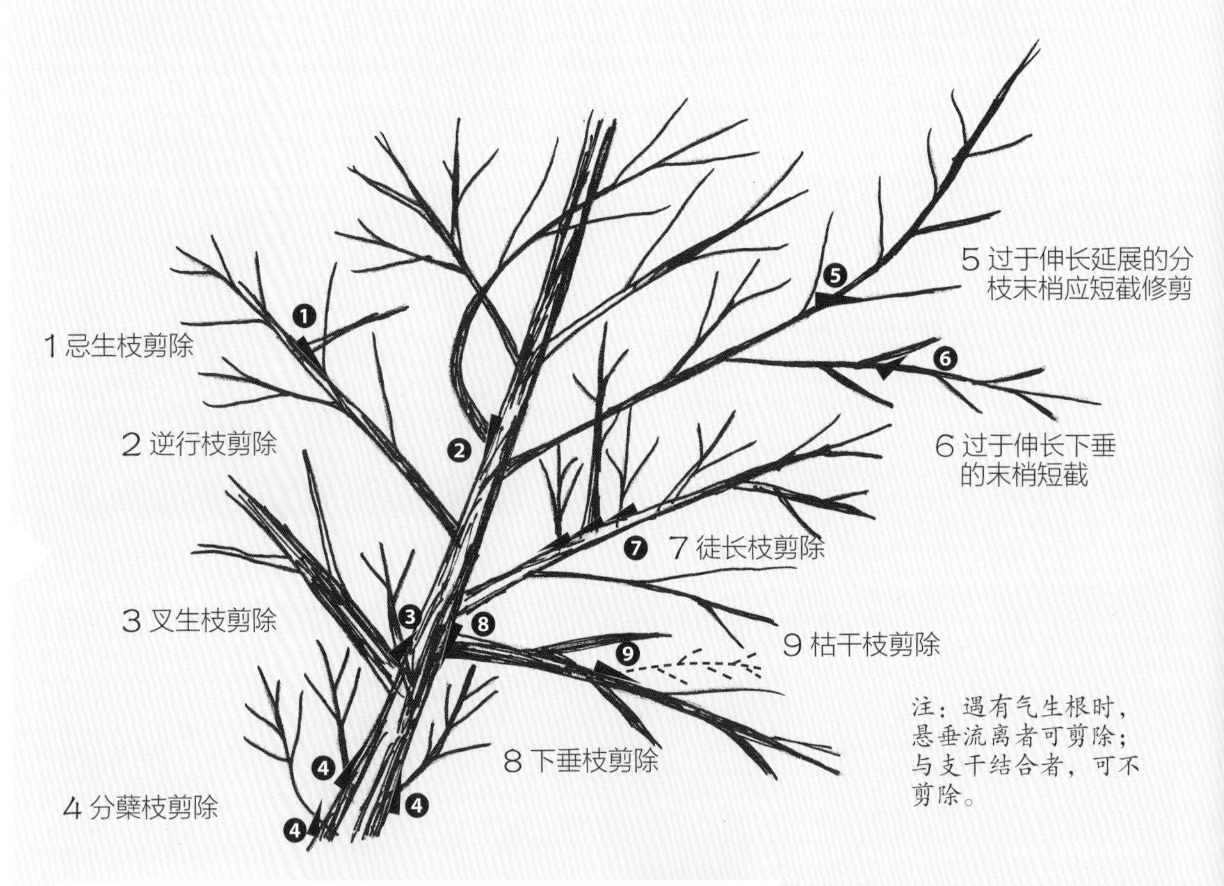

DATA 小叶榕

科名 桑科

俗名 金门榕

学名 *Ficus microcarpa* L. f. var. *pusillifolia* J.C.Liao

属性 常绿大乔木

原产分布 广东、福建、台湾

特点解说 生性强健、抗风力强，可用于庭园景观绿化、行道树、绿篱、造型植栽、盆栽。小叶榕具有三项鉴别特征：红色顶茎，叶缘有许多白点，枝干有明显斑点。

本案例运用 补偿修剪 | 修饰修剪 | **疏删修剪** | **短截修剪** | 生理修剪 | 造型修剪 | 更新复壮修剪 | 结构性修剪

① 修剪前发现：有一主枝偏右生长造成树冠偏斜生长。

② 对于粗大枝干须以三刀法修剪锯除，第一刀“先内下”，图为第一刀完成。

③ 第二刀“后外上”，图为第二刀完成。

④ 第三刀“再贴切”，自脊线到领环外移 1cm 下刀。图为三刀法修剪完成。伤口过大部位可涂布保护药剂。

⑤ 检视各分枝上的不良枝并予以锯除。

⑥ 交叉枝及平行枝可以锯除。

⑦ 较细长的分蘖枝亦需锯除。

⑧ 整体修剪完成后，呈现较端正的树冠。

⑨ 修剪后两个月的情况。

03 福木

修剪下刀应在对生叶的节上紧贴剪定成平口状

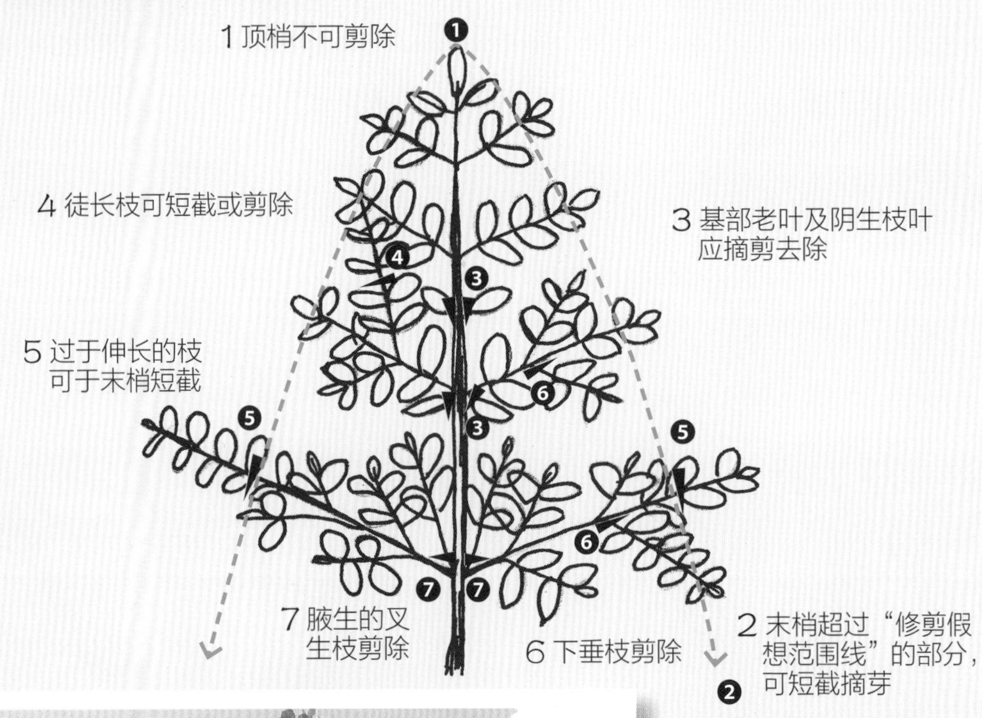

DATA 福木

科名 藤黄科

俗名 福树、菲岛福木

学名 *Garcinia subelliptica* Merr.

属性 常绿小乔木

原产分布 菲律宾、印度及中国台湾的兰屿、绿岛等地

特点解说 树干粗壮，树皮略黑，具有乳汁；枝条直立或斜上，幼时四棱形，后呈圆柱形；叶对生，长椭圆形或椭圆形；单性花多而小，雌雄异株；浆果呈扁球形或近球形，熟时橙黄色，有光泽，外观如柑橘，有浓郁香味，腐熟后散发瓦斯臭味，故有“瓦斯弹”之称。常供盆栽、庭园景观绿美化。

本案例运用 补偿修剪 | 修饰修剪 | **疏删修剪** | **短截修剪** | 生理修剪 | **造型修剪** | 更新复壮修剪 | 结构性修剪

① 修剪前发现：有双主干且自然锥形的造型已变样。

② 先剪除主干上的枯黄分枝。

③ 主干上分生过密的分蘖枝及徒长枝可先疏删修剪。

④ 疏删修剪同等优势枝条，仅留下一枝，另一枝则剪除。

⑤ 须剪除变形弯曲的徒长枝。

⑥ 在双主干间的分枝形成交叉枝情况时，须将其锯除。

⑦ 疏枝时可将对生枝疏删修剪其中一枝后即成互生枝状。

⑧ 双主干末梢过去切口所分生的枝条，疏删修剪后仅留外侧一枝。

⑨ 主干末端枯干伤口可于其下方的枝条上锯除。

⑩ 双主干末端修剪完成后的情况。

⑪ 修剪枝叶末端，对生枝叶可剪成互生枝叶。

⑫ 剪成互生枝叶后，其枝叶才不会互相干扰碰触。

⑬ 对于有受损的枝条，可于下方有长芽的节上或分枝处进行修剪。

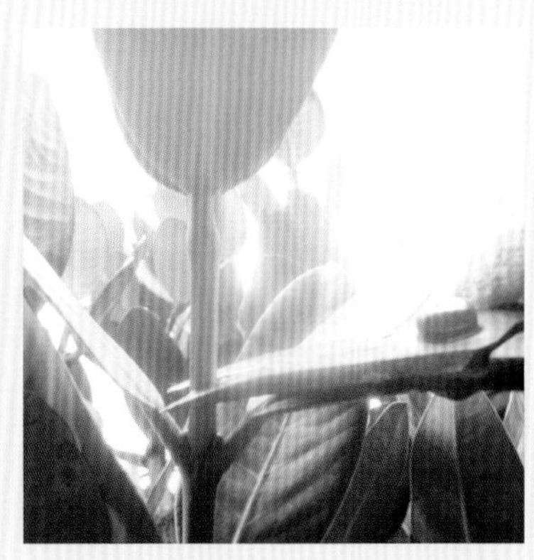

⑭ 进行枝叶摘心时，可以剪定铗张开于枝叶上方。

⑮ 套入向下压到两片叶的节上平剪。

⑯ 剪成平口状。

⑰ 剪枝或摘心时，可将剪定铗刀口套入枝叶，向下轻压到下一节枝叶后剪成平口。

⑱ 整体修剪完成，呈现较端正的自然式锥形树冠。

04 西印度樱桃

每三至五年内须进行“返回修剪”更新复壮树势将能增加结果质量

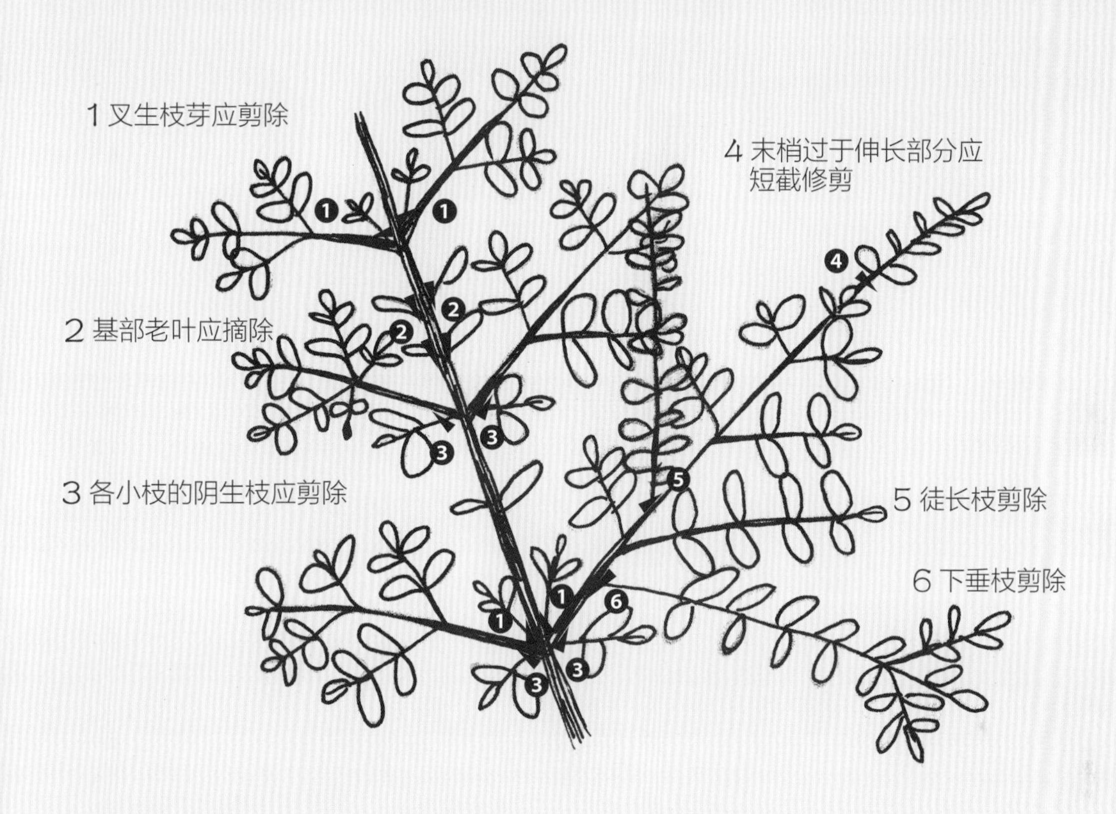

DATA 西印度樱桃

科名 黄褥花科

俗名 大果黄褥花

学名 *Malpighia glabra* cv.'Florida'

属性 常绿小乔木

原产分布 热带美洲、西印度群岛

特点解说 叶对生；夏季开花，花粉红色，五瓣腋生；花后结核果，秋季红熟时可生食，因富含维生素 C 故早年曾在各地推广为经济果树。性喜高温多湿及全日照环境，目前主要用于景观庭园，并普遍以修剪造型成“圆球形”之苗木用于景观造园当中，但这将失去其结果供食用之功能。

本案例运用 补偿修剪 | 修饰修剪 | **疏删修剪** | 短截修剪 | **生理修剪** | 造型修剪 | 更新复壮修剪 | 结构性修剪

BEFORE

1 修剪前发现：枝叶茂密，树冠内枯枝繁多，扩张生长，树冠沉重下垂。

2 一一锯除地面萌生的分蘖枝干。

3 可剪除各主干上形成的刺茎。

4 忌生枝须剪除。

5 主干上的徒长枝亦须锯除。

6 树冠内部杂乱，繁多的不良枝需一一耐心剪除。

7 剪除平行逆行枝。

8 平行干头枝亦须剪除。

9 短小结果枝可先剪除。

⑩ 枯干短小结果枝必须剪除。

⑪ 剪除枯干干头枝。

⑫ 剪除细小的平行枝。

⑬ 剪除平行枝。

⑭ 叉生枯干枝要剪除，以免病虫害滋生。

⑮ 整体树冠内部修剪完成，各枝叶末梢略显伸展生长而下垂。

⑯ 将各末梢枝叶短截修剪于下方萌芽处或枝节上。

⑰ 整体修剪完成后的情况。

⑱ 一个月后开花较为繁多的状况。

05 龙眼

采果时勿将结果枝的下一个节剪除 就能避免“隔年结果现象”

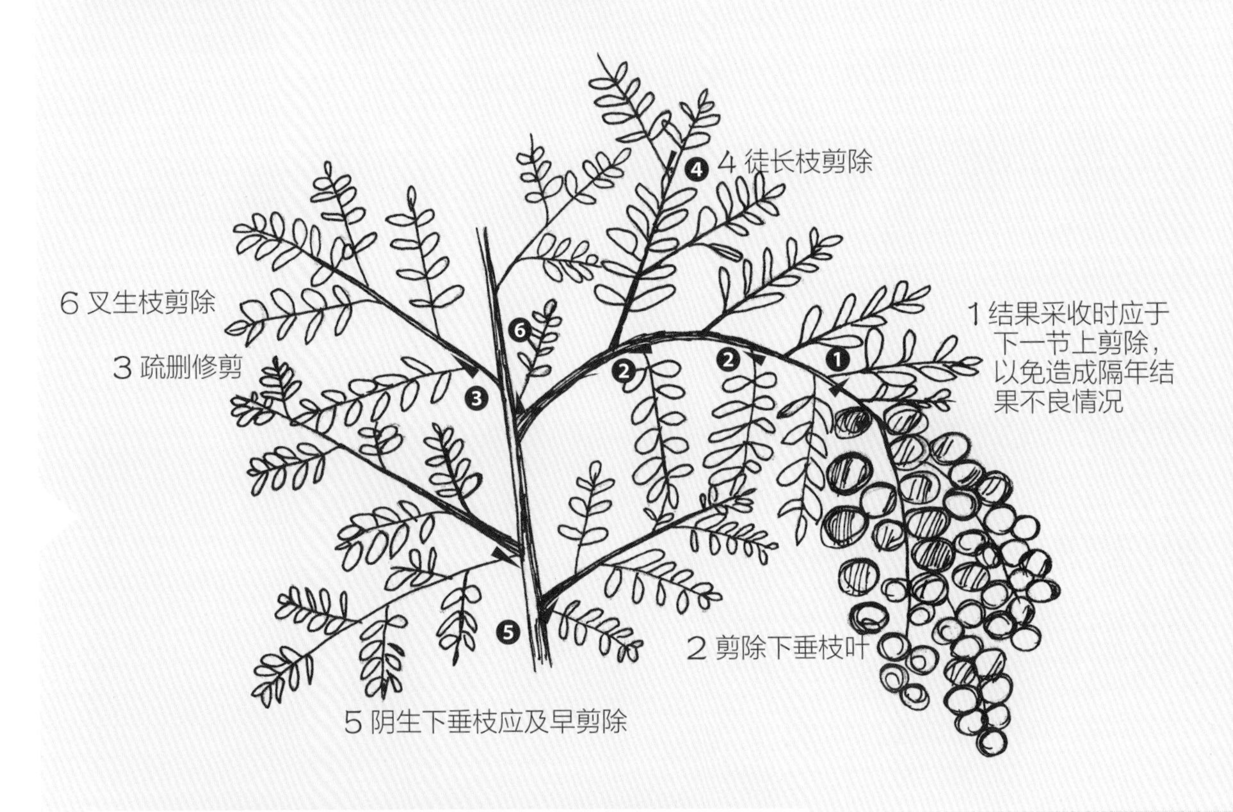

DATA 龙眼

科名 无患子科
俗名 桂圆、福圆
学名 *Euphoria longana* Lam.
属性 常绿大乔木
原产分布 亚洲热带地区
特点解说 树皮棕褐色，粗糙，呈片裂或纵裂；茎上多分枝，木材可供烧炭用；叶偶数，羽状复叶；圆锥花序；果实美味，营养价值很高。是台湾重要的经济果树，也是景观绿美化的重要植栽。

本案例运用 补偿修剪 | 修饰修剪 | 疏删修剪 | **短截修剪** | **生理修剪** | 造型修剪 | 更新复壮修剪 | 结构性修剪

① 修剪前发现：双主干上方分枝茂密而沉重下垂，且略呈偏左生长。

② 锯除风害断折的叉生干头枝。

③ 叉生徒长枝须剪除。

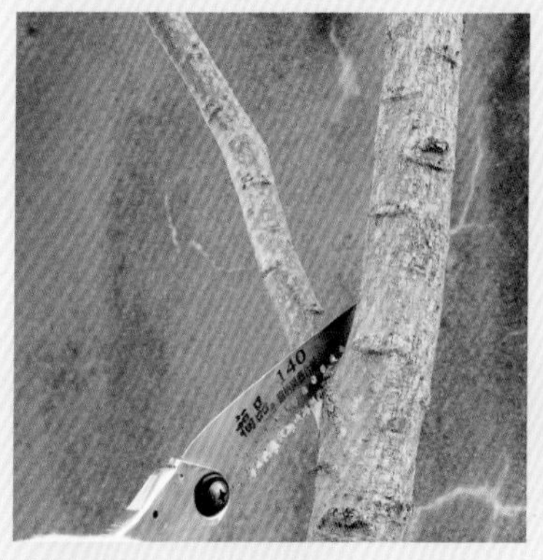

④ 忌生枝亦须锯除。

⑤ 各末端小枝上所侧生的小枝叶，可自分枝处以平行枝序方向剪除。

⑥ 小枝上的各枝叶间如长有老叶，应摘除。

⑦ 龙眼的产期调节之生理剪定，应于结果枝末梢仅留下一长一短的分生枝叶。

⑧ 留下一长一短分生枝叶，以手摘除各枝基部老叶。

⑨ 整体修剪完成后的情况。

06 番石榴

善用“7~11 剪定法”：弱枝留存 7~9 节，强枝留存 9~11 节，即能全年开花结果

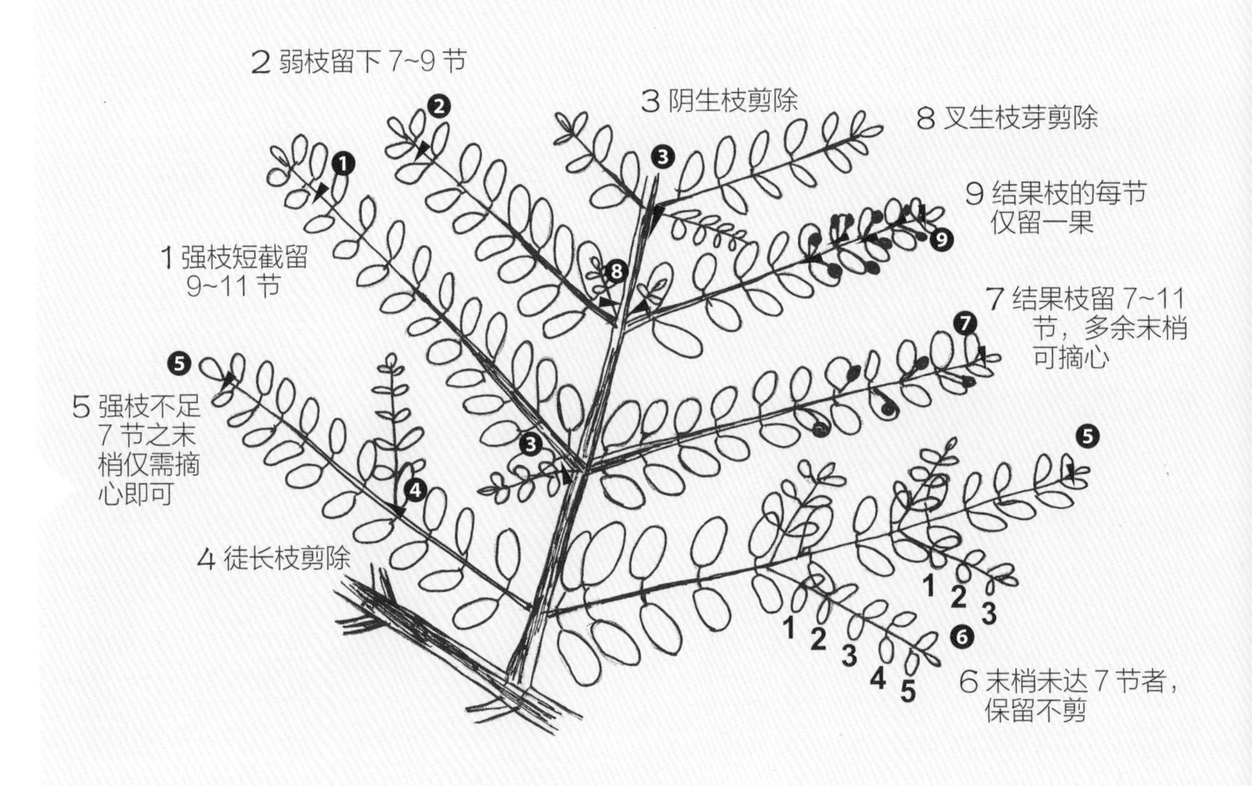

DATA 番石榴

科名 桃金娘科

俗名 芭乐、拔乐

学名 *Psidium guajava* Linn.

属性 常绿小乔木

原产分布 南美洲

特点解说 树干多弯曲，树皮褐色易脱落而呈光滑状，叶对生呈长椭圆形或卵形，花单生呈聚伞花序腋生，浆果呈梨形或卵形或扁圆形，是常用水果、民间庭院常用果树，台湾于 1694 年栽培至今，1915~1918 年自夏威夷及美国本土再引入优良品种后经改良或选种，成为台湾重要经济果树。

本案例运用 补偿修剪 | **修饰修剪** | 疏删修剪 | **短截修剪** | **生理修剪** | 造型修剪 | 更新复壮修剪 | 结构性修剪

① 修剪前发现：有粗大的分蘖枝、下垂枝、枯干枝等。

② 主干下方长有数枝分蘖枝。

③ 一一锯除主干下方的分蘖枝。

④ 下垂枝亦须锯除。

⑤ 锯除严重的病虫害枝。

⑥ 枝条严重弯曲向右变形的情况，可自分枝处以平行枝序方向剪除。

⑦ 弯曲枝条剪定完成后的情况，形成较顺伸展的样貌。

⑧ 锯除平行枝。

⑨ 剪除支干上分生的细弱小枝。

⑩ 若有枯干结果枝亦须剪除。

⑪ 遇有较强较长“节数较多”的强枝，可留下 9~11 节的枝，其余末梢可剪除或摘心。

⑫ 遇有较弱较短“节数较少”的弱枝，可留下 7~9 节的枝，其余末梢可剪除或摘心。

⑬ 须剪除枝条上细小的枯干枝或下垂枝。

⑭ 各分枝剪除不良枝完成后的情况。

⑮ 整体“7~11 剪定”修剪完成，可促使早日开花结果。

温带亚热带落叶阔叶植栽

性状分类	特性分类	常见植物举例
乔木类	温带亚热带落叶阔叶	桃、李、梅、樱花、梨、柿、碧桃、青枫、枫香、垂柳、水柳、木兰花、辛夷、乌桕、无患子、茄苳、台湾栾树、苦楝、黄连木、榉木、榔榆、九芎、紫薇、流苏、扁樱桃、广东油桐

温带亚热带落叶阔叶植栽，多属于木本植物，具有明显的主干，生长高度常达 2m 以上，性喜温暖环境区域，在四季如春的台湾中北部地区或中高海拔山区，这类植栽栽培应用极多，是构成主要景观面貌的植栽元素。

在每年十至十一月间进入秋季后，其叶片会因在叶绿体内的叶绿素逐渐作用衰竭，而使叶部渐渐呈现既有的叶黄素或叶红素，因此叶片会有渐渐变黄或变橙红的现象，直到第一次寒流或冷锋过境后就会产生离间激素刺激叶部脱离树体而完全落叶，这时也就进入到植物的休眠期，此时树体仅留下由树干及各分生枝条所构成的外部轮廓，以此使植物能度过寒冬冰雪的侵袭，并且在冬季里特别能呈现出显眼的萧瑟外形与树体剪影风姿，更能传达出四季的美感与人文的生活美学。

温带亚热带落叶阔叶植栽在进入休眠期完全落叶后到春季萌芽前，这段时间其树液输送或流动会逐渐缓慢、甚至暂停流动输送，因此这时期最适合进行强剪或移植作业。而且这类落叶性植栽若在落叶后的休眠期进行修剪，也能减少因修剪所产生的枝叶垃圾清运与处理量，从而减轻作业成本负担。

进行修剪作业时，应以“十二不良枝”的判定整修，掌握“自脊线到领环外移下刀”的正确修剪方法，尤其是粗枝三刀法的“先内下、后外上、再贴切”及小枝一刀法的直接修剪下刀的“再贴切”，其位置应遵循：“自脊线到领环外移约 1cm 下刀”；如果没有这样的贴切修剪，将会影响其伤口的愈合、枝干部位的输送与构造功能，妨害正常的后续生长。

修剪作业除了定期进行“十二不良枝”的“强剪”或“弱剪”之外，每年冬季的落叶后到萌芽前的休眠期间，亦可以针对树体各部位新生的枝条，观察枝条各节上的叶芽或花芽，事先判断其萌生方向，进行适当疏芽的“摘芽”或疏花的“摘蕾”作业。

01 桃

应注重摘心以抑制枝条伸长，末梢短截仅留 50~60cm 并且摘除基部老叶即能促进开花结果

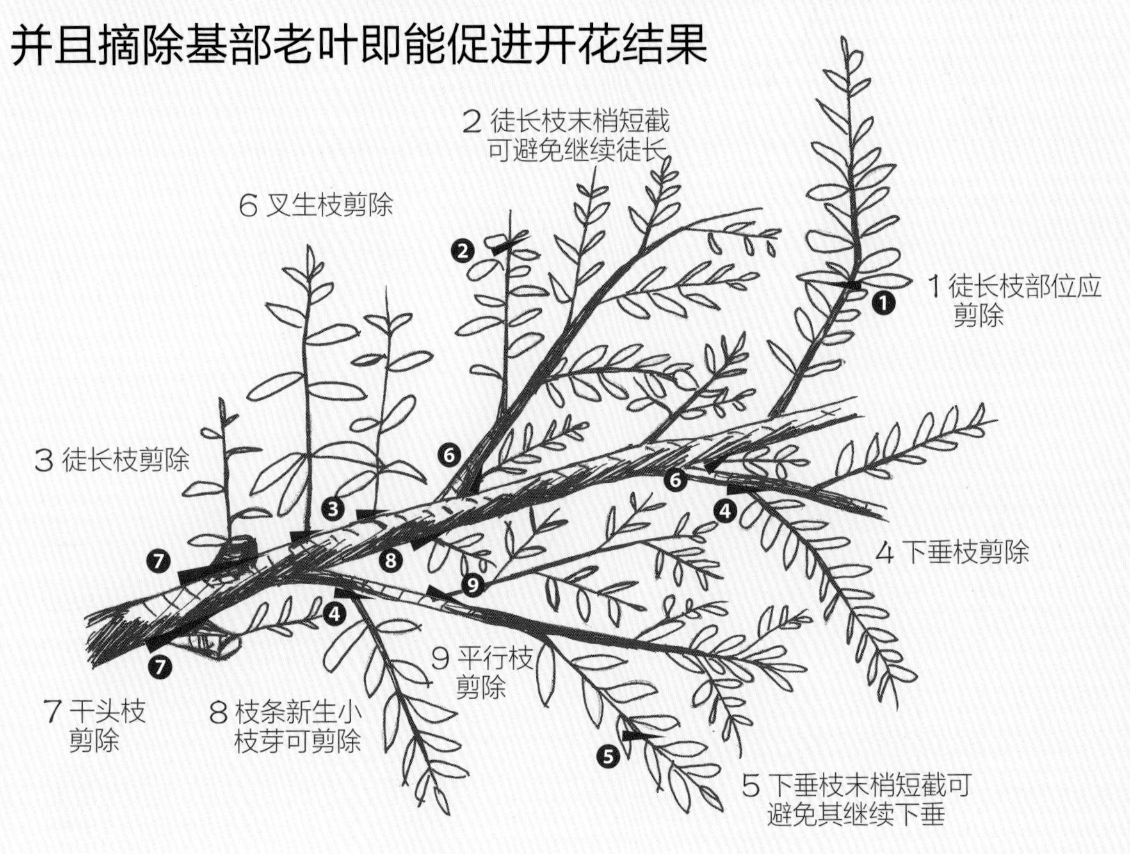

DATA 桃

科名 蔷薇科
俗名 甜桃、白桃
学名 *Prunus persica* (L.) Batsch
属性 落叶小乔木
原产分布 中国大陆
特点解说 树皮灰色，老干上有片状剥落，小枝光滑；芽有短柔毛，单叶互生或丛生枝端，披针形或长椭圆状披针形，叶经揉碎有杏仁奶香；花单生，粉红、白、红及深红色，先开花而后长叶，花瓣 5 或 5 的倍数；果为核果，阔卵形，果肉厚，先端锐尖有一纵凹沟。庭园、盆栽常用植栽，经济果树。

本案例运用 补偿修剪 | **修饰修剪** | 疏删修剪 | **短截修剪** | **生理修剪** | 造型修剪 | 更新复壮修剪 | 结构性修剪

① 修剪作业前发现：枝叶过于密集生长、整体树形有开张生长情况。

② 剪除结构枝上较短的“徒长枝”。

③ 结构枝上多生有“分蘖枝”亦须一一剪除。

④ 结构枝上多有“枯干枝”亦须剪除。

⑤ 以切枝锯将较粗大的“忌生枝”锯除。

⑥ 锯除的角度可顺着邻近枝条枝序方向，较为美观。

⑦ 粗大而生长多年的“徒长枝”亦可判定后将其锯除。

⑧ 分枝以上各枝条可依“十二不良枝”判定原则修剪。

⑨ 剪除枯干干头枝。

⑩ 过长的枝条可于节上位置短截修剪。

⑪ 过长的粗大枝条短截修剪时，亦须以平行分枝角度方式锯除。

⑫ 平行枝须剪除。

⑬ 枝上萌生的幼小新芽亦须剪除或以手摘除。

⑭ 树冠上部的“徒长分蘖枝”亦须剪除。

⑮ 结果枝的末梢若枝叶较多时，亦须短截修剪、进行摘芽。

⑯ 整体修剪完成后的情况。

⑰ 三周后，枝叶伸展更为自然。

02 梅

应经常短截修剪末梢仅留存 15~20cm 即能增加开花数量，促进果实硕大

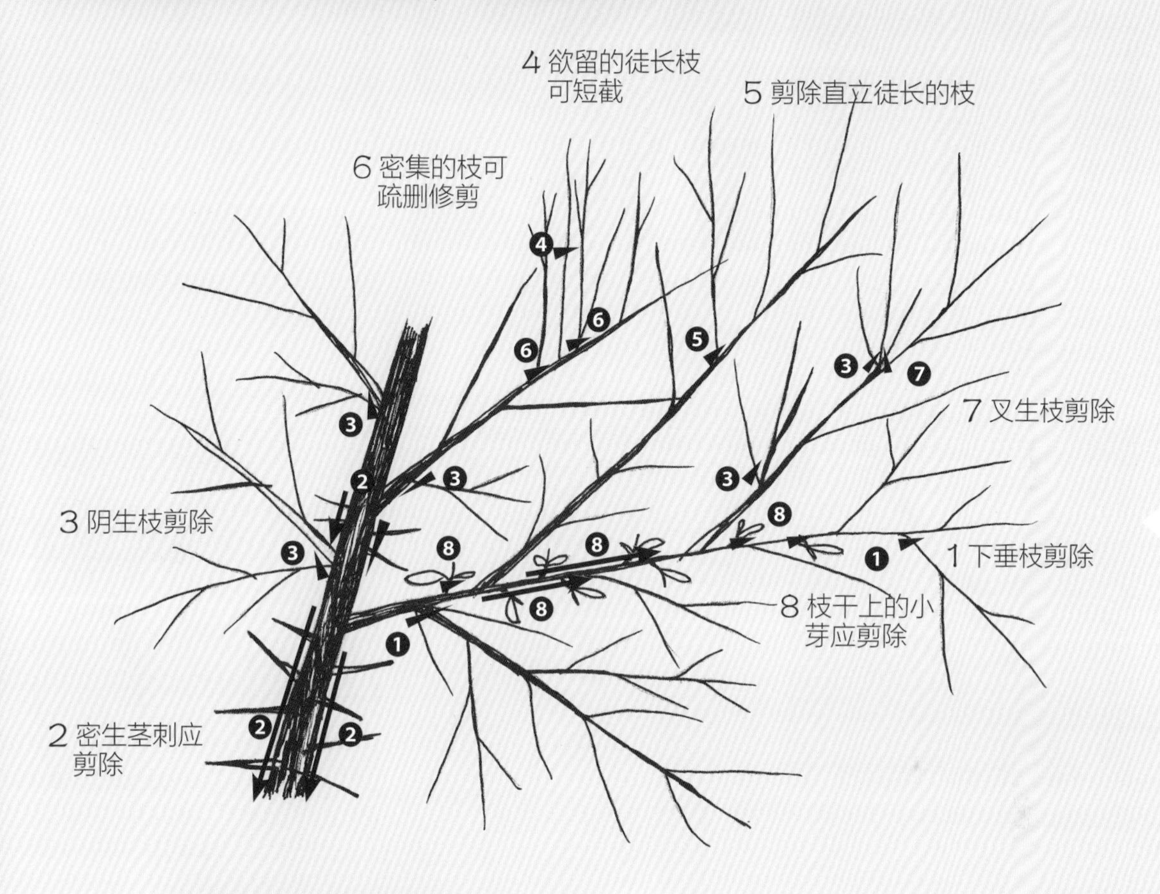

DATA 梅

科名 蔷薇科
俗名 梅花、果梅
学名 *Prunus mume* Sieb.et Zucc.
属性 落叶小乔木
原产分布 中国大陆
特点解说 栽培历史悠久。树皮浅灰色或带绿色，平滑；小枝绿色，光滑无毛；叶片卵形或椭圆形，叶边常具小锐锯齿，灰绿色；花单生或有时两朵同生于一芽内，早春先开花而后长叶，花味清香；能结果，果实为核果，近球形，被柔毛，味酸。

本案例运用 补偿修剪 | 修饰修剪 | **疏删修剪** | **短截修剪** | **生理修剪** | 造型修剪 | 更新复壮修剪 | 结构性修剪

① 修剪作业前发现：枝叶过于密集生长，整体树形有扩张生长情况。

② 可依循“十二不良枝”判定原则修剪，先锯除结构枝上的枯干枝。

③ 清除结构枝上以前嫁接留存的塑胶带。

④ 剪除主枝分枝处的叉生枝。

⑤ 主枝分枝处的分蘖枝（叶）亦须剪除。

⑥ 过于伸长的分枝须进行短截修剪时，不得任意于节中间剪除。

⑦ 短截修剪时应选择于有芽的节上进行修剪。

⑧ 枝条密生均一等长的小枝。

⑨ 可间隔保持 15~20cm 的间距留存小枝，其余均可剪除。

⑩ 剪除小枝时若如图以剪定铗“刀唇”贴剪时，将会留下残枝伤口。

⑪ 因此剪除小枝时须以剪定铗“刀刃”贴剪。

⑫ 如此能使伤口平顺。

⑬ 今年生的枝叶（一年生枝）须短截修剪仅留存 15~20cm 的长度。

⑭ 将分枝仅留下 2~3 小枝即可。

⑮ 再将小芽及小枝末端摘心或短截成 15~20cm 的长度。

⑯ 枝干上若有密生的刺状枝须加以剪除。

⑰ 整体修剪作业完成后的情况。

⑱ 三周后枝叶伸展、萌芽更为茂密的状况。

03 樱花

应短截修剪枝条末梢留存 30~40cm 并摘除基部老叶即能增加开花数量

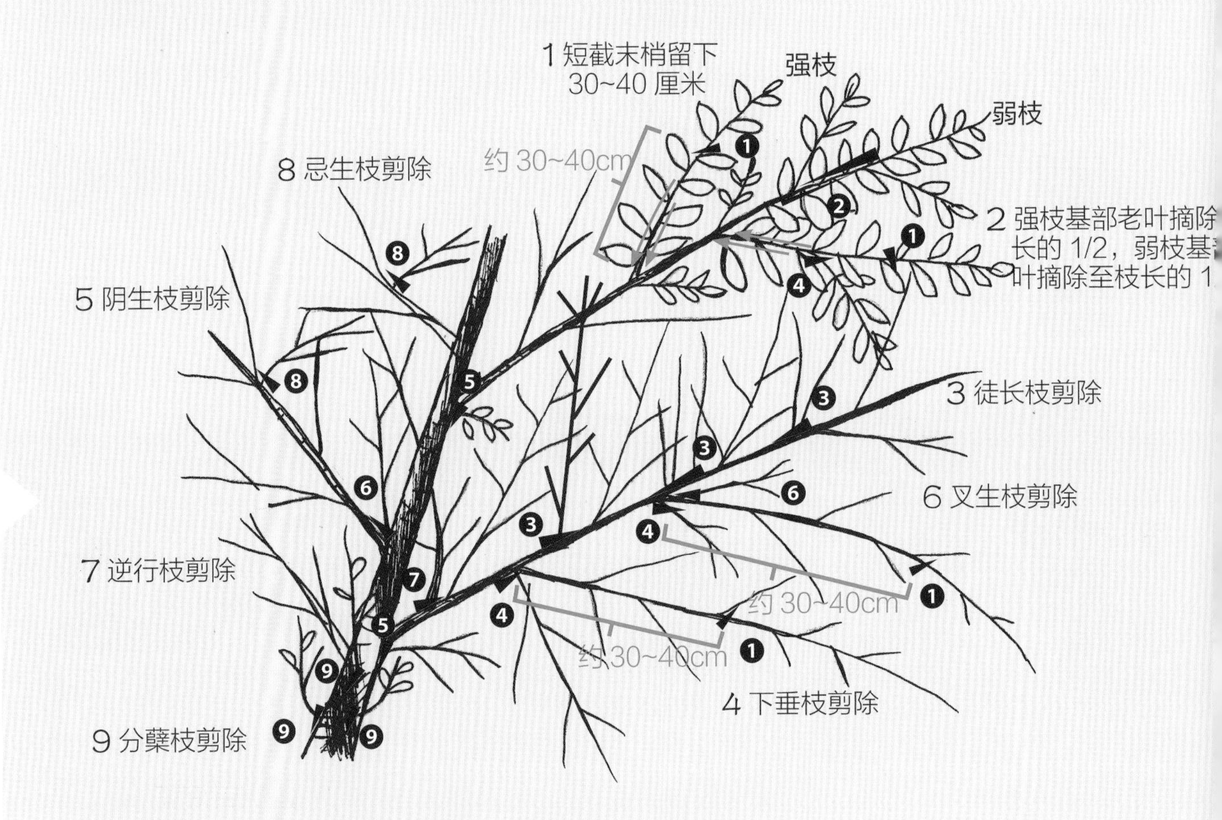

DATA 樱花

科名 蔷薇科

俗名 山樱花

学名 *Cerasus serrulata* (Lindl.) G. Don ex London

属性 落叶大乔木

原产分布 台湾低中海拔地区

特点解说 叶倒卵形至长椭圆形，先端渐尖，边有尖锐重锯齿；花绯红色，下垂，钟状漏斗形，伞形花序，花萼与花瓣均呈红色；核果广卵形，红熟可诱鸟食用。

本案例运用 补偿修剪 | 修饰修剪 | **疏删修剪** | **短截修剪** | **生理修剪** | 造型修剪 | 更新复壮修剪 | 结构性修剪

① 修剪作业前发现：右侧主枝顶端有枯干枝，新生枝叶于主枝上过于密集生长。

② 剪除结构枝上的新生小芽。

③ 结构枝上的叉生分蘖枝亦须剪除。

④ 结构枝的分枝处剪除不良枝后的情况。

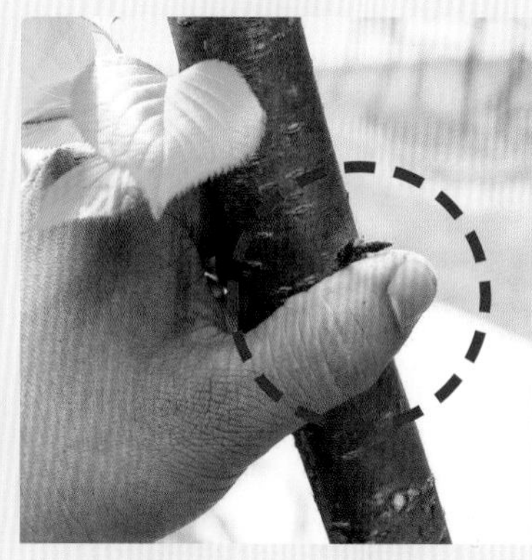

⑤ 干上新生芽处，可以手指进行搓除。

⑥ 新生芽以手指搓除完成的情况。

⑦ 老枝部位的基部老叶或新生枝芽，可以手上下抓捻搓除。

⑧ 进行不良枝的修剪时，须自脊线到领环外移约 1cm 进行剪定。

⑨ 分枝处的新生芽皆须剪除。

⑩ 分枝上密生的新生枝叶，可间隔疏删修剪成长度15~20cm 左右的间距。

⑪ 每一分枝末梢的基部老叶或小枝、新生芽剪除完成后的情况。

⑫ 末梢各分枝长度仅留下30~40cm 即可，其余可摘心剪除。

⑬ 遇到过长的一两年生枝条萌发许多新生芽时，需要处理。

⑭ 可以手抓捻摘除基部的老叶或小枝、新生芽，长度约为枝条长度的 1/3。

⑮ 抓捻摘除基部老叶或小枝、新生芽完成后的情况。

⑯ 整体修剪完成后的情况。

⑰ 30 天后枝叶伸展更为自然。

04 青枫

短截修剪枝叶末梢以免枝条伸长 疏删修剪密集枝叶以使采光通风良好

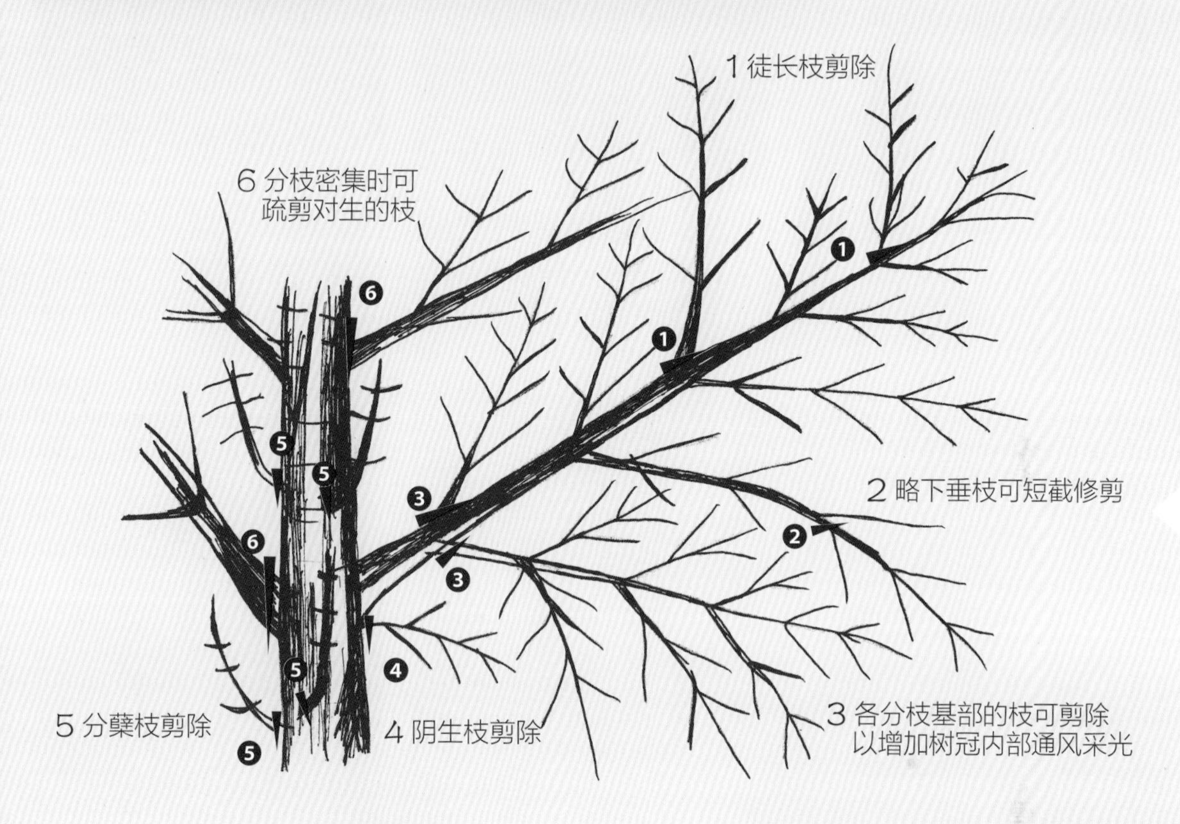

DATA 青枫

科名 槭树科
俗名 青皮枫、台湾五裂槭
学名 *Acer serrulatum* Hay.
属性 落叶大乔木
原产分布 中国大陆华南地区等
特点解说 可作为景观树、行道树，防烟、防尘效果佳，亦可做盆景。晚秋叶色转为灿烂之殷红色，为优美的红叶植物。

本案例运用 补偿修剪 | **修饰修剪** | **疏删修剪** | **短截修剪** | 生理修剪 | 造型修剪 | 更新复壮修剪 | 结构性修剪

① 先进行全株与周边环境景观关系的检视与观察。

② 有病虫害的分蘖枝可以判定去除。

③ 紧贴地面“平切”锯除完成。

④ 进行结构枝上的分蘖枝的剪除。

⑤ 由下而上逐一去除。

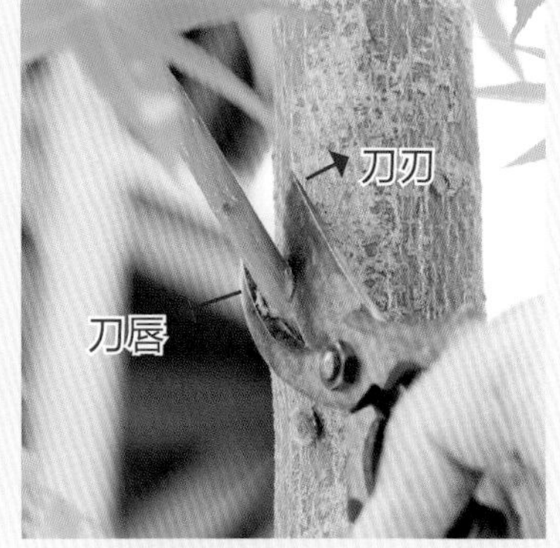

⑥ 以剪定铗之刀刃面紧贴树皮后剪除。

⑦ 继续将各分枝所萌生枝叶进行“疏删”修剪。

⑧ 青枫枝序为“对生”，因此疏删原则为：间隔剪除一侧使其为“互生”状。

⑨ 疏删修剪于各分枝长度的 1/3 到 1/2 处之基部进行即可。

⑩ 各末梢分枝若要避免其继续延长时，须予以“短截”。

⑪ 可利用高枝剪进行叉生枝的剪除。

⑫ 以高枝剪剪除后必会留下较长的枝梢。

⑬ 继续以高枝剪对“主芽”进行“摘心”，以及邻近的“侧芽”进行“摘芽”。

⑭ 各分枝末梢修剪作业完成。

⑮ 持续以高枝剪进行树冠外观轮廓修剪。

AFTER

⑯ 整体修剪完成后的全貌。

05 台湾栾树

宜善用十二不良枝判定法进行整枝修剪

DATA 台湾栾树

科名 无患子科
俗名 苦苓舅
学名 *Koelreuteria henryi* Dummer
属性 落叶大乔木
原产分布 台湾原生特有品种
特点解说 二回奇数羽状复叶互生；两性花与单性花共存同株，花黄色，大型圆锥花序顶生；蒴果嫩时红色，成熟转变为褐色，种子圆而黑，膜质果皮可借风力传播。栽培容易，极适合用作庭园绿化、行道树、室内盆栽或室内绿化。

本案例运用 补偿修剪 | **修饰修剪** | **疏删修剪** | 短截修剪 | 生理修剪 | 造型修剪 | 更新复壮修剪 | **结构性修剪**

1 修剪前发现：树冠不良枝过多，扩张生长，枝条下垂。

2 叉生交叉枝须锯除。

3 交叉枝部位若过于粗大时，可分段分解锯除。

4 粗大枝条以三刀法锯除后，可再加以修整成自脊线到领环的角度。

5 忌生枝、徒长枝可判定锯除。

6 阴生枝须锯除。

7 较粗的交叉枝可用电锯锯除。

8 整体修剪完成后呈现较对称的圆形树冠。

06 榉木

应避免修剪各枝顶梢以维持“其木可举天”的榉木特有杯状直立树形

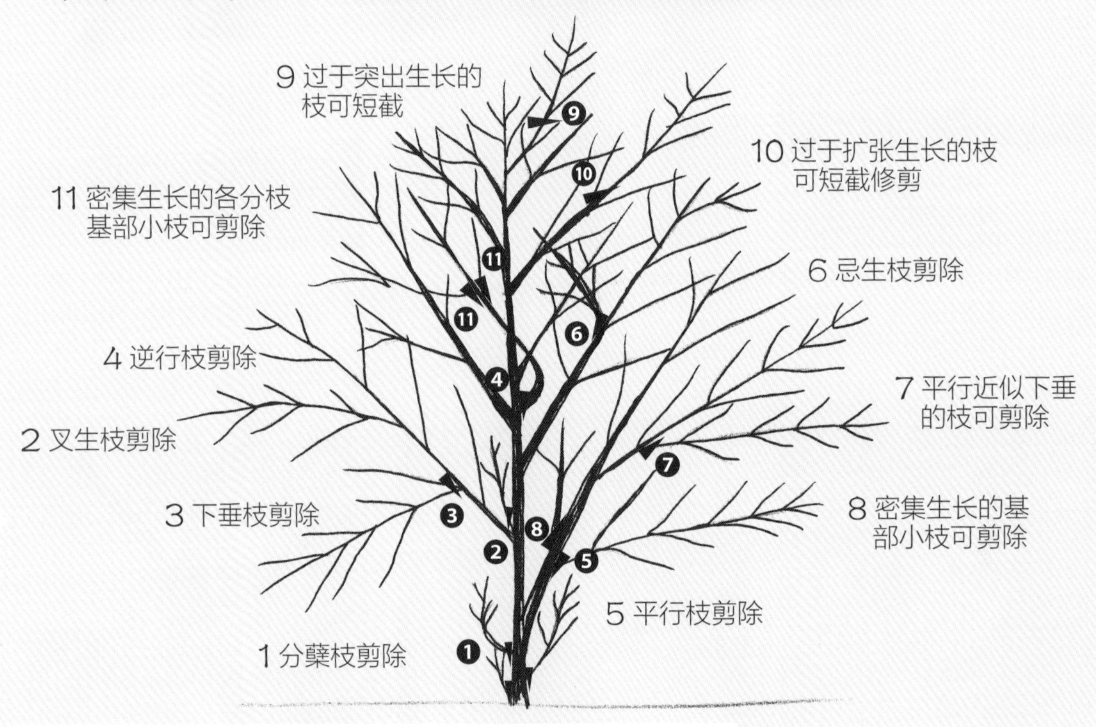

DATA 榉木

科名 榆科
俗名 榉树、鸡油
学名 *Zelkova serrata* (Thunb.) Makino
属性 落叶大乔木
原产分布 中国大陆及台湾、日本、韩国
特点解说 常用于庭园景观绿美化、行道树、盆栽。叶小而青绿，落叶呈现黄红色。榉木亦是上好建材，木材鲜红赭色，质粗硬重，常用于楼梯扶手、铺面地板之用。

本案例运用 补偿修剪 | **修饰修剪** | **疏删修剪** | 短截修剪 | 生理修剪 | 造型修剪 | 更新复壮修剪 | **结构性修剪**

① 修剪前发现：枝叶生长密集，偏左生长明显，下垂枝过多。

② 依十二不良枝判定法，自结构枝往上方逐步检视进行修剪。

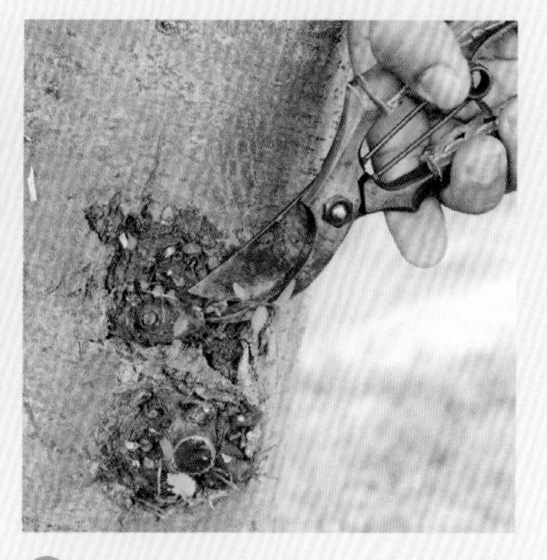

③ 主干上的分蘖枝、枯干枝均剪除。

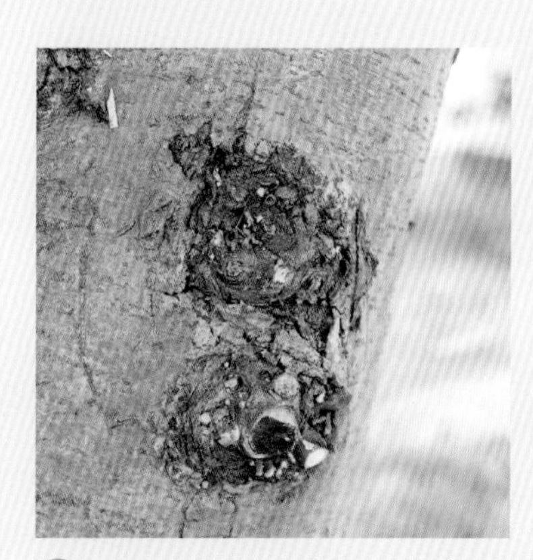

④ 分蘖枝、枯干枝剪除完成后的情况。

⑤ 较高处的平行枝等不良枝，可利用高枝锯修剪。

⑥ 修剪完成的树冠内部之采光与通风情况良好。

⑦ 整体修剪完成后的情况。

07 流苏

善用十二不良枝判定法修剪 并将干上小枝剪除以促使生长健壮

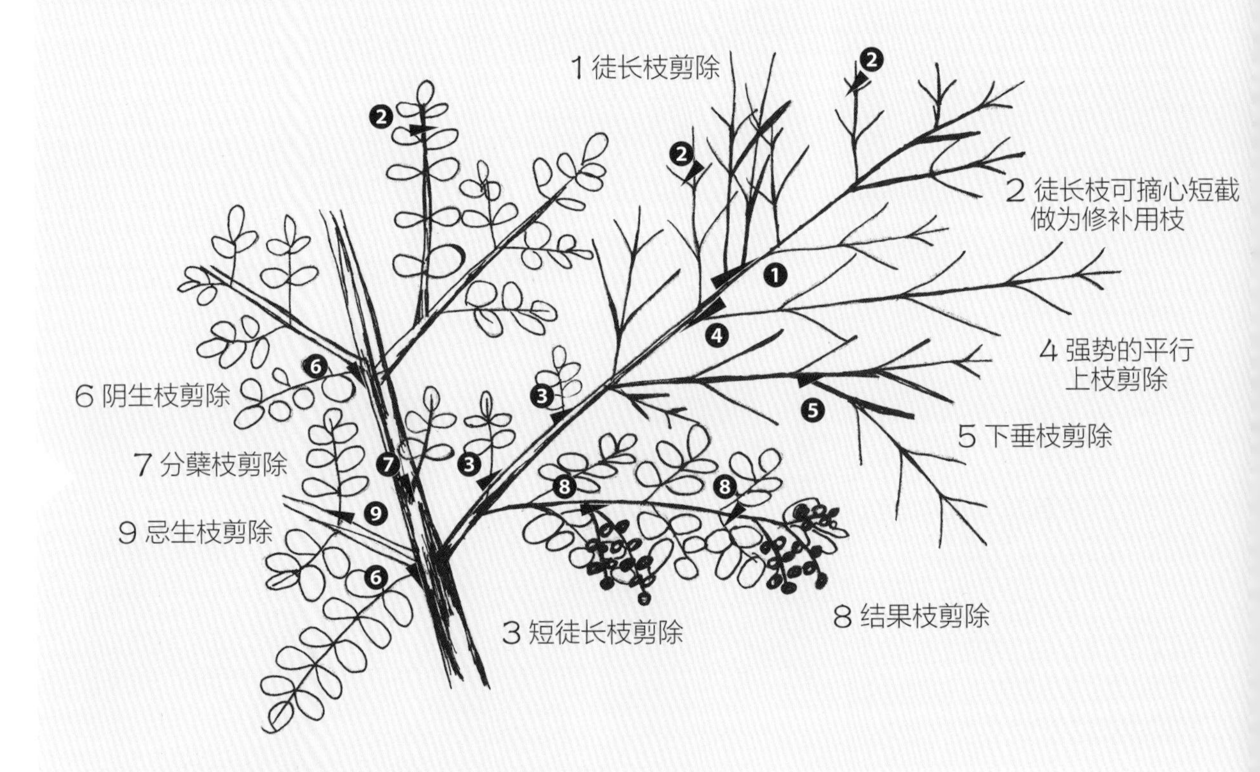

DATA 流苏

科名 木犀科

俗名 流苏树、流疏

学名 *Chionanthus retusus* Lindl.et Paxt.

属性 落叶乔木

原产分布 台湾固有品种

特点解说 常于春季开花，花白色，呈伞形花序且芳香；叶对生呈椭圆形，全缘有浅锯齿。树形苍翠古雅，脱俗独特，以单植为宜。

本案例运用 补偿修剪 | 修饰修剪 | **疏删修剪** | **短截修剪** | 生理修剪 | 造型修剪 | 更新复壮修剪 | **结构性修剪**

① 修剪前发现：主干分枝过多而密，树冠过于扩张生长。应进行结构性修剪。

② 先对主干的干头枝等不良枝进行锯除。

③ 主干所萌生的分蘖枝、下垂枝亦须一一剪除。

④ 剪除分蘖枝。

⑤ 以剪定铗剪除时，亦须自脊线到领环为角度进行剪除。

⑥ 左侧主枝过于伸长的末梢须短截修剪。

⑦ 再将各分枝末梢的结果枝于下方节上予以剪除。

⑧ 剪除主枝新生的小枝、新芽。

⑨ 整体结构性修剪完成，呈现双主枝的形态，并适度保留新芽继续成长。

08 枫香

顶梢不得受损及修剪以免破坏“顶端优势”影响圆锥自然树形

DATA 枫香

科名 金缕梅科

俗名 枫树、白枫

学名 *Liquidambar formosana* Hance

属性 落叶大乔木

原产分布 中国大陆及台湾中低海拔地区

特点解说 性喜温暖全日照、排水良好环境，是台湾常用庭园景观、行道树植栽。木材可制器具，圆木段为种香菇之良材，枫脂为苏合香之代用品，可供药用。

本案例运用 补偿修剪 | 修饰修剪 | **疏删修剪** | **短截修剪** | 生理修剪 | 造型修剪 | 更新复壮修剪 | 结构性修剪

① 修剪前发现：自然锥形的树体已变形，且有偏左扩张生长现象，故设定一短截修剪线。

② 主干左侧分生过多、过密的平行枝须锯除。

③ 分生较密集的枝条可用切枝锯疏枝锯除。

④ 对于枝条较长部位的短截修剪，应于分枝处上锯除。

⑤ 锯除主枝上方所萌生的粗大分蘖枝。

⑥ 主枝上方所萌生的较小分蘖枝，则用剪定铗剪除。

⑦ 由枝条内部向外部逐一检视不良枝后，进行剪除。

⑧ 末梢丛生枝条部位，可以自分枝处下方另选节上剪除。

⑨ 整体修剪完成，呈现直立主干轮生枝序的自然锥形树态。

09 茄苳

修剪维持树冠内部有良好采光与通风才能避免病虫害

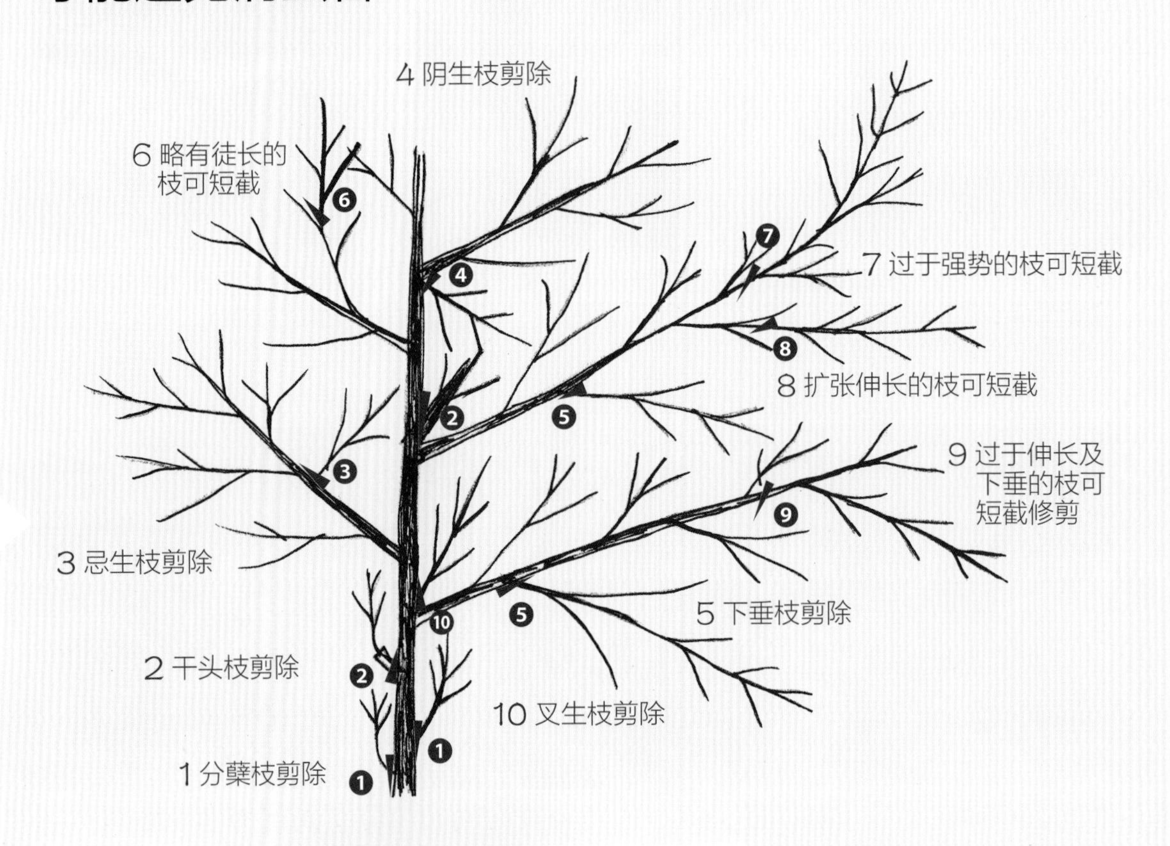

DATA 茄苳

科名 大戟科
俗名 重阳木
学名 *Bischofia javanica* Blume
属性 落叶大乔木
原产分布 中国大陆及台湾、马来西亚、印度
特点解说 其树龄寿命长，常可长成巨树，又称为重阳木。其树皮粗糙，三出复叶，小叶卵形或卵状长椭圆形，圆锥花序，核果圆形。

本案例运用 补偿修剪 | **修饰修剪** | **疏删修剪** | **短截修剪** | 生理修剪 | 造型修剪 | 更新复壮修剪 | 结构性修剪

① 修剪前发现：树冠内部分枝密集且过于扩张生长。

② 树冠内部忌生枝、下垂枝、分蘖枝较多。

③ 枝叶已被吹棉介壳虫侵害。

④ 主要分枝下方多生的分蘖枝及下垂枝须剪除。

⑤ 以电链锯将平行枝自脊线到领环为角度进行锯除。

⑥ 较细小的阴生徒长枝可利用切枝剪修剪。

⑦ 树冠内部不良枝修剪完成后，即可接着进行短截修剪。

⑧ 对下垂枝及枝叶末梢进行修剪时，高枝锯是好帮手。

⑨ 修剪完成：各枝序疏密得当的情况。

10 无患子

夏季应针对树冠内密生的小枝、新芽进行剪除

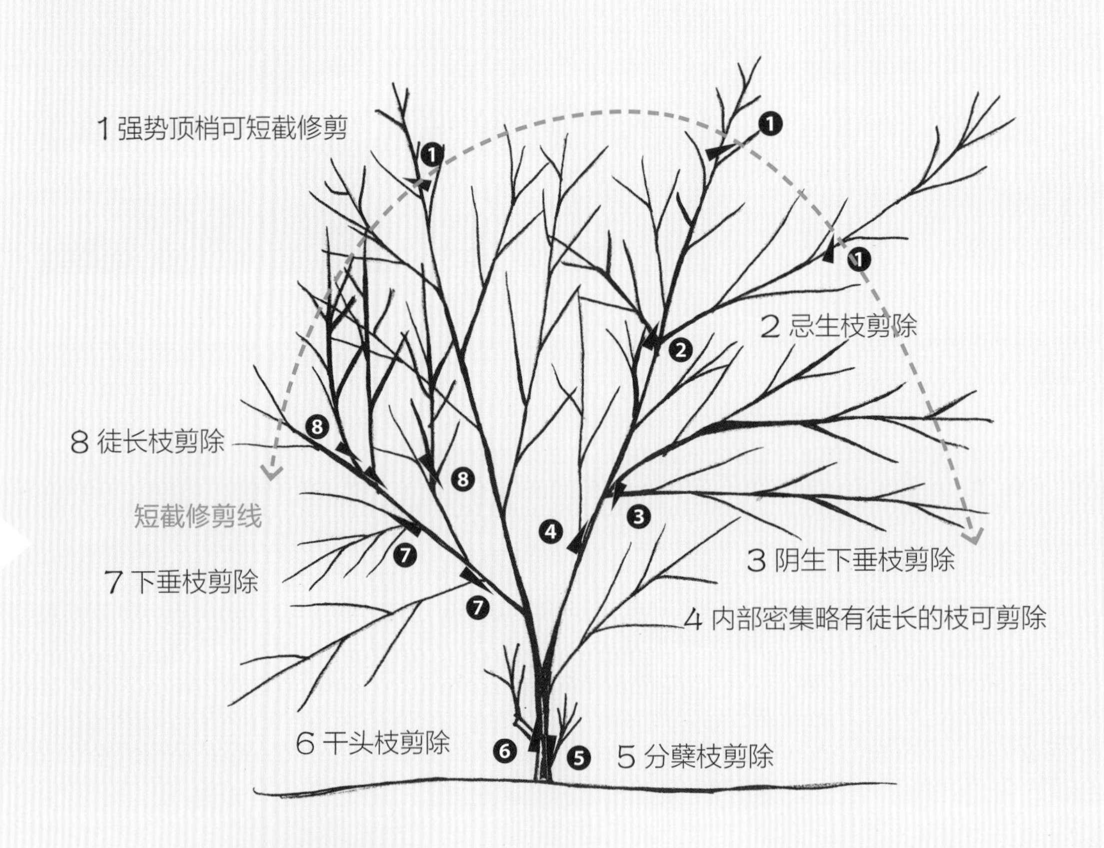

DATA 无患子

科名 无患子科
俗名 黄目子、肥皂仔、目浪子
学名 *Sapindus mukorossi* Gaertn
属性 落叶大乔木
原产分布 广东、福建、台湾
特点解说 树皮灰白、平滑，小枝黄绿色，叶互生。落叶前，叶渐变为金黄色，放眼望去，一片金黄，醒目而突出，景观效果甚佳。单植、列植、行植均宜。

本案例运用 补偿修剪 | **修饰修剪** | **疏删修剪** | 短截修剪 | 生理修剪 | 造型修剪 | 更新复壮修剪 | 结构性修剪

① 修剪前进行群植整体的检视发现：植株规格参差不齐、杂乱无树形。

② 锯除结构枝上的干头枝。

③ 主枝上的干头枝须锯除。

④ 枝干上的分蘖枝亦须锯除。

⑤ 因先前截顶打梢的修剪不良而多发的阴生枝必须疏删修剪。

⑥ 无患子的分枝处仅须留存成互生枝序状态，因此多余的徒长枝均须锯除。

⑦ 对于先前不当截顶的切口所萌生的枝，若要留存时可顺由新枝间隔角度疏删锯除。

⑩ 不当截顶所萌生的新生枝条之疏删修剪完成后的情况。

⑪ 整体修剪完成后的状况。

热带落叶阔叶植栽

性状分类	常见植物举例
乔木类	菩提树、印度紫檀、印度黄檀、凤凰木、蓝花楹、大花紫薇、阿勃勒、黄金风铃木、洋红风铃木、台湾刺桐、黄脉刺桐、火炬刺桐、珊瑚刺桐、鸡冠刺桐、大花缅栀、钝头缅栀、红花缅栀、黄花缅栀、杂交缅栀、黄槿、黄槐、羊蹄甲、洋紫荆、艳紫荆、铁刀木类、盾柱木类、雨豆树、金龟树、墨水树、桃花心木、美人树、木棉、吉贝木棉、黑板树、小叶榄仁、榄仁、第伦桃、火焰木、苹婆、掌叶苹婆、兰屿苹婆、日日樱、番荔枝类、垂枝暗罗、长叶暗罗
特性分类	
热带落叶阔叶	

热带落叶阔叶植栽，在其落叶后的休眠期与萌芽期的生长旺季，皆很适合进行强剪或移植作业。落叶后至萌芽前的休眠期，有两种常见情况：一种是入秋之后的冬季低温所影响的季节周期性休眠期，而另一种情况则会出现在夏季因长期干旱缺水而以落叶达到自我保护的植栽枯水期之休眠，这两段时期都为“休眠期”，都适合进行强剪或移植作业，然而若在“枯水期之休眠期”进行作业时，需要特别注意其作业后之日常灌溉给水须适度而充足，绝不可以再度任其缺水，以免影响萌芽与发根，甚至影响其生命。

热带落叶阔叶植栽，由于其原生环境均为热带地区，因此在台湾的春季到秋季之间的清明至中秋期间，其气候、温度及环境如同这些植栽的原生环境一般，所以这类植栽皆能表现出生长旺季的不断萌生新芽之特征与活力，因此，若选择在此期间进行强剪或移植作业也非常适合。

综合上述，热带落叶阔叶植栽在台湾地区，不论是春季、夏季到秋季的生育适温之生长旺季，甚至于是冬季的季节性落叶或是夏季的枯水期落叶后之休眠期，几乎全年皆适合进行强剪或移植作业，又因为其生性强健、生长快速，在强剪或移植作业上属于较简易而不易作业失败的项目，所以在台湾地区的苗圃栽培或景观应用皆十分普遍，运用非常广泛。

进行修剪作业时，应以“十二不良枝”的判定整修，掌握“自脊线到领环外移下刀”的正确修剪方法和位置，尤其是粗枝三刀法的“先内下、后外上、再贴切”及小枝一刀法的直接修剪下刀的“再贴切”，其位置应遵循：“自脊线到领环外移约 1cm 下刀”；如果没有这样的贴切修剪，将会影响其伤口的愈合、枝干部位的输送与构造功能，妨害正常的后续生长。

由于热带落叶阔叶植栽的生性强健、生长速度极快，因此每次修剪作业后的伤口周边，经常会萌生许多不定芽而形成分蘖枝，因此应于每次修剪作业后，定期于每个月加强分蘖枝及新生不定芽的巡剪。

修剪作业除了定期进行“十二不良枝”的“强剪”或“弱剪”之外，每年亦可以针对树体各部位新生的枝条进行修剪，若遇有树冠内部较密集生长者应进行合理的“疏删修剪”；若遇有树冠外幅较扩张生长者则应进行合理的“短截修剪”，如此可以避免及防止树体或树形过分扩张变形，或树冠开张而有中空现象以致容易开叉分裂，或因多生徒长枝及丛生小枝叶以致树冠内部枝叶密集而影响采光与通风不良，或因此而容易导致病虫害的发生。

01 阿勃勒

应将细小枝叶或分蘖枝及花后枝进行剪除

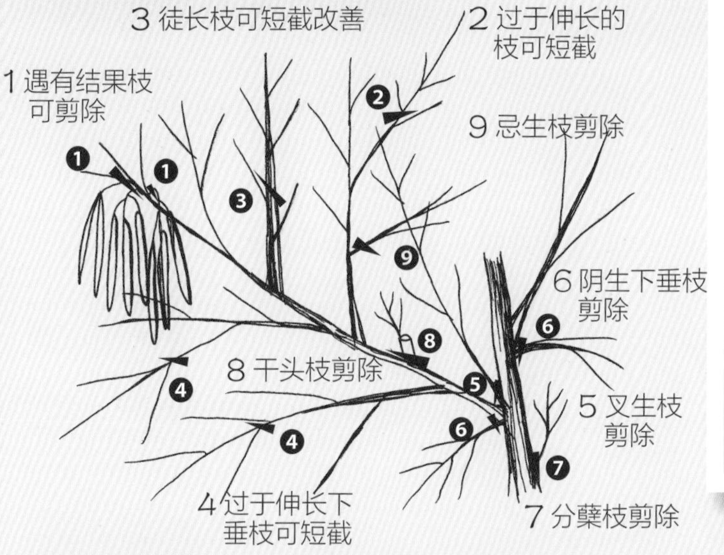

本案例运用 补偿修剪 | **修饰修剪** | **疏删修剪** | 短截修剪 | 生理修剪 | 造型修剪 | 更新复壮修剪 | 结构性修剪

① 修剪作业前发现：树冠分枝过于伸长，花期已结束，荚果开始成长。

② 先去除花后枝及结果枝。

③ 进行末梢短截修剪时，应选择在枝叶分生处的上方剪除。

④ 以高空作业车环绕树冠逐步修剪。

⑤ 整体修剪后的情况：重心降低，花果摘除。

DATA 阿勃勒

科名 豆科

俗名 波斯皂荚

学名 *Cassia fistula* Linn.

属性 落叶大乔木

原产分布 印度、斯里兰卡

特点解说 叶羽状偶数复叶；花期春至初夏，花多先叶开放，总状花序腋出，盛开时枝条挂满鲜黄成串的花朵，耀眼夺目；荚果呈腊肠状，可爱有趣，味虽甘甜却有小毒，不可多食。

02 大花缅栀

疏删修剪维持树冠内部有良好采光与通风
才能避免病虫害且促进开花

注：因其乳汁含有剧毒，需注意修剪时勿伤及眼睛与皮肤。

DATA 大花缅栀

科名 夹竹桃科
俗名 鸡蛋花、鹿角树
学名 *Plumeria rubra* L. 'Acutifolia'
属性 落叶小乔木
原产分布 热带美洲
特点解说 其株高可达 4m 以上，枝干极粗，柔软多肉，冬季落叶后，光秃的树干酷似鹿角，甚为雅致。常于夏季开花，花朵具清新香气，深受人们喜爱。

本案例运用 补偿修剪 | **修饰修剪** | **疏删修剪** | 短截修剪 | 生理修剪 | 造型修剪 | 更新复壮修剪 | 结构性修剪

① 修剪作业前发现：枝叶过于密集生长，已初步罹患介壳虫病，整体树形有偏左侧生长情况。

② 先检视全株，若遇有枯干干头枝则可先行以切枝锯予以切除。

③ 锯除枯干干头枝时必须自脊线到领环外移 1cm 下刀。

④ 检视全株，分生枝较多。

⑤ 主枝以上各层级以分生两枝为原则，并依循“十二不良枝”判定原则修剪。

⑥ 分生较细的“叉生枝”须予以切除。

⑦ 较向内分生的“叉生忌生枝”亦须切除。

⑧ 各分枝的典型“叉生枝”须予以切除。

⑨ 修剪作业完成后的情况。

03 黑板树

应维持直立单主干自然树形的样貌
切勿截顶打梢而形成多头主枝

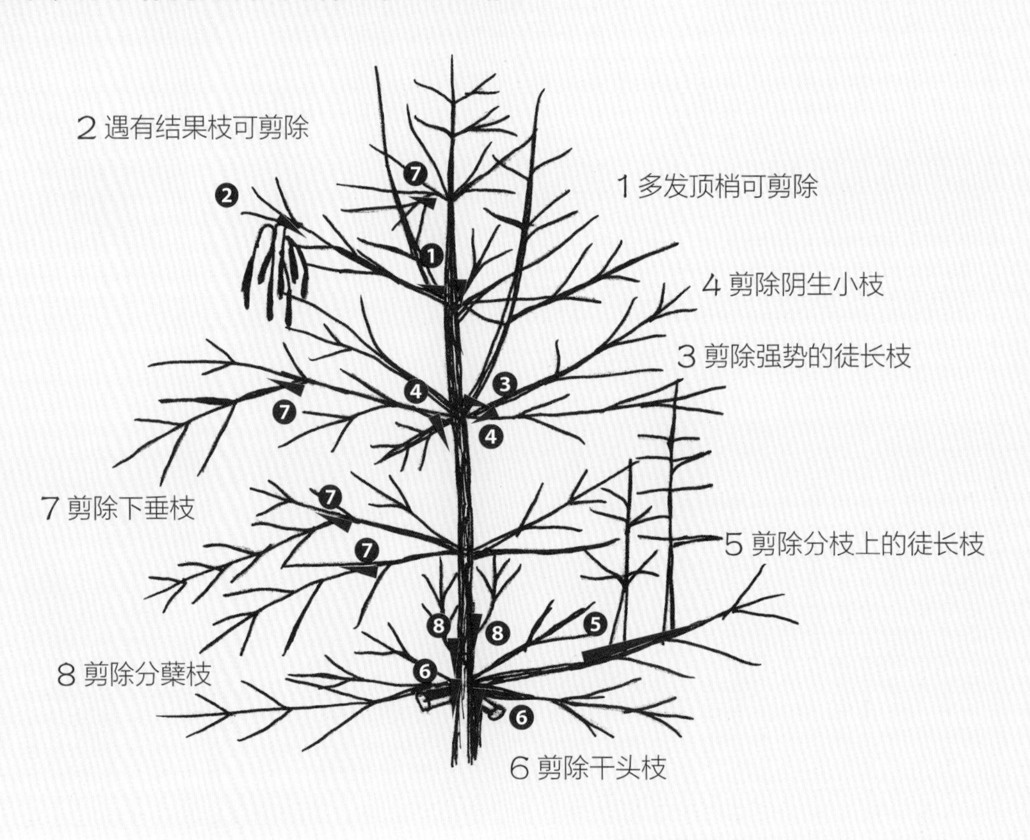

DATA 黑板树

科名 夹竹桃科

俗名 黑板木、乳木

学名 *Alstonia scholaris* (L.) R. Br.

属性 半落叶大乔木

原产分布 印度、马来西亚、菲律宾等

特点解说 1943 年被引入栽培。枝条轮生，叶轮生倒披针形，深绿色有光泽且中肋明显。秋季开花绿白色，果实长线形。全株具乳汁含有剧毒。因其木材可做黑板故名。因生性强健，生长极为快速，树形高大挺拔，却很脆弱，易被风吹断折损，倒伏严重，故使维护工作极其繁重。

本案例运用 补偿修剪 | **修饰修剪** | **疏删修剪** | 短截修剪 | 生理修剪 | 造型修剪 | 更新复壮修剪 | 结构性修剪

① 修剪作业前发现：树冠上部枝叶较为密集而重心较高。

② 过长的叉生干头枝应分段分解锯除。

③ 叉生徒长枝须锯除。

④ 阴生下垂枝亦须锯除。

⑤ 较大的不良枝利用电链锯修剪。

⑥ 两两主枝间的不良枝须加以修剪。

⑦ 接着以修枝剪修剪树冠外观轮廓。

⑧ 以高空作业车逐步绕行树冠向上修剪。

⑨ 整体修剪后，分枝平均分布，重心高度降低。

04 小叶榄仁

应从幼年小树起进行修剪控管
形成整体直立单主干的层层轮生枝序造型

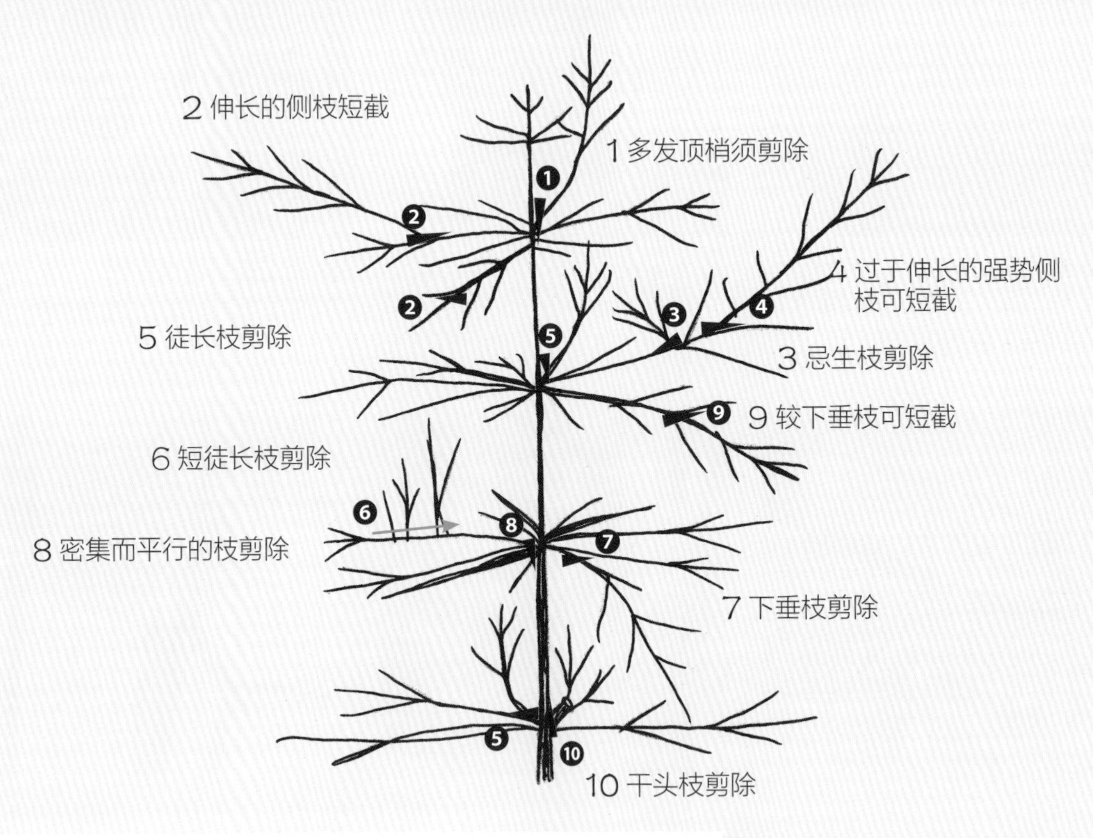

DATA 小叶榄仁

科名 使君子科
俗名 雨伞树、细叶榄仁
学名 *Terminalia mantaly*
属性 半落叶乔木
原产分布 热带非洲
特点解说 主干浑圆挺直，自然分枝极多，水平展出，轮生于主干四周，层层分明有序，若似经人工修剪整形，极为优雅美观。

本案例运用 补偿修剪 | 修饰修剪 | **疏删修剪** | **短截修剪** | 生理修剪 | 造型修剪 | 更新复壮修剪 | **结构性修剪**

① 修剪作业前发现：主稍的顶端优势不显著，树冠上方枝叶过于密集生长。

② 先于主干下层往上，将各枝条轮生疏删修剪。

③ 依“直立主干轮生枝序树种修剪四个要点”由下往上修剪。

④ 可锯除各分枝的忌生枝、向上的平行枝。

⑤ 树冠的轮廓可设定“修剪假想范围线”以修枝剪、高枝剪或高枝锯修剪。

⑥ 顶梢的分枝层上有较粗的忌生枝必须剪除。

⑦ 以不同的角度逐一检视树冠周边，进行修剪。

⑧ 各层末端枝叶以修枝剪进行末梢摘心、摘芽的修剪。

⑨ 以高枝锯清除掉落枝叶后，即可完成整体修剪。

05 木棉

开花后可以竹竿顺着枝条上方刮除花托即可避免结果

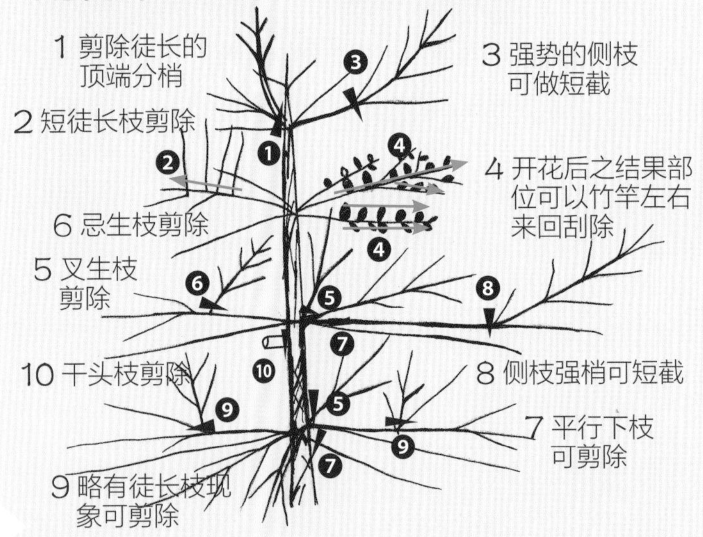

本案例运用 补偿修剪 | 修饰修剪 | **疏删修剪** | **短截修剪** | 生理修剪 | 造型修剪 | 更新复壮修剪 | 结构性修剪

① 修剪作业前发现：枝叶过于密集生长，且有上方过于扩张生长的情况。

② 先检视全株，各枝条轮生处，若遇有较小枝条可将其锯除。

③ 依序将每一轮生主枝，于其基部约三分之一以内将所分生的次主枝一一修除。

④ 再于各轮生主枝末梢，针对较伸长于“修剪假想范围线”以外的枝条以高枝剪摘芽。

⑤ 整体依“直立主干轮生枝序树种修剪四个要点”修剪完成后的情况。

DATA 木棉

科名 木棉科
俗名 木棉花
学名 *Bombax ceiba*
属性 落叶大乔木
原产分布 印度
特点解说 叶丛生，掌状复叶，小叶5~7片。树干有瘤刺，侧枝轮生。常于春季开满火红的花朵，极具观赏效果。

竹类修剪要领

本类植物是外观多呈现似草非草、似木非木的形态，亦即俗称“竹子”之各种禾本科竹亚科的植物。

修剪要领

1. 每节疏枝仅需留存三至五小枝平均分布。
2. 每节留存小枝的基部新生芽，应全部摘除。
3. 每年遇有新笋萌发时，即应进行老秆剪除。
4. 摘心控制新生竹子高度、摘芽控制枝宽。
5. 矮竹类每年休眠期间，应自地面割除更新。

性状分类	特性分类	常见植物举例
竹类	温带型	孟宗竹、四方竹、人面竹、八芝兰竹、包籜矢竹、玉山箭竹、日本黄竹、稚谷竹
	热带型	桂竹、唐竹、斑叶唐竹、变种竹、麻竹、绿竹、蓬莱竹、短节泰山竹、佛竹、金丝竹、条纹长枝竹、苏仿竹、黑竹、红凤凰竹、凤凰竹、岗姬竹、稚子竹、布袋竹、业平竹、羽竹、红竹

维护管理年历

	1	2	3	4	5	6	7	8	9	10	11	12
温带型	■	■▲●	□	□	□	□	□●	□	□	□	□	□
热带型	□	□	■▲●	■	■	□	□	□●	□	□	□	□

1. 表示当月需要作业的项目，□弱剪、■强剪、△支架检查固定、▲基盘改善作业。
2. 表示“肥料”种类，●有机质肥、◎化学复合肥、○化学单效肥。

01 日本黄竹

冬季叶片呈现枯槁状时 可自地面将茎叶完全剪除后培土追肥

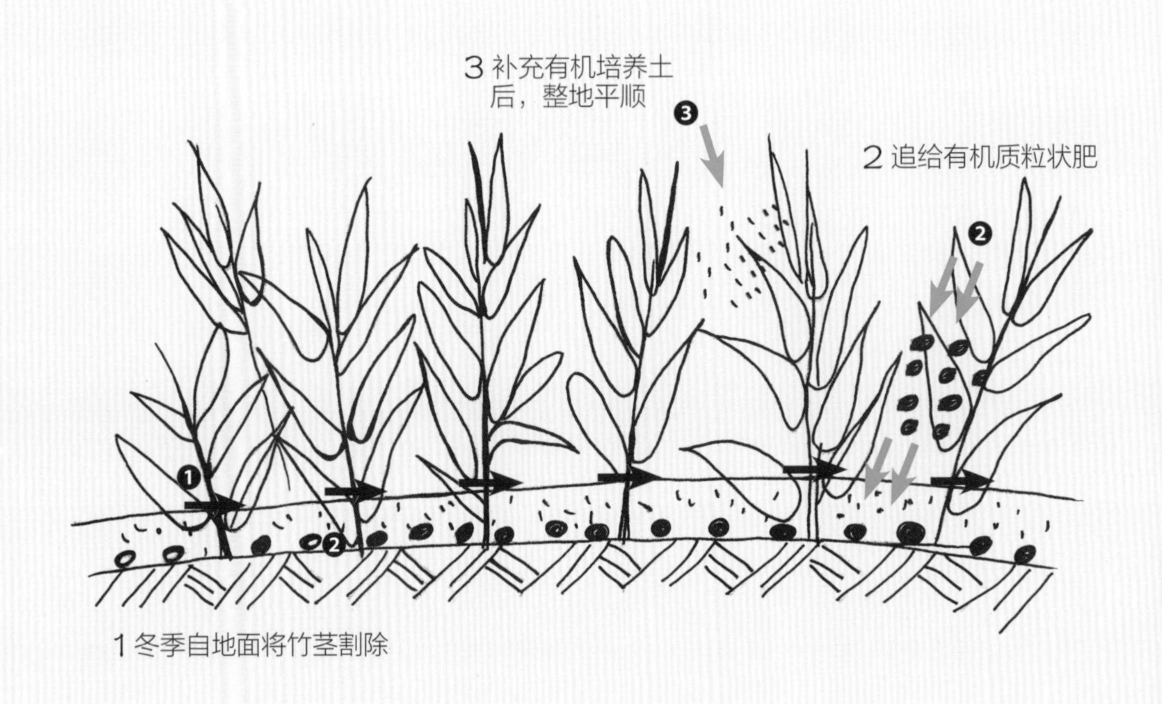

DATA 日本黄竹

科名 禾本科
俗名 黄金凸竹、黄竹
学名 *Pleioblastus viridistriatus* f. *chrysophyllus* Makino
属性 地被型竹类
原产分布 日本
特点解说 高 10~25cm。抗风、耐旱、抗潮，为优良景观地被用竹类植物。

① 修剪作业前的状况：在冬季时叶片已呈现枯槁状。

② 以修枝剪自地表面将茎叶完全剪除。

③ 修剪完成后的情况。

④ 以齿耙将修剪后的茎叶清除。

⑤ 初步完成更新复壮修剪。

⑥ 以有机培养土及堆肥土轻轻平均铺撒在竹丛中。

⑦ 充足浇水之后即完成整体作业。

⑧ 培土整地完成后的情况，视需要亦可在此时“追氮肥”。

⑨ 两个月之后即长出新笋、新芽的完美情况。

02 唐竹

新笋萌发时可将老竹剪除 摘心控制高度

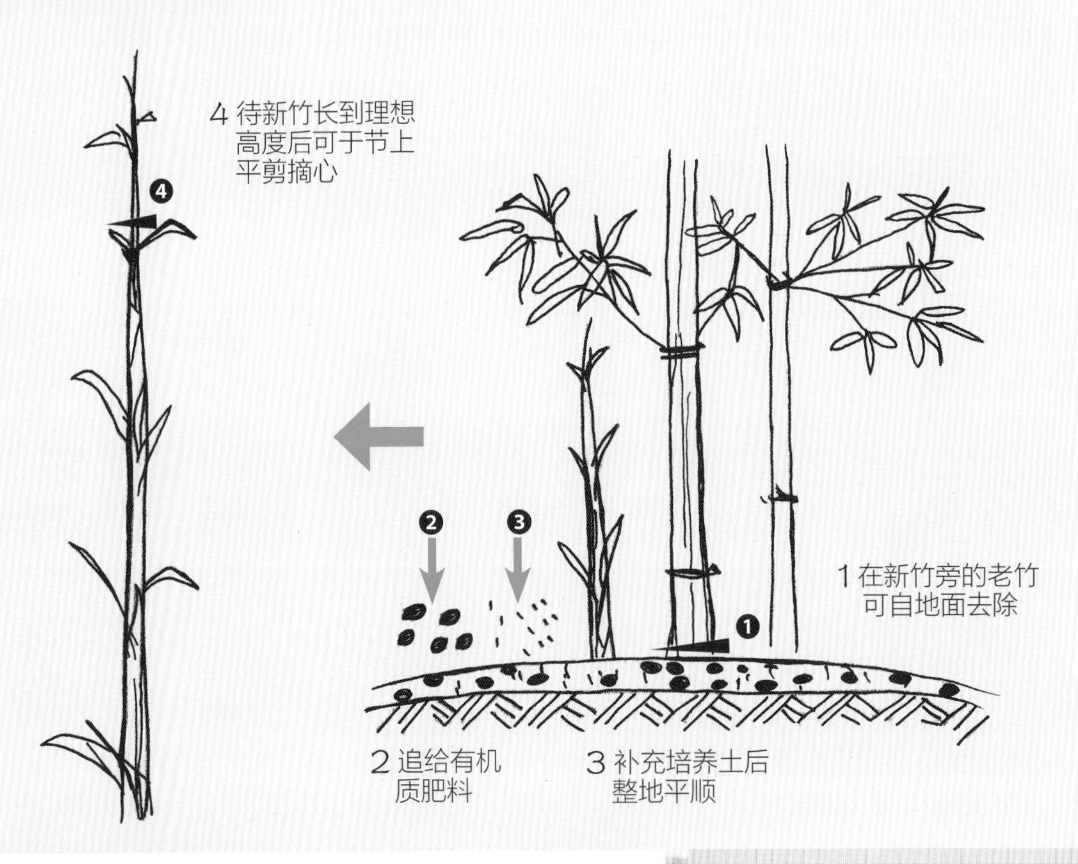

DATA 唐竹

科名 禾本科
俗名 苦竹、疏节竹
学名 *Sinobambusa tootsik* (Sieb.) Makino
属性 单生型竹类
原产分布 中国大陆、日本
特点解说 1964 年引进栽培，高 3~6m，初为散生后成合轴丛生，为优良庭园观赏竹类植物，竹竿可供制工艺品。

① 修剪前竹丛密生状况。

② 先将老竹（颜色暗较无光泽者）自地面平切剪除。

③ 老竹平切剪除后的情况。

④ 陆续剪除老竹作业中。

⑤ 剪除老竹留存今年生的新竹笋。

⑥ 新笋高度控制可于顶芽末端摘心修剪。

⑦ 具有理想高度的新笋则无须摘心。

⑧ 建议各新竹的间距保持大约20cm，约等同分枝宽度为宜。

⑨ 返回修剪作业完成，建议后续进行培土追肥以利生长。

03 短节泰山竹

丛生密集枝叶处应进行间隔疏删修剪以维持树冠内部的采光与通风良好

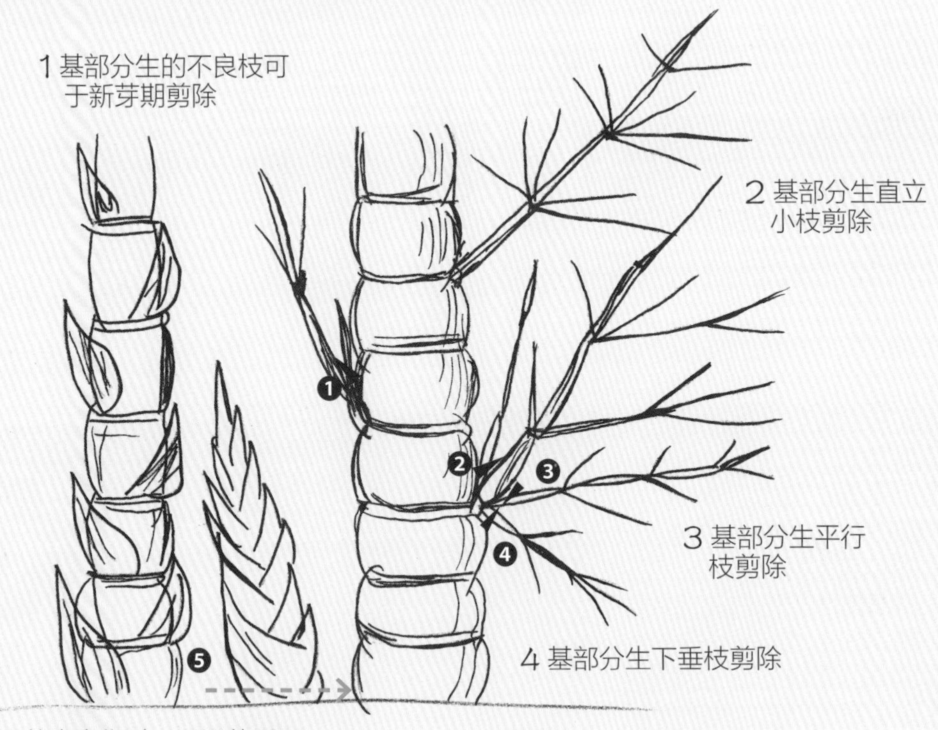

DATA 短节泰山竹

科名 禾本科
俗名 葫芦龙头竹、葫芦竹
学名 *Bambusa vulgaris* Schrader cv.Wamin McClure
属性 丛生型竹类
原产分布 园艺培育种
特点解说 高约3~6m，为优良庭园观赏、盆栽植物。竹竿可供制工艺品及装饰用。

① 修剪前状况：丛生密集，枝叶杂乱。

② 先将竹箨用手一一摘除。

③ 每一节上若有枯干的枝条亦须贴切锯除。

④ 节上较粗的枯枝锯掉后，再用剪定铗修剪小枝使伤口平整。

⑤ 已生长约三年的老竹，须于地面平切锯除。

⑥ 这是表面看起来正常、被短截过的干头枝。

⑦ 可从分枝处的节上平切锯除，这时发现：里面有蚁类大量爬出。

⑧ 干头枝修剪完成后的情况。

⑨ 短节泰山竹会有丛生枝情形，可加以疏删修剪。

⑩ 遇到长得太高的竹秆，可自行决定于适当高度的节上平切锯除。

⑪ 高度控制的平切完成后的情况。

⑫ 接着检视今年生的新竹并进行修剪。

⑬ 选择生长较强势的新枝群集处，一一剪除其下方萌生的新枝芽。

⑭ 持续间隔剪除新枝芽直到最上方处，新枝生长方向若往整体树冠中心生长时（形似忌生枝），亦先须剪除。

⑮ 对于较老竹子上丛生的细长老枝，可先疏删修剪细小、残弱、软长的枝。

⑯ 检视各分枝，留下 5~7 节的长度，其余可自节上平剪修除。

⑰ 即使在末梢新生叶芽处，亦须从节上叶鞘处平剪修除。

⑱ 整体修剪老竹、疏枝疏芽、留下新竹的修剪完成后的情况。

棕榈类修剪要领

本类多为单子叶植物之棕榈科的棕榈属或海枣属等，亦即各属所俗称“椰子”的大中小型植物。

修剪要领

1. 平时于叶鞘分生水平线以下弱剪。
2. 修剪除叶时，应顺将花苞果实剪除。
3. 丛生干者，适时进行丛生新芽剪除。

性状分类	特性分类	常见植物举例
棕榈类	单生干型	大王椰子、亚历山大椰子、可可椰子、槟榔椰子、棍棒椰子、酒瓶椰子、女王椰子、圣诞椰子、罗比亲王海枣、台湾海枣、银海枣、三角椰子、蒲葵、华盛顿椰子
	丛生干型	黄椰子、雪佛里椰子、袖珍椰子、丛立孔雀椰子、细射叶椰子、观音棕竹、棕榈竹、桄榔、唐棕榈

维护管理年历

1	2	3	4	5	6	7	8	9	10	11	12
			□	■▲●	■△	■	■	■	■	□	

1. 表示当月需要作业的项目，□弱剪、■强剪、△支架检查固定、▲基盘改善作业。
2. 表示“肥料”种类，●有机质肥、◎化学复合肥、○化学单效肥。

01 袖珍椰子

平时应适时剪除枯黄老叶及密生子芽株

DATA 袖珍椰子

科名 棕榈科
俗名 玲珑椰子、矮棕榈
学名 *Chamaedorea elegans*
属性 常绿灌木棕榈类
原产分布 拉丁美洲等
特点解说 植栽高度一般不超过1m。茎干直立，节上有不定根。叶着生于枝干顶，羽状复叶，小叶互生近对生，革质有光泽。性喜高温高湿或半阴环境，忌阳光直射，栽培介质以排水良好、湿润、肥沃的壤土为佳，可用分株繁殖，是常用的室内盆栽。

① 修剪作业前发现：枯黄叶片多而杂，密生分蘖子芽株多而孱弱，茎干根盘浮露。

② 用手将枯槁干腐的叶鞘摘除清理。

③ 以手拔除枯干茎枝。

④ 再将盆面的枯叶、杂物等进行清理。

⑤ 枯黄及老化的叶鞘可用手拔开拔除。

⑥ 若叶鞘用手无法拔除时，可以剪定铗剪除。

⑦ 剪除枯黄及老化叶鞘时，剪定铗应顺着主茎方向角度斜上贴剪。

⑧ 接着检视看看是否有开花茎或结果茎，若有应剪除。

⑨ 茎干叶鞘部位修剪完成后之样貌。

⑩ 叶鞘部位修剪完成后，仍呈现新旧叶片参差、树冠开张的情况。

⑪ 再接着将不完整的、枯黄的、受损变黑的叶片从叶鞘部位剪除。

⑫ 新旧叶片可由叶色深浅来判断，深色的是老叶、浅色的是新叶。

⑬ 剪除老叶时，以剪定铗顺着主茎方向角度斜上贴剪。

⑭ 整体修剪工作完成后的情况。

⑮ 由于茎干根盘浮露，因此必须用有机培养土盖满浮根表面。

⑯ 培土后，可用手指稍稍按压至紧实，并且不要忘了立即浇水。

⑰ 更新复壮修剪完成后的情况。

02 女王椰子

平时弱剪时应紧贴基部以45度角向上修除叶柄

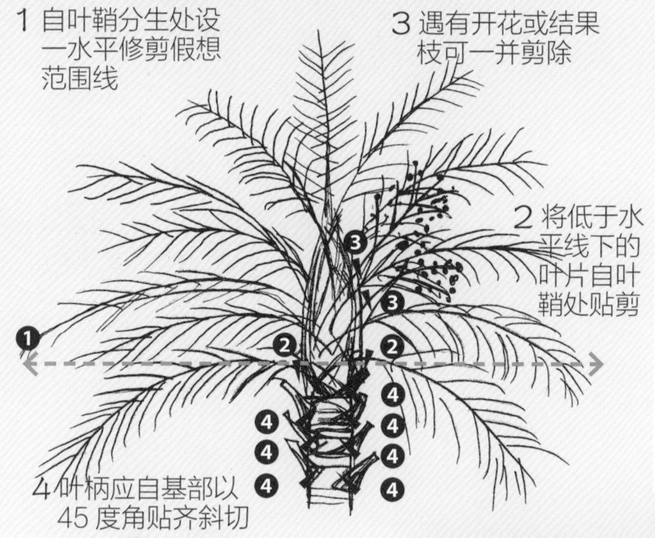

① 修剪前应自叶鞘分生处设一水平修剪假想范围线，修除下垂超过该线以下的枝叶。

② 以细齿切枝锯自叶鞘部位贴切将叶部修除。

③ 锯除叶鞘时如发现有花序、花苞或果梗时，亦须一并修除。

④ 若有断折或枯黄的老叶，必须加以修除。

⑤ 整体修剪完成后的情况。

DATA 女王椰子

科名 棕榈科

俗名 皇后葵、金山葵

学名 *Syagrus romanzoffiana* (Cham.) Glassm.

属性 常绿乔木棕榈类

原产分布 巴西、阿根廷、玻利维亚等

特点解说 茎干单生通直，光滑无刺，有环纹，高可达10~15m。叶羽状复叶，呈螺旋排列。花黄色，花期在春季。树形美观，极适合庭园景观绿美化用。

03 蒲葵

平时弱剪叶片下垂至叶鞘分生水平线以下者

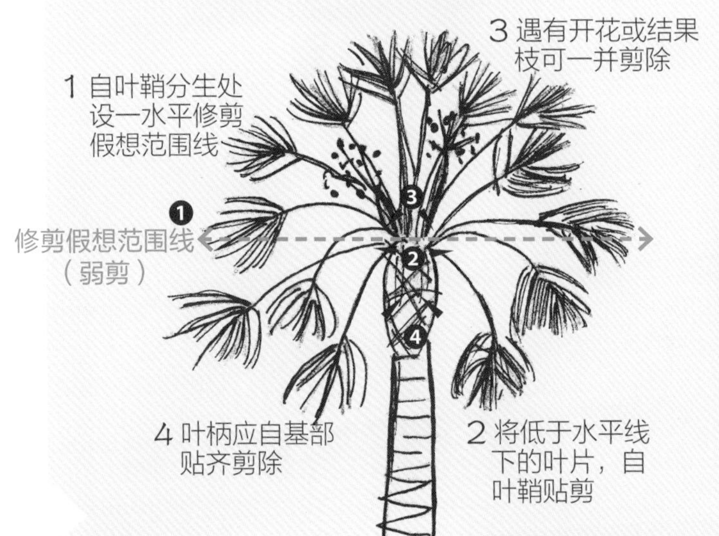

① 应自叶鞘分生处设定水平修剪假想范围线，下垂超过该线以下的枝叶应修剪。

② 可利用高空作业车以利修剪作业。

③ 先以细齿切枝锯自叶鞘部位贴切将叶部剪除。

④ 接着将正在开花的佛焰苞花序花枝一一修剪去除。

⑤ 整体修剪完成后的情况。

DATA 蒲葵

科名 棕榈科
俗名 蒲扇叶榈、团蒲扇榈
学名 *Livistona chinensis* (Jacq.) R. Br.
属性 常绿乔木棕榈类
原产分布 热带亚洲地区
特点解说 树形粗放，叶簇优雅高贵，掌状叶，腋间的纤维可做棕衣、绳索、扫把，叶可编制笠帽、蒲扇。性喜高温多湿、全日照，抗风、耐旱，栽培容易。

04 黄椰子

平时应适时修除丛生分蘖子芽

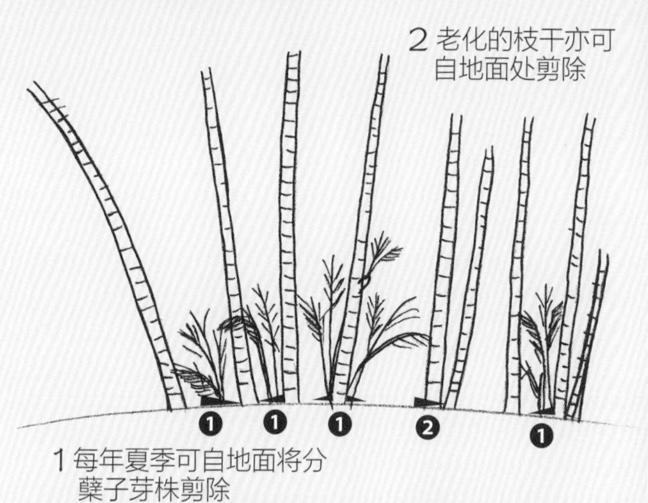

① 修剪作业前发现：枝叶茂密，密生分蘖子芽株。

② 过于密集生长的枝干，须以切枝锯平均锯除。

③ 枯黄及老化叶部以剪定铗以 45 度角向上斜剪去除。

④ 剪除后之伤口样貌。

⑤ 整体修剪完成后的情况。

DATA 黄椰子

科名 棕榈科

俗名 散尾葵、黄蝶椰子

学名 *Chrysalidocarpus lutescens* H. Wendl.

属性 常绿乔木棕榈类

原产分布 马达加斯加群岛

特点解说 枝干丛生，有黄或黄绿色环状纹，叶顶生羽状复叶，绿色或黄绿色，基部叶鞘包茎黄色，雌雄异株，肉穗花序腋生，树形叶色美观，极适合庭园景观及室内盆栽。

蔓藤类修剪要领

其主茎生长点发达，顶梢生长快速，多具有缠绕性、吸壁性、悬垂性、依附性等特点。

修剪要领

1. 主蔓旁生细小的枝叶芽应即时剪除。
2. 枝叶过于突出或下垂者，应修剪使其平顺。
3. 过于密集丛生的分枝，应进行疏枝疏芽。
4. 顶端开花后的花枝及果梗皆应剪除。
5. 每一至三年，应进行更新复壮返剪。

性状分类	特性分类	常见植物举例
蔓藤类	常绿性	百香果、大邓伯花、九重葛、珍珠宝莲、金银花、薜荔、蔓榕类、锦屏藤、软枝黄蝉、紫蝉、光耀藤、常春藤、黑眼花、多花素馨、山素英、莺爪花、锦屏藤、木玫瑰、星果藤、悬星花
	落叶性	炮仗花、蒜香藤、珊瑚藤、多花紫藤、地锦、葡萄、山葡萄、使君子、凌霄花、洋凌霄、金杯藤、云南黄馨、木玫瑰

维护管理年历

	1	2	3	4	5	6	7	8	9	10	11	12
温带型			□	■▲●	■	■	■	■	■▲●	■	□	
热带型	■	■▲●	□								□	■

1. 表示当月需要作业的项目，□弱剪、■强剪、△支架检查固定、▲基盘改善作业。
2. 表示“肥料”种类，●有机质肥、◎化学复合肥、○化学单效肥。

01 百香果

枝叶过于突出或下垂者应短截修剪使其平顺

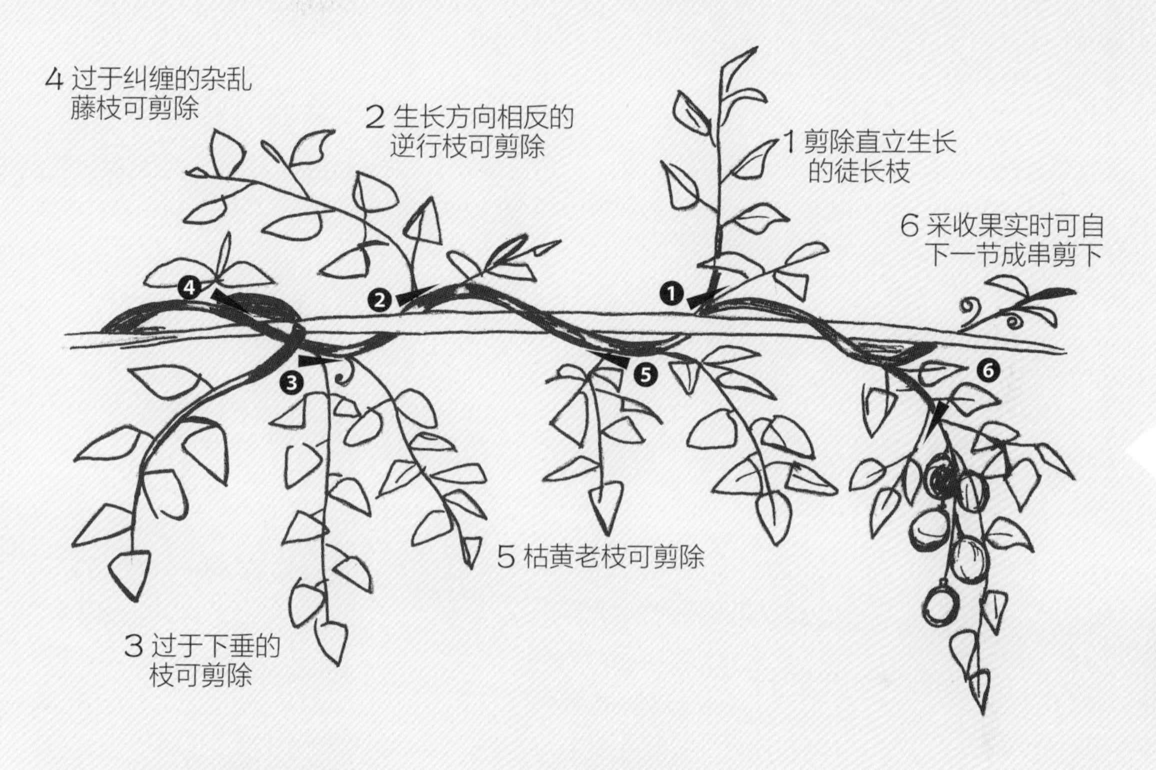

DATA 百香果

科名 西番莲科

俗名 西番莲、时计草、时计果

学名 *Passiflora edulis* Sims.

属性 多年生蔓性藤本

原产分布 巴西

特点解说 日据时代日本人引进台湾试种，后成为低海拔山区驯化植物，其花盛开时像时钟表面图案，故称时计草、时计果、时钟果，1960 年台凤公司制成果汁取名为百香果汁，后众多习称百香果。主要品种有紫色种、黄色种、杂交种，生性强健，栽培容易，是台湾常见经济果树、庭园棚架攀藤植物。

① 修剪前由上向下俯视的状况。

② 先清除堆积在棚架与蔓藤间的枯叶。

③ 枯干蔓藤、枝条须拉拔清除。

④ 向上伸长发育的徒长枝须剪除。

⑤ 超过棚架而继续伸长发育的藤蔓末梢应修剪、摘心短截。

⑥ 去年生的老枝于节上剪除。

⑦ 枝条如生长强势而突出，可于末梢进行摘心。

⑧ 开花枝的末梢必须摘心以使养分能集中供其结果之用。

⑨ 过长的藤蔓如需短截时应于节上修剪。

⑩ 棚架下方的藤蔓密集侧生枝叶部分可以剪除。

⑪ 棚架下方的藤蔓下垂枝叶亦可剪除。

⑫ 缺乏枝叶的棚架区域可将下垂枝叶诱引固定。

⑬ 将藤蔓诱引至适当的棚架网目中，并以布绳绑扎固定。

⑭ 棚架上藤蔓诱引及修剪完成。

02 九重葛

密集丛生分枝应疏枝疏芽
直立向上枝应弯折朝下促进开花

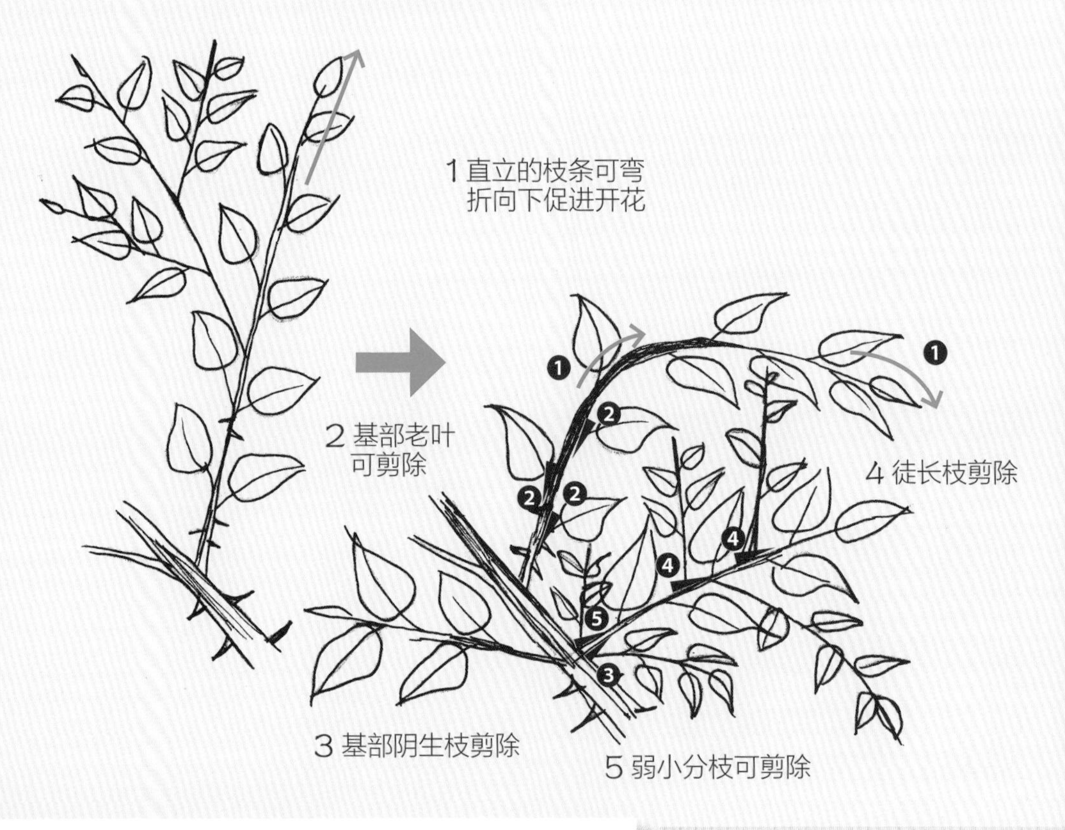

DATA 九重葛

科名 紫茉莉科

俗名 南美紫茉莉、三角梅

学名 *Bougainvillea spectabilis* Willd

属性 常绿蔓性木质藤本

原产分布 南美洲

特点解说 叶腋内生有锐刺，椭圆形或心形叶互生，花苞由叶变异而成，花苞大而鲜艳，花小不显著，着生花苞内侧。因花姿自下而上呈多层花簇，故称“九重葛”；花色有紫、红、橙、白、黄、粉红、红白相间等，有单瓣、重瓣及斑叶品种。是常用庭园景观盆栽绿美化植栽。

1 修剪作业前的状况。

2 将开花后的枝剪除。

3 开花枝前次残留的细小枯干枝亦须剪除。

4 短截修剪时应尽量选择在叶上或芽上部位的节上修剪。

5 过长的开花枝应做短截修剪，可自叶芽的节上剪除。

6 较木质化的枝条，须由节上进行修剪。

7 有枯干干头枝时，可自脊线位置以 45 度角斜切。

8 主干上的枯干枝得以显见植物本身具备的防御机制以避免腐朽菌入侵。

9 整体修剪作业完成。

03 薜荔

加强所攀附墙柱面之洒水湿润作业即可促进其攀附生长

DATA 薜荔

科名 桑科
俗名 风不动、壁石虎
学名 *Ficus pumila* Linn.
属性 常绿攀缘性灌木
原产分布 中国大陆华南地区、台湾低海拔地区
特点解说 茎上具气生根，可攀缘树干、围墙、石壁等；幼枝呈现黄至红褐色，具少许茸毛，叶互生，革质，全缘、长椭圆形或椭圆形，叶基常呈歪形；具隐花果，单立成对腋生，果熟深绿色或紫黑色，散生小斑点，果微甜可食亦可入药。

① 修剪作业前的状况：蔓藤过分生长至窗缘内。

② 以窗户下缘为界，用剪定铗将较粗的枝条先修边剪除。

③ 再以修枝剪沿着窗缘为界，修边剪除突出枝叶。

④ 立面枝叶较突出生长部分，用修枝剪进行修剪。

⑤ 依墙边转角处的砖缘为界进行修剪。

⑥ 针对屋檐下缘较下垂的枝叶进行修剪。

⑦ 窗缘四周的枝叶可用剪定铗沿着窗缘修剪。

⑧ 墙面枝叶较突出生长的部分，以修枝剪修剪平顺。

⑨ 整体修剪作业完成后的情况。

04 锦屏藤

密集而交错的藤蔓枝条应适时疏删修剪

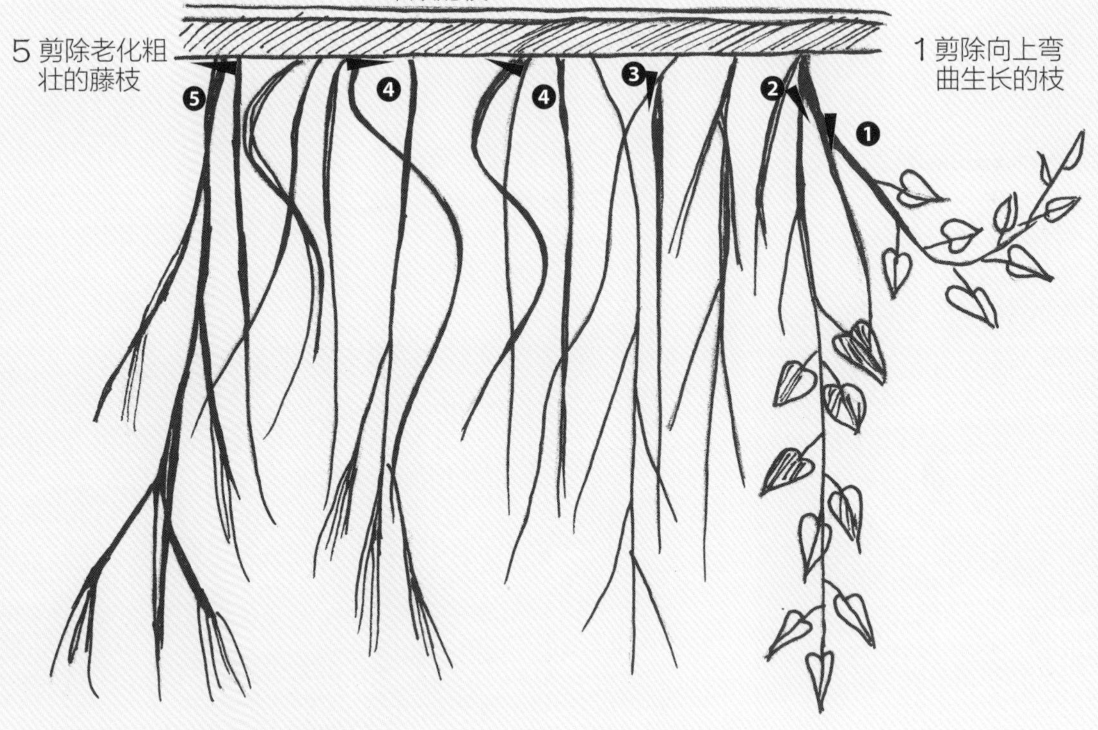

DATA 锦屏藤

科名 葡萄科

俗名 锦屏粉藤、珠帘

学名 *Cissus sicyoides* L.

属性 常绿蔓性草质藤本

原产分布 热带美洲

特点解说 茎具不分枝气根，带有金属光泽的紫红色，可长达3m；单叶，心状，卵形，深绿色，顶端渐尖，边缘有稀疏小锯齿；聚伞花序与叶对生，花小，4瓣，淡黄色；浆果近球形，青绿色，熟后变紫黑色。喜温暖湿润环境，耐荫，全日照下也能生长良好，是庭园棚廊常用植栽。

① 修剪作业前的状况：藤蔓枝序凌乱且错综复杂。

② 先清除堆积在棚架与蔓藤间的枯干老藤及枯叶。

③ 向下生长的枝条，可选择较老化枝条者先修剪。

④ 须短截或剪除继续向下伸长发育的下垂枝。

⑤ 过于密集而交错的藤蔓，应注意疏删修剪。

⑥ 网目中的枝叶以分布平均为主要考量。

⑦ 将藤蔓诱引至适当的棚架网目中，并以布绳绑扎固定。

⑧ 棚架上的锦屏藤有长气生须根，可以保留不要修剪。

⑨ 整体修剪作业完成。

05 多花紫藤

落叶后可将细小枝剪除 平时加强修剪徒长枝

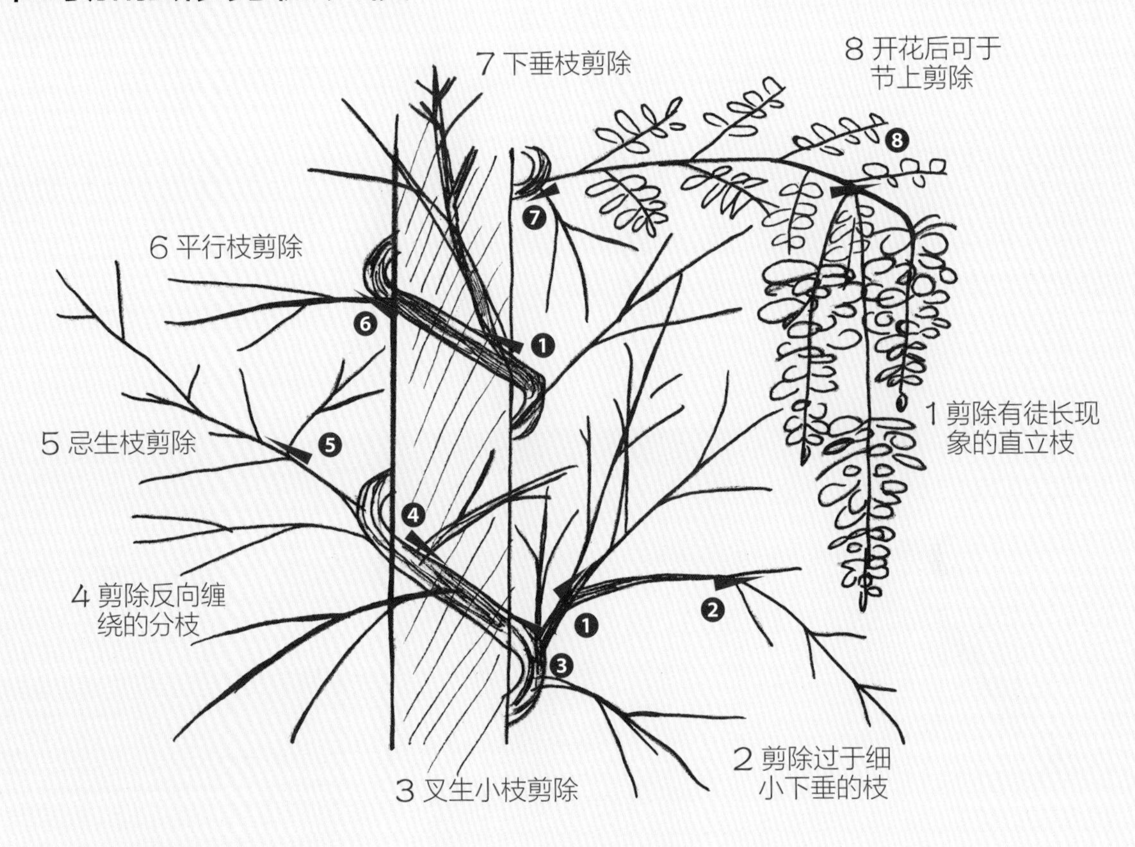

DATA 多花紫藤

科名 豆科
俗名 紫藤、富士藤、一岁藤
学名 *Wisteria floribunda*
属性 落叶藤本
原产分布 中国、日本
特点解说 花紫色成串，于春季3~4月间落叶期萌芽前盛开，花谢后则新芽展开成叶。喜温带型气候，开花可达近1m长；台湾北部栽植，花长亦可达20~30cm。

① 修剪前状况：分枝繁多紊乱，无攀爬棚架。

② 先搭设简易攀爬棚架。

③ 自主干基部进行修剪前的检视。

④ 先锯除枯干枝部位。

⑤ 干基部的徒长枝亦须锯除。

⑥ 锯除时可以平行枝序方向下刀作业较便利。

⑦ 阴生枝以剪定铗进行剪除。

⑧ 徒长枝亦须剪除。

⑨ 过于开张的老枝若遇有徒长枝时，应留存较靠近分生处的一枝即可。

⑩ 应剪除分枝角度较大的枝，仅留存角度较顺直、或较壮硕的分枝。

⑪ 更新复壮修剪时，可将老枝剪除而留存较新生的枝条替代。

⑫ 各主要分枝留存完成之后，再将主枝所分生角度较大的次主枝、分枝等剪除。

⑬ 原则上留存枝序方向较顺的、新生健壮的、延伸较长的枝条。

⑭ 整体理蔓原则为：主枝留3~5 枝、每分枝要顺而长。

⑮ 修剪完成后，可以棉麻布绳进行蔓藤诱引固定绑扎。

⑯ 多花紫藤的蔓藤生长具有左旋性，因此需将蔓藤顺着棚架左侧缠绕固定。

⑰ 整体蔓藤修剪及诱引固定作业完成后的情况。

⑱ 未来每个月应将延伸生长的蔓藤一一左旋诱引固定。

地被类修剪要领

本类植栽主要是以观赏为目的的各类草本或木本类植物，植株具有匍匐性或旁蘖性等，故能多方延长衍生其茎叶，且生长高度通常在 0.3m 以下。

修剪要领

1. 可适当贴平地面弱剪新生茎叶末梢。
2. 强剪仅留老茎后应配合培土及施肥。

性状分类	特性分类	常见植物举例
地被类	各种类型	蔓花生、南美蟛蜞菊、红毛苋、苋草类、蔓绿绒类、绿萝、马兰、蔓性野牡丹、遍地金、冷水花、紫锦草、鸭跖草、水竹草、留兰香、百里香类、裂叶美女樱、羽叶美女樱、倒地蜈蚣、马蹄金、钱币草、钝叶草、玉龙草

维护管理年历

1	2	3	4	5	6	7	8	9	10	11	12
		□	■	■	■	■	■	■	□		□▲●

1. 表示当月需要作业的项目，□弱剪、■强剪、△支架检查固定、▲基盘改善作业。
2. 表示“肥料”种类，●有机质肥、◎化学复合肥、○化学单效肥。

01 留兰香

萌芽期间可针对较散乱的匍匐茎予以剪除

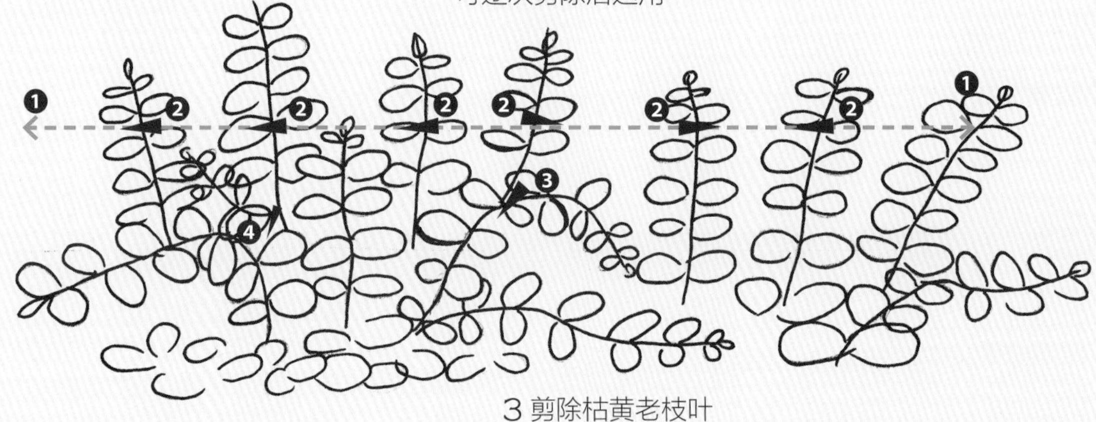

DATA 留兰香

科名 唇形科
俗名 十香菜
学名 *Mentha spicata* Linn.
属性 多年生草本
原产分布 园艺培育种
特点解说 株高约 10~20cm，茎具匍匐性。叶对生，上面绿色，皱波状，脉纹明显凹陷，下面淡绿色，脉纹明显隆起且带白色。清凉芳香，可作为香草用。萌芽力强，耐湿、抗高温，适合盆栽、吊盆及庭园绿美化。

1 修剪作业前的情况。

2 自地表面将新生匍匐茎剪除。

3 下垂的新生匍匐茎剪除后之情况。

4 根据较齐平的顶芽设定“修剪假想范围线”，借此判断整体须修剪的程度。

5 在“修剪假想范围线”上剪除各枝顶芽。

6 对生叶序者，须于节的上方剪定，距离同茎的粗细。

7 修剪下来的顶芽可作为香草应用或扦插繁殖。

8 整体修剪作业完成。

02 绿萝

平时遇有枯黄老叶、枯干茎叶或细长孱弱茎叶，皆须即时剪除

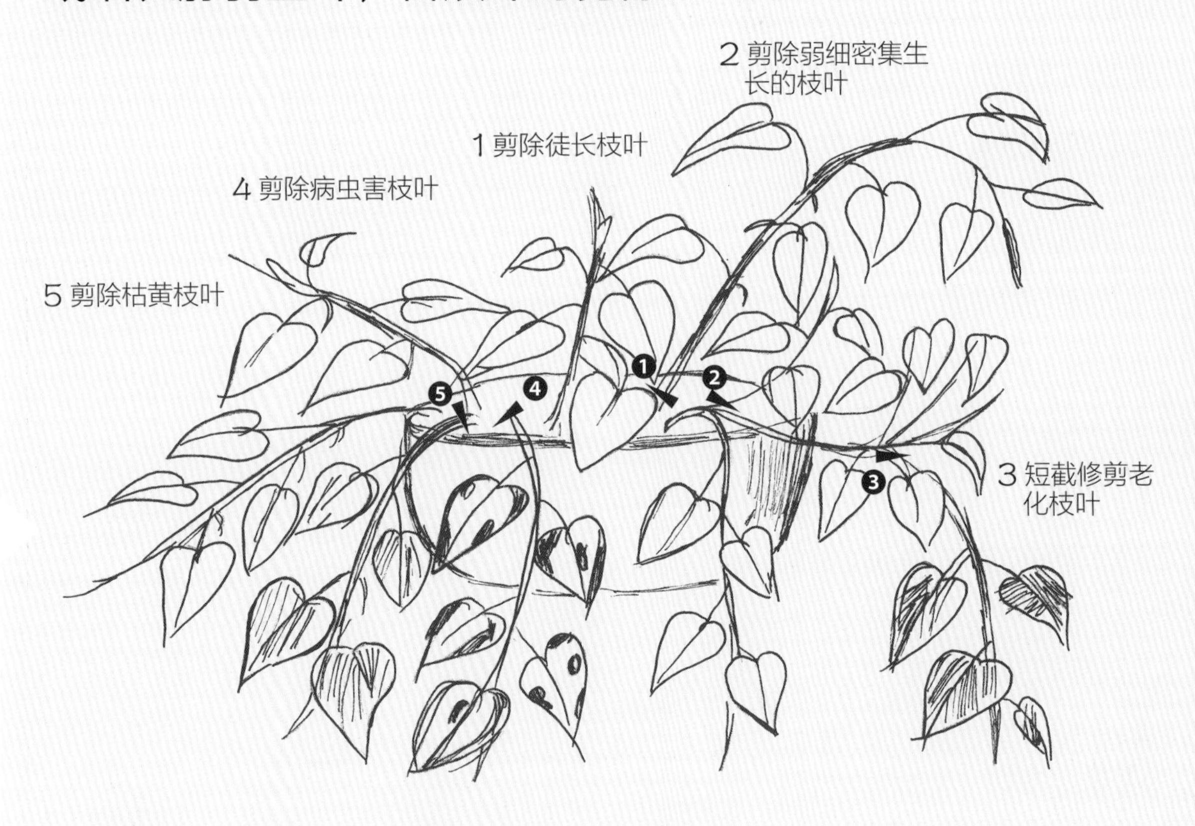

DATA 绿萝

科名 天南星科
俗名 黄金藤、万年青
学名 *Epipremnum aureum*
属性 多年生草本
原产分布 所罗门群岛
特点解说 汁液有毒，误食会造成嘴唇红肿、腹泻。茎叶可延伸20m以上。茎节处可长气根；叶呈心形，有些有不规则金黄或白色斑纹块。性喜高温多湿，耐阳亦耐阴，可攀生在树干、石壁或墙垣上，室内室外均适合栽培，极易以扦插繁殖，是台湾常用的室内外观叶植物。

1 修剪作业前的情况：蔓藤老化过长，叶黄而杂乱。

2 先摘除枯黄老叶。

3 遇有枯干茎叶亦须剪除。

4 叶黄而老化的茎，可以从新芽萌生处的节上剪除。

5 在“修剪假想范围线”上，将各枝的顶芽剪除。

6 生长较细长而孱弱的茎叶，须从盆缘的新叶节上剪除。

7 正常的健壮茎叶须自盆缘处寻找新叶的节，将节上剪除。

8 逐一顺着盆缘将老的茎叶从新叶的节上剪除，仅留下长度适当的茎叶不剪。

9 整体更新复壮修剪作业完成。

03 蔓花生

叶黄而老化浮起的粗壮老茎可自地面的节上剪除

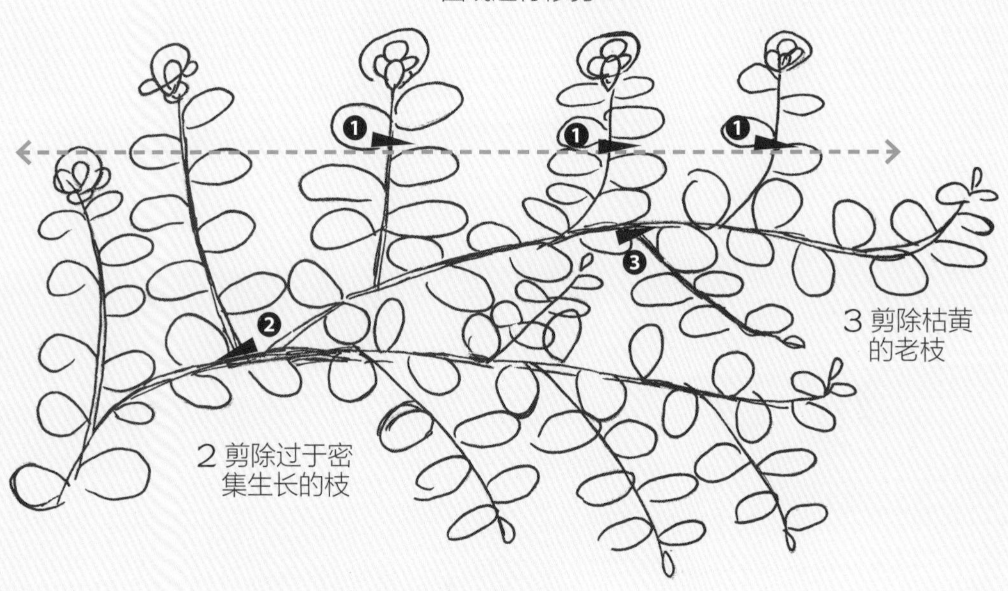

DATA 蔓花生

科名 蝶形花科

俗名 长啄花生

学名 *Arachis duranensis*

属性 宿根性草本

原产分布 亚洲热带及南美洲

特点解说 茎蔓生，匍匐生长。有明显主根，具须根，有根瘤。叶柄基部有潜伏芽，分枝多，可节节生根，铺地平坦，复叶互生，小叶两对倒卵形，全缘，晚间会闭合。黄色蝶形花，鲜艳而花多，美观。

① 修剪作业前的情况：蔓藤老化过于伸长，杂草与落叶显得杂乱。

② 捡拾落叶。

③ 拔除杂草。

④ 可以修枝剪沿着边缘修剪过于伸长的匍匐茎叶。

⑤ 叶黄而老化浮起于地面上的粗壮老茎，可自节上剪除。

⑥ 已断折的老化茎叶也可自节上剪除。

⑦ 生长较突出伸长的茎叶，可以自“修剪假想范围线”上的设定高度剪除。

⑧ 最后可以修枝剪将面上较突出的顶芽修剪平顺。

⑨ 整体修剪作业完成。

造型类修剪要领

主要是以乔木类及灌木类植栽为主，透过修剪的技艺使其呈现独特造型，借以增进观赏价值与美感。

修剪要领

1. 可设定“修剪假想范围线”以进行创意修剪。
2. 应依每次平均萌芽长度进行弱剪。
3. 遇有花后枝及徒长枝应立即剪除。
4. 方形或绿篱的边角宜修成倒圆角。

乔木的造型修剪重点：若是利用乔木类植栽作为造型的植栽材料时，仍然可以视作灌木类植栽进行修剪作业，并且可自行视植栽的外观条件，设定“修剪假想范围线”，施以创意“造型”的修剪，并且可遵从灌木类植栽修剪的要领来修剪。在平时维护管理进行修剪时，则应依各种植栽种类的每次平均萌芽长度作为判断基准，再进行其每次平均萌芽长度内的弱剪，或是比每次平均萌芽长度较多的强剪，因此每次平均萌芽长度的判定是决定修剪强弱程度的关键。

开花植物的造型修剪重点：若植栽是属于开花植物，则可等待其开花之后，再将其“花后枝”或“徒长枝”剪除，如此才可以避免养分的消耗。

方形造型的修剪重点：方形造型经常作为绿篱造型，因此其方形或绿篱造型的边角形状最好修剪成“倒圆角”为宜，因为倒圆角较直角的边缘能增加更多的日照量，对于植栽而言较为健康，也能促使植栽生长良好、甚至开花结果品质较佳。

参考强剪适期造型修剪：由于可以用来作为造型的植栽种类繁多，乔木类、灌木类、甚至蔓藤类皆有，因此其修剪时应配合各个品种的特性，适时进行造型修剪。在判断“强剪适期”时，大略可以依据下列原则：

落叶性各类植栽：宜选择在冬季落叶后至萌芽前的“休眠期间”进行修剪。

针叶常绿性植栽：宜选择冬季寒流后至早春低温时期的“休眠期间”进行。

阔叶常绿性植栽：应选择植栽末梢正在不断萌芽的“生长旺季”进行。

性状分类	特性分类	常见植物举例
造型类	各种类型	1.适合“层状”造型修剪：榕树、龙柏、五叶松、黑松、兰屿罗汉松、九重葛 2.适合“锥形”造型修剪：垂叶榕、龙柏、兰屿罗汉松、罗汉松、小叶厚壳树、胡椒木、黄叶金露花 3.适合“球形”造型修剪：中国香柏、龙柏、银木麻黄、矮仙丹、厚叶女贞、日本小叶女贞、银姬小腊、小叶厚壳树、胡椒木、黄叶金露花、月橘、杜鹃 4.适合“方形”绿篱修剪：黄金榕、黄叶金露花、日本小叶女贞、月橘、银木麻黄 5.适合“棒棒糖形”修剪：龙柏、蕾丝金露花、蒂牡花、醉娇花、矮马缨丹、垂叶榕

维护管理年历

1	2	3	4	5	6	7	8	9	10	11	12
□	□	■▲●	■	■	□▲●	□	□	□▲●	□	□	□▲●

1. 表示当月需要作业的项目，□弱剪、■强剪、△支架检查固定、▲基盘改善作业。
2. 表示“肥料”种类，●有机质肥、◎化学复合肥、○化学单效肥。

01 龙柏

一、层状

若顶端优势衰弱且各主枝间隙明显时即可判定修剪成“层状”

1 各分枝设“圆顶状”修剪假想范围线，各分枝层超过范围线的顶芽可剪除

2 干上分蘖枝芽可及早剪除

注：应注重各分枝圆顶造型之整齐性，分层应保持上方轻盈下方稳重之原则。

DATA 龙柏

科名 柏科

俗名 螺丝柏、绕龙柏、圆柏

学名 *Sabina chinensis* (L.) Ant. 'Kaizuca'

属性 常绿小乔木

原产分布 中国大陆

特点解说 1911 年起陆续自日本福冈、爱知一带引进至今，彰化县田尾乡打帘村培育后行销台湾地区，广为栽植。树姿呈圆柱状，小枝略带旋转性，色泽碧绿青翠，极为清秀。春季新生叶为青黄色，尤为灿烂。性喜冷凉的气候。为名贵的观赏树木。

本案例运用 补偿修剪 | 修饰修剪 | **疏删修剪** | **短截修剪** | 生理修剪 | **造型修剪** | 更新复壮修剪 | 结构性修剪

① 修剪作业前发现：顶端优势衰弱，各主枝间隙明显可见，预定修剪成“层状”。

② 自主干下方由下而上将各分生主枝的枝叶修剪成“圆顶状”。

③ 修剪弧度时，可将修枝剪反握修剪。

④ 修剪下刀应于叶片之间，切勿于枝条中央剪除而留有裸枝。

⑤ 只要枝条末梢有些许叶片时，该枝条便不会干枯到枝条分生处。

⑥ 逐一由下而上进行“层状”造型修剪。

⑦ 接着剪除主干上的分蘖枝、枯干枝、细小无用的枝。

⑧ 应注重“圆顶”修剪的平整性，末层顶梢要更加注意。

⑨ 整体造型修剪为“层状”作业完成。

二、圆球形

可将超过“修剪假想范围线”以外的枝叶剪除

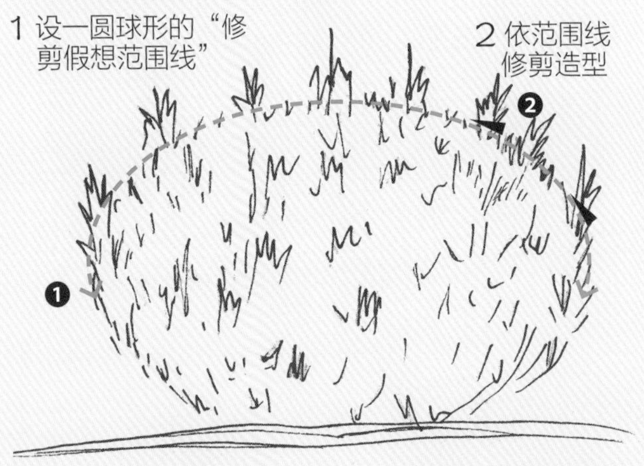

注：可以顺时针或逆时针方向由下而上环绕修剪。

本案例运用 补偿修剪 | 修饰修剪 | 疏删修剪 | **短截修剪** | 生理修剪 | **造型修剪** | 更新复壮修剪 | 结构性修剪

① 修剪作业前先判断其造型的“修剪假想范围线”。

② 用修枝剪剪除超过“修剪假想范围线”的枝叶。

③ 修剪时若遇有多株列植时，可先修剪一株决定树冠高度标准，再继续进行细部修剪。

④ 整体修剪作业完成后的情况。

02 垂叶榕

自行设定“修剪假想范围线”依序修剪造型

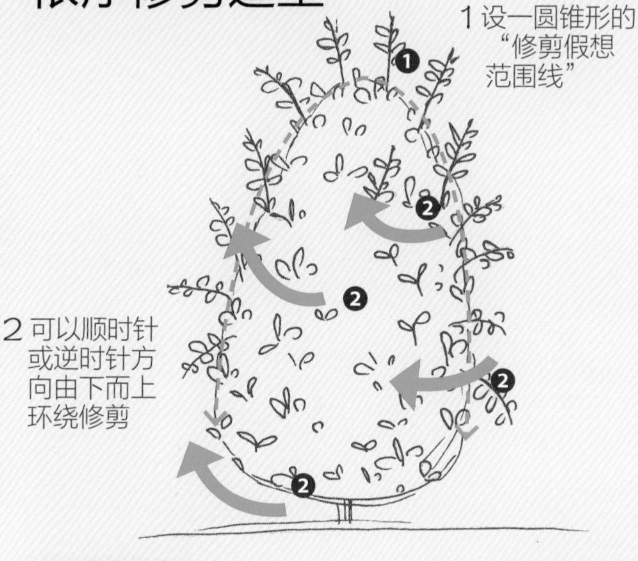

本案例运用 补偿修剪｜修饰修剪｜疏删修剪｜**短截修剪**｜生理修剪｜**造型修剪**｜更新复壮修剪｜结构性修剪

① 修剪作业前先判断其造型的“修剪假想范围线”。

② 树冠上有藤蔓纠缠生长，应清除。

③ 主干上的粗大不良枝的分蘖枝，可以锯除。

④ 以修枝剪由下而上顺时针方向绕行，将超过“修剪假想范围线”的枝叶剪除。

⑤ 整体修剪作业完成后的情况。

DATA 垂叶榕

科名 桑科
俗名 垂榕、孟占明榕
学名 *Ficus benjamina* L.
属性 常绿大乔木
原产分布 中国大陆、印度、马来西亚
特点解说 叶互生，革质，浓绿，富光泽，亮丽；自然分枝多，枝条下垂，柔软如柳，姿态柔美。耐荫性极强，栽培容易，适合用于庭园、行道树、室内盆栽或室内绿化。

草本花卉 观叶类 灌木类 乔木类 竹类 棕榈类 蔓藤类 地被类 造型类 其他类

03 黄金榕

萌芽性强极耐修剪
仍应避免于冬季进行强剪

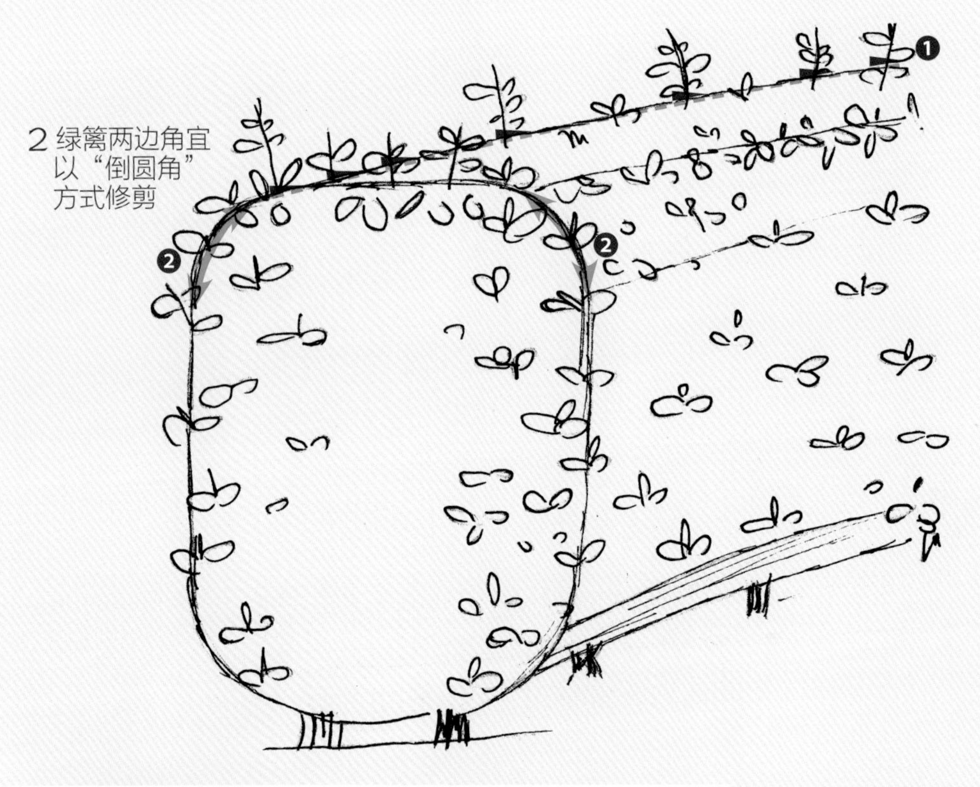

DATA 黄金榕

科名 桑科
俗名 黄心榕、黄叶榕
学名 *Ficus microcarpa* L. cv. Golden Leaves
属性 常绿灌木
原产分布 热带南亚洲栽培变种
特点解说 叶片金黄，喜高温多湿之气候，栽植处须日照充足、通风良好。具多萌芽性，耐修剪，极适合用于绿篱及造型观赏。

本案例运用 补偿修剪 | 修饰修剪 | 疏删修剪 | **短截修剪** | 生理修剪 | **造型修剪** | 更新复壮修剪 | 结构性修剪

① 修剪作业前，先判断其造型的“修剪假想范围线”。

② 以修枝剪由下而上，剪除超过“修剪假想范围线”的枝叶。

③ 边角位置宜以“倒圆角”方式修剪以增加日照量。

④ 较粗大枝条可换成剪定铗或切枝锯进行修剪。

⑤ 修剪上缘有弧度的位置时，可反握修枝剪修剪。

⑥ 上缘有弧度的位置修剪完成后的情况。

⑦ 整体修剪作业完成后的情况。

⑧ 三周后，生长茂密，叶色显著恢复成黄金色。

04 黄叶金露花

每月弱剪造型 可以修除每次平均萌芽长度

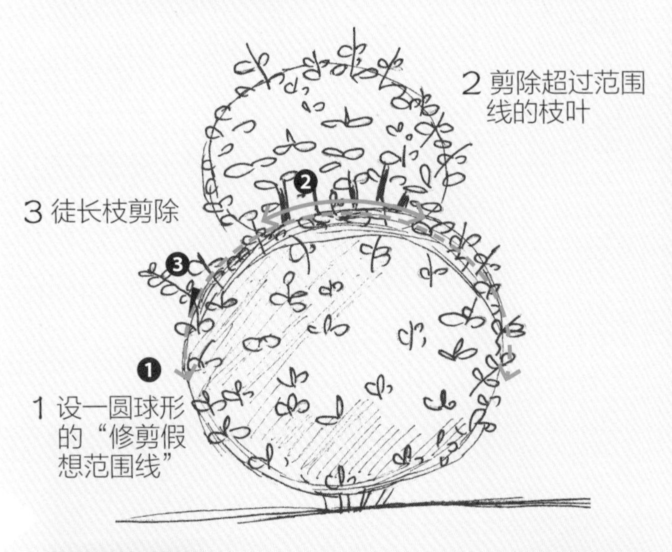

本案例运用 补偿修剪 | 修饰修剪 | 疏删修剪 | **短截修剪** | 生理修剪 | **造型修剪** | 更新复壮修剪 | 结构性修剪

① 先依生长状况判断其造型并设定“修剪假想范围线”。

② 较粗大枝条可用切枝锯锯除。

③ 粗大枝条亦可以剪定铗剪除。

④ 树冠上缘枝叶可以修枝剪进行修剪。

⑤ 圆球形造型修剪完成后的情况。待顶端萌芽后可再做进一步的细部修剪造型。

DATA 黄叶金露花

科名 马鞭草科
俗名 黄金露花
学名 *Duranta repens* L. cv. Variegata
属性 常绿灌木
原产分布 园艺栽培变种
特点解说 全株黄色，冬季出现黄褐斑，生性强健，适合花丛及矮垣栽植，为金露花之变种。

05 榔榆

善用十二不良枝判定修剪并将干上好发分蘖枝剪除

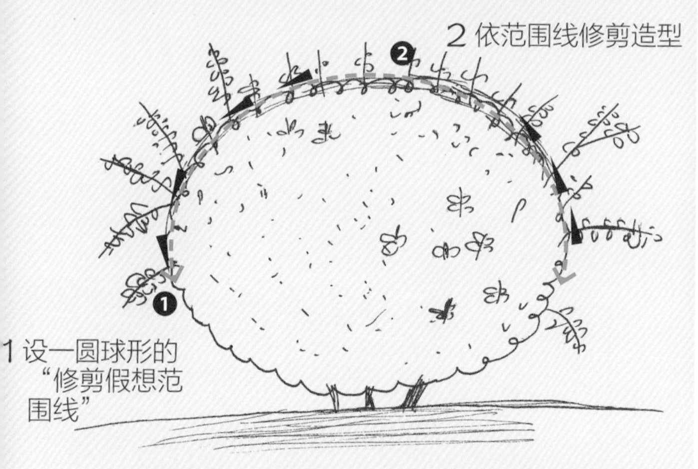

注：可以顺时针或逆时针方向由下而上环绕修剪。

本案例运用 补偿修剪 | 修饰修剪 | **疏删修剪** | **短截修剪** | 生理修剪 | **造型修剪** | 更新复壮修剪 | 结构性修剪

① 修剪作业前，先依目前状况判断“修剪假想范围线”的位置。

② 其地面处之分蘖枝生长较密集，可以剪定铗剪除。

③ 树冠内部枝条以十二不良枝的判定原则进行剪定。

④ 再依照修剪假想范围线以修枝剪进行造型修剪。

⑤ 整体修剪作业完成后的情况。

DATA 榔榆

科名 榆科
俗名 红鸡油、小叶榆
学名 *Ulmus parvifolia* Jacq.
属性 落叶大乔木
原产分布 中国大陆及台湾地区、日本、韩国
特点解说 干皮灰红褐色，干上有不规则云片状剥落痕；单叶互生，叶椭圆形，具圆锯齿缘。常用于庭园绿美化、行道树、盆栽。

06 凤凰竹

清明节前后一个月内可进行强剪造型

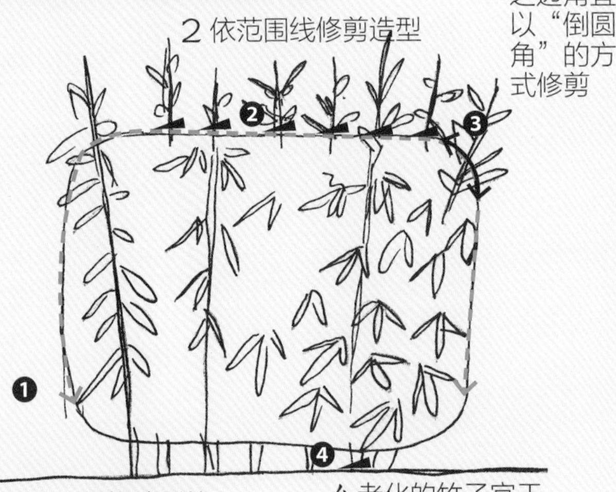

本案例运用 补偿修剪 | 修饰修剪 | 疏删修剪 | **短截修剪** | 生理修剪 | **造型修剪** | 更新复壮修剪 | 结构性修剪

① 修剪作业前：顶芽生长凌乱。

② 以修枝剪于“修剪假想范围线”上进行修剪。

③ 方块造型修剪完成后的情况。

DATA 凤凰竹

科名 禾本科
俗名 凤尾竹
学名 *Bambusa multiplex* (Lour.) Raeusch. ex Schult. 'Fernleaf' R. A. Young
属性 丛生型竹类
原产分布 东南亚
特点解说 高 1~2.5m，秆纤细、枝短缩、叶簇多，生长强健，萌生快速，为优良盆栽、绿篱、庭园观赏植物。

其他类修剪要领

定义

在此将植物性状或形态在表现上较难以归类者，归纳至本类。

修剪要领

1. 于新芽萌生时，再将老化茎叶剪除。
2. 适时将老叶及老株剪除以利更新。
3. 具树状外观者，可仿照乔木修剪。

性状分类	特性分类	常见植物举例
其他类	蕨 类	玉羊齿、波士顿肾蕨、山苏花、凤尾蕨、兔脚蕨、鹿角蕨、卷柏、长叶蕨、石苇类、笔筒树、台湾桫椤
	综合类	国兰类、洋兰类、苏铁类、龙舌兰类、王兰类、象脚王兰、万年麻、露兜树类、酒瓶兰、五彩凤梨
	多肉类	沙漠玫瑰、绿珊瑚、麒麟花、彩云阁、蜈蚣兰、螃蟹兰、石莲花、落地生根、树马齿苋、翡翠木

维护管理年历

	1	2	3	4	5	6	7	8	9	10	11	12
蕨 类			□	■▲●	■	■	■	■▲●	■	■	□	
综合类	□	□	■国兰 ●	□	■洋兰 ●	■●	■	■	■●	■	□	□
多肉类					■	■▲●	■	■	■▲●	■	□	

1. 表示当月需要作业的项目，□弱剪、■强剪、△支架检查固定、▲基盘改善作业。
2. 表示“肥料”种类，●有机质肥、◎化学复合肥、○化学单效肥。

01 山苏花

遇有枯黄或枯干的叶片即可以剪定铗自基部剪除

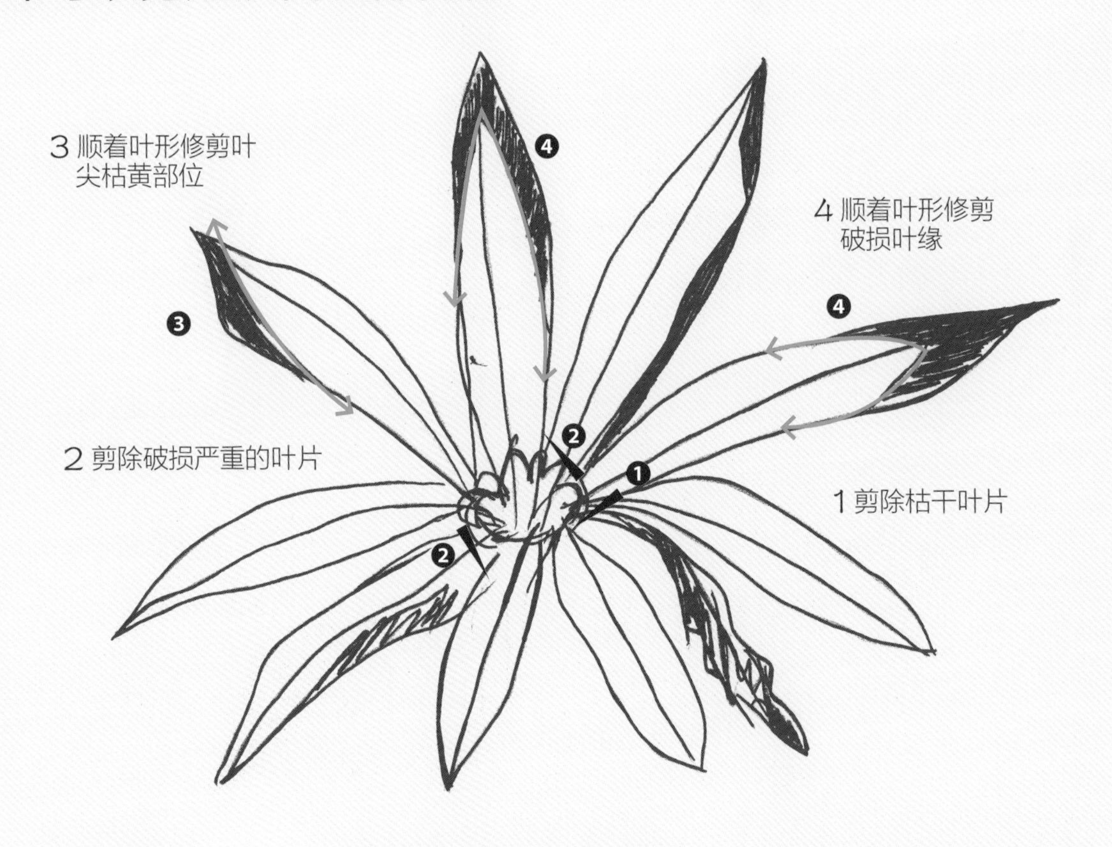

DATA 山苏花

科名 铁角蕨科
俗名 鸟巢蕨、芭蕉兰
学名 *Neottopteris nidus* (L.) J. Sm.
属性 常绿草本大型蕨类
原产分布 中国大陆南部及台湾地区、日本小笠原岛及冲绳
特点解说 根状茎短而直立，叶片丛生在根茎顶端，单叶簇生呈轴射状向四周散开近似鸟巢，叶背有孢子可用来播种繁殖，嫩芽可供煮食，脆嫩可口，是台湾山产店名菜。性喜高温多湿，耐荫，常用于室内观叶盆栽、景观绿美化。

① 修剪作业前的情况。

② 先以手摘除枯干老叶，并清除落叶枯枝等杂物。

③ 枯干老叶的叶柄可以剪定铗自基部剪除。

④ 老化黄叶须自叶鞘基部剪除。

⑤ 遇有破损严重的叶子，可以完全将其剪除。

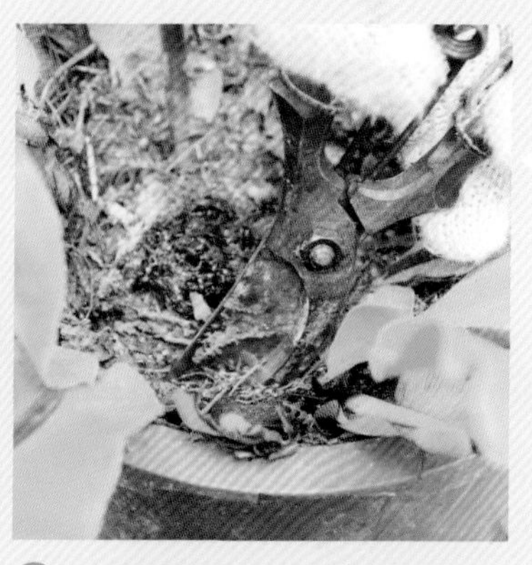

⑥ 摘叶修剪的原则皆自基部贴切剪除。

⑦ 接着应检视每一片叶部的形状是否良好，并顺着叶形进行修叶。

⑧ 修叶完成后的情况。

⑨ 整体修剪完成后的情况。

02 象脚王兰

下垂至叶鞘分生水平线以下的枯黄老叶皆需剪除

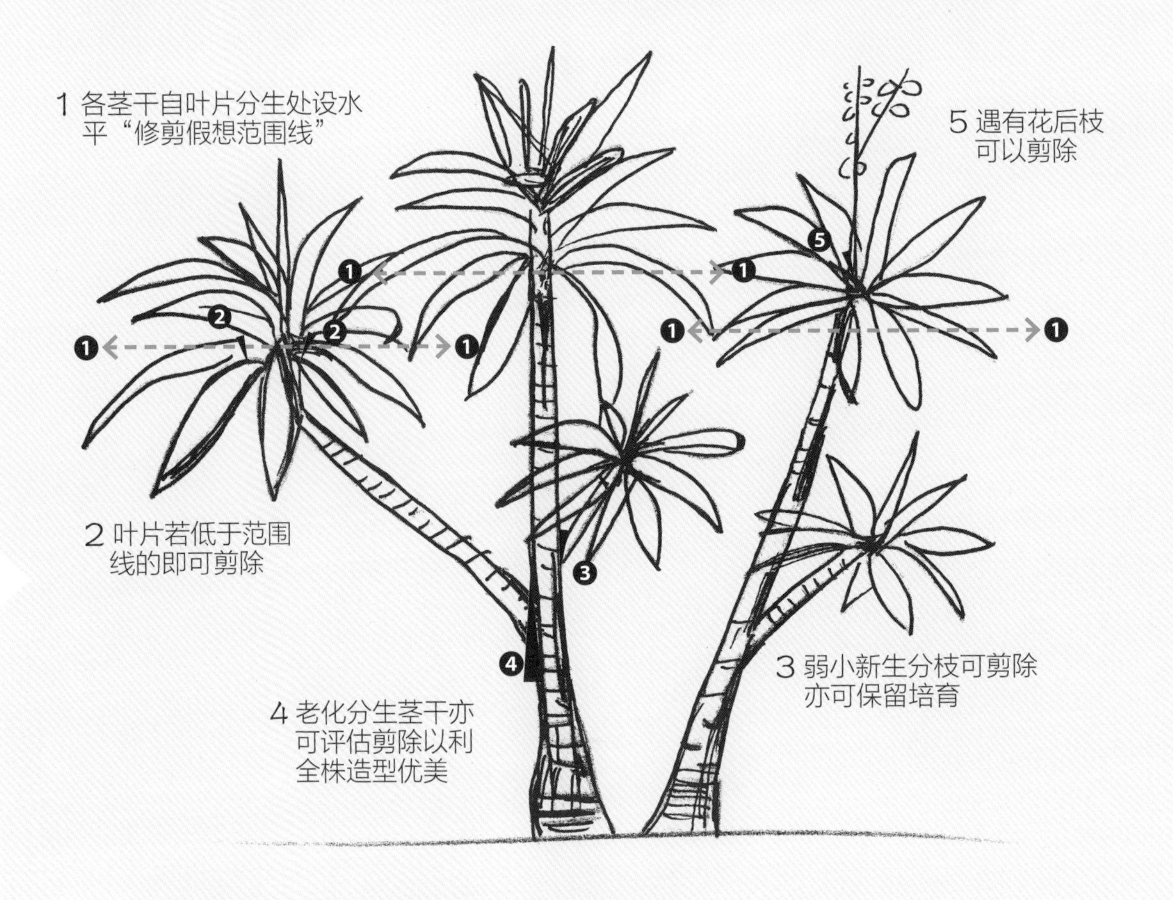

DATA 象脚王兰

科名 龙舌兰科
俗名 尤卡树、荷兰铁树
学名 *Yucca elephantipes* Regel
属性 常绿灌木
原产分布 北美洲温暖地区
特点解说 茎干粗壮，直立，褐色，有明显的叶痕，茎基部可膨大为近球状，似象脚，故名；叶螺旋密生茎顶，挺直向上斜展，窄披针形，顶端急尖，叶革质，坚韧，全缘，粉绿色，无柄；圆锥花序自叶丛抽出，花冠钟形，乳白色，蜡质，具芳香气味。性喜高温多湿半日照，常用于室内观叶盆栽、景观绿美化。

① 修剪前发现：叶片密生、枝叶下垂。

② 由下而上，先将枯干叶柄一一拔除。

③ 自叶片分生处设定一水平“修剪假想范围线”，剪除过于低垂的老叶。

④ 凡有叶片残缺不完整或枯黄、有病虫害的，可紧贴剪除叶鞘部位。

⑤ 分生不协调、过于紧密的茎干亦可锯除。

⑥ 遇有断折的叶片，须紧贴茎干部位以 45 度角向上斜切剪除。

⑦ 正确的叶片剪除后会略呈 V 字形状。

⑧ 修叶应顺其芽形自一侧修叶完成后，再修另一侧。

⑨ 整体修剪完成后的情况。

03 万年麻

残缺不完整、枯黄的叶片边缘或叶尖不平顺者可顺着叶片形状进行修叶

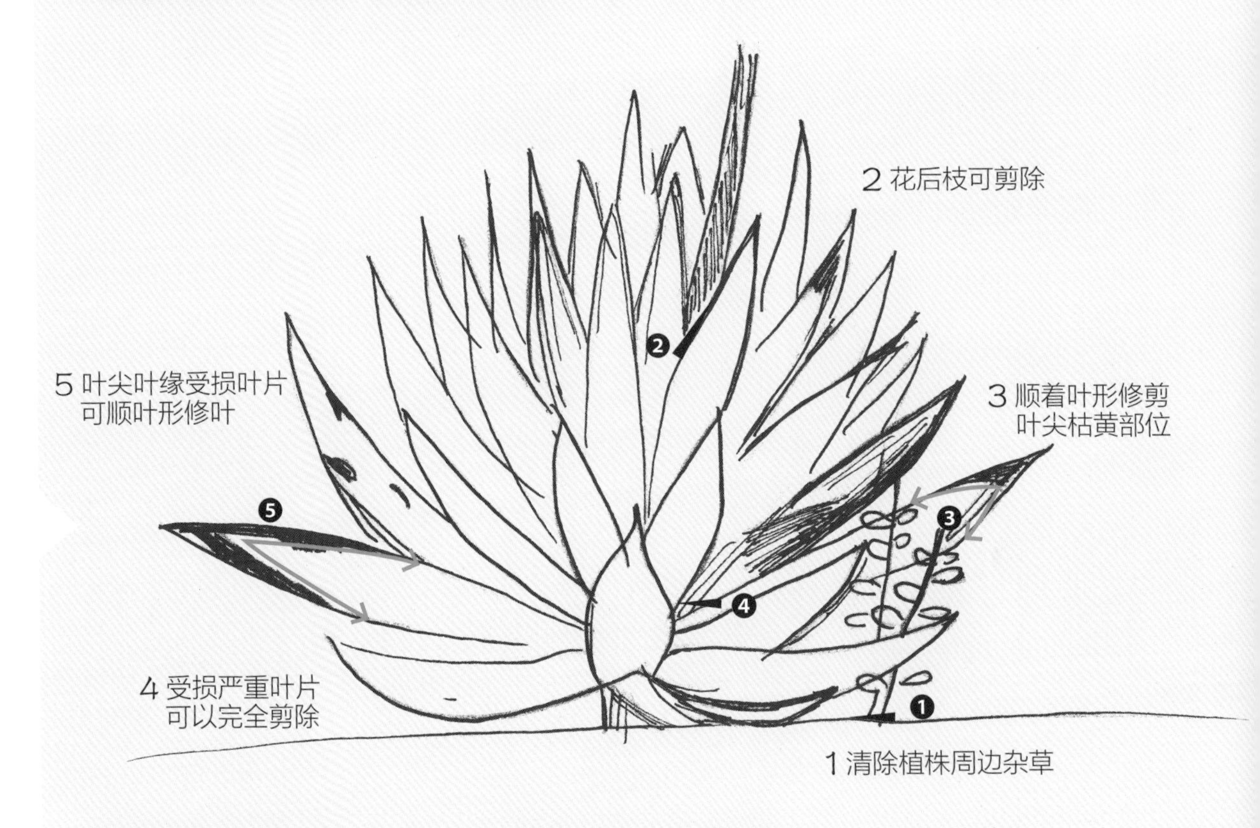

DATA 万年麻

科名 龙舌兰科
俗名 黄纹万年麻
学名 *Furcraea foetida* cv. Striata
属性 单子叶植物
原产分布 园艺栽培种
特点解说 茎不明显，叶剑形，呈放射状生长，叶波状弯曲。叶面有乳黄色和淡绿色纵纹，色泽美丽。性喜高温，耐旱力强，叶片终年不凋。全日照、半日照均可栽植。

① 修剪作业前的情况。

② 先将叶片下方杂草拔除，以利作业。

③ 以手拔除全株下部枯干老叶。

④ 以切枝锯将较大的枯黄老叶自叶鞘部位贴切去除。

⑤ 开花后的粗大花茎，可以修枝锯锯除。

⑥ 残缺不完整、枯黄的叶片边缘或叶尖可顺着叶片形状进行修叶。

⑦ 修叶完成后的情况。

⑧ 整体修剪完成后的情况。

04 玉羊齿

遇有枯黄、枯干、破损或老化的不良叶片须自叶鞘基部剪除

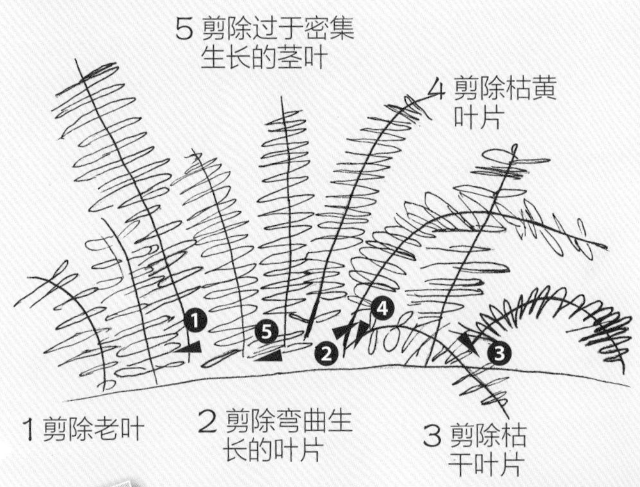

① 修剪作业前的状况：老叶枯干掉落，枯干叶柄显著。

② 以手摘除或用剪定铗剪除枯干老叶及叶柄，并清除其间的落叶杂物。

③ 老化或破损的不良叶片亦须自叶鞘基部剪除。

④ 末端破损的叶子亦可自正常部位的高度剪除。

⑤ 整体修剪完成后的情况。

DATA 玉羊齿

科名 筱蕨科
俗名 球蕨、肾蕨
学名 *Nephrolepis auriculata* (L.) Trimen
属性 多年生草本
原产分布 台湾中低海拔区域
特点解说 嫩叶及根下之球形储水器可供食用，且储水器具有止渴、解饥、利尿和除热之功效。

05 苏铁

每年顶端新芽发育至15~20cm 高时可将老叶全部剪除

① 修剪前发现：枝叶略下垂、叶柄多而未剪除。

② 叶簇间严重罹患介壳虫、白粉病等。

③ 先由下而上，将枯干叶柄耐心地一一贴切剪除。

④ 叶片末梢下垂若低于水平的“修剪假想范围线”时，须紧贴干部剪除叶片。

⑤ 整体修剪完成后的情况。

DATA 苏铁

科名 苏铁科
俗名 铁树、凤尾蕉
学名 *Cycas revoluta* Thunb.
属性 常绿灌木
原产分布 中国大陆、日本、印度尼西亚
特点解说 茎干粗壮直立，干坚硬如铁又喜铁质肥料故名。叶痕明显密生，体似棕榈，叶片开展下垂，羽状复叶，叶光滑，果实呈扁倒卵形。性喜温暖全日照，是庭园景观常用植栽。

06 石莲花

分生密集的短匐茎或旁蘖株可以进行分株繁殖或剪除

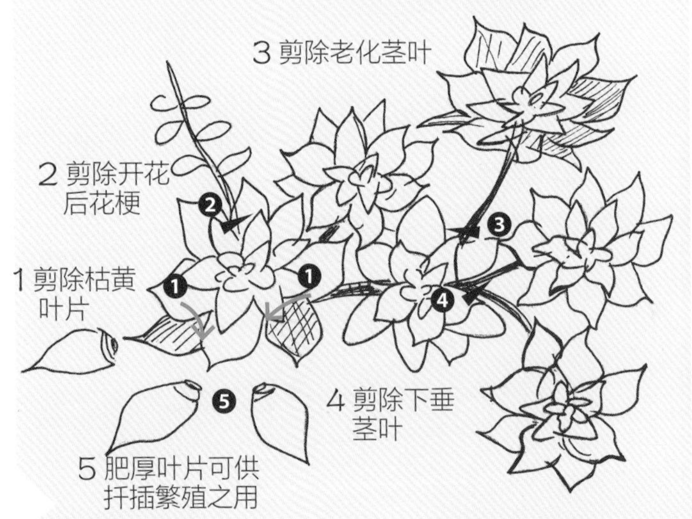

① 修剪作业前状况：可见老化、黄化的开花枝及枯干叶。

② 自基部先剪除开花后花梗。

③ 须剪除过于扩张密集生长的枝叶。

④ 整体修剪作业完成。

④ 三周后枝叶生长良好的情况。

DATA 石莲花

科名 景天科
俗名 风车草、观音莲
学名 *Graptopetalum paraguayense*
属性 多年生肉质草本
原产分布 墨西哥
特点解说 叶片肥厚可储存大量水分，叶似莲花状排列故名。性喜全日照、干燥环境，且生性强健栽培容易，常用于家庭园艺观赏栽培。

07 翡翠木

应避免树冠内部密集生长 可依照“十二不良枝判定法”修剪

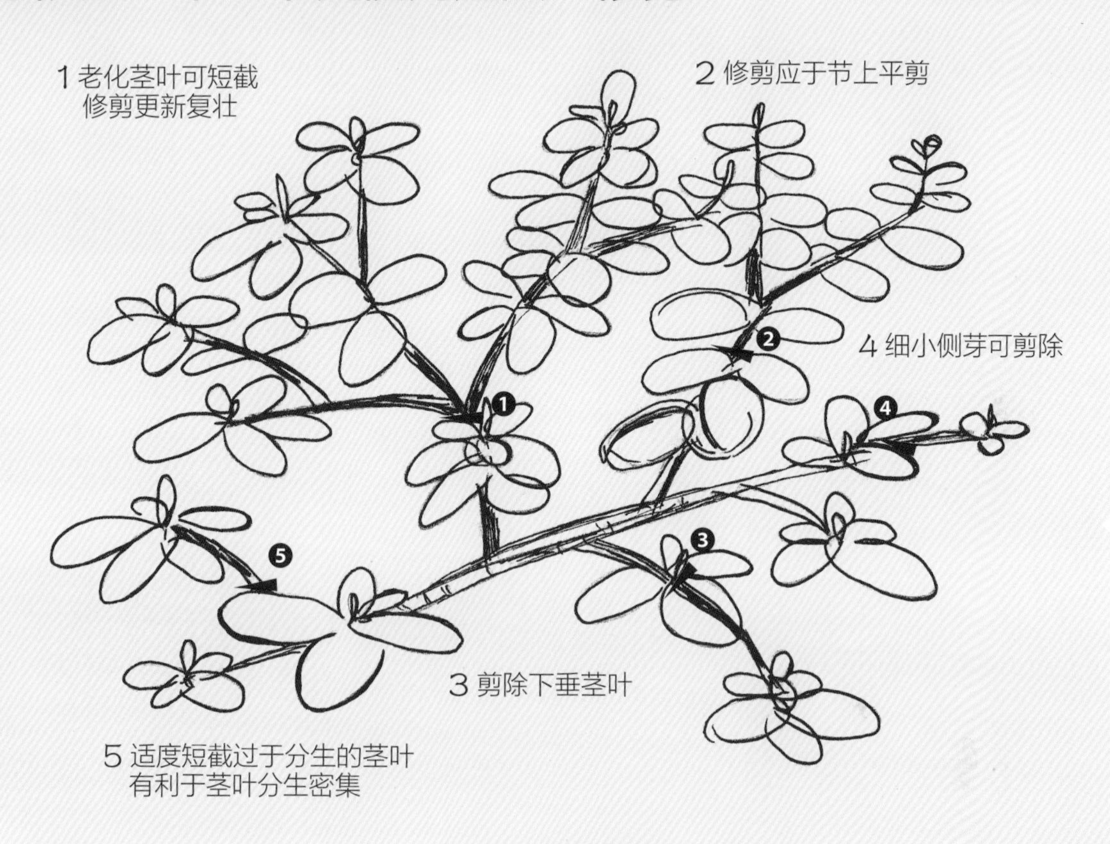

DATA 翡翠木

科名 景天科

俗名 翡翠树、金钱树

学名 *Crassula ovata*

属性 多年生肉质灌木

原产分布 南美洲、南非

特点解说 茎叶肥厚多肉，叶对生，倒卵形，簇生于枝端，叶缘偶有红色纹线出现，老茎呈木质化，竹节状节痕明显，全株叶片翠绿丰盈，明亮富光泽。性喜全日照、干燥、排水良好环境，栽培上应忌大量浇水。是常用贺礼盆栽，广受民众喜爱。

① 修剪作业前情况：枝叶过于密集生长。

② 自分枝处下方短截修剪。

③ 短截修剪后之伤口应低于树冠叶部才能维持美观。

④ 过于伸长之枝叶可于节上短截修剪。

⑤ 左侧树冠短截（降低高度）修剪完成后，右侧须继续短截修剪。

⑥ 整体修剪作业完成。

⑦ 三周后枝叶生长良好的情况。

⑧ 可以看到：原修剪伤口已愈合，新芽也萌出。

08 落地生根

平时仅须将老叶、黄叶及枯干叶适时摘除修剪

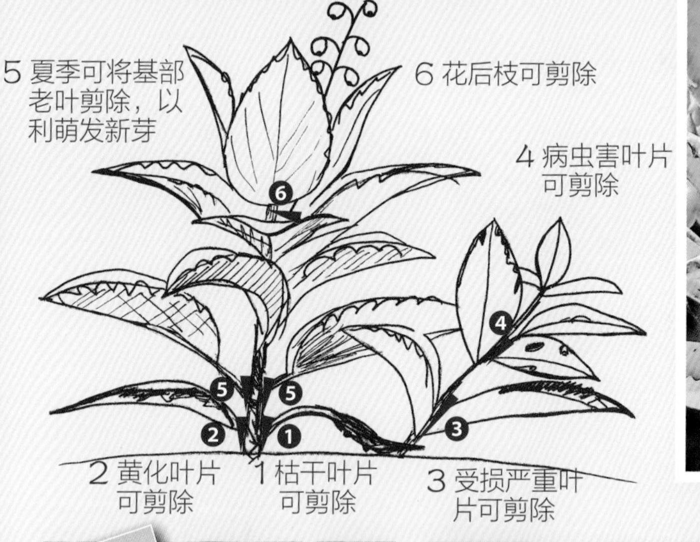

① 修剪作业前：老化、黄化及枯干叶较多。

② 自叶柄部位剪除老化、黄化及枯干叶。

③ 亦可以手摘除老化、黄化及枯干叶。

④ 整体修剪作业完成。

④ 三周后枝叶生长良好的情况。

DATA 落地生根

科名 景天科
俗名 灯笼花、吊钟花
学名 *Bryophyllum pinnatum* (L. f.) Oken
属性 多年生肉质草本
原产分布 热带非洲
特点解说 茎直立，空节明显，分枝不多，圆锥花序顶生，圆形纸质萼筒似灯笼，叶对生，上层复叶下层单叶，呈长椭圆形或卵形，可供叶插或叶落接触湿润表土即可生根发芽形成新株。

09 绿珊瑚

应在晴天时依照“十二不良枝判定法”修剪

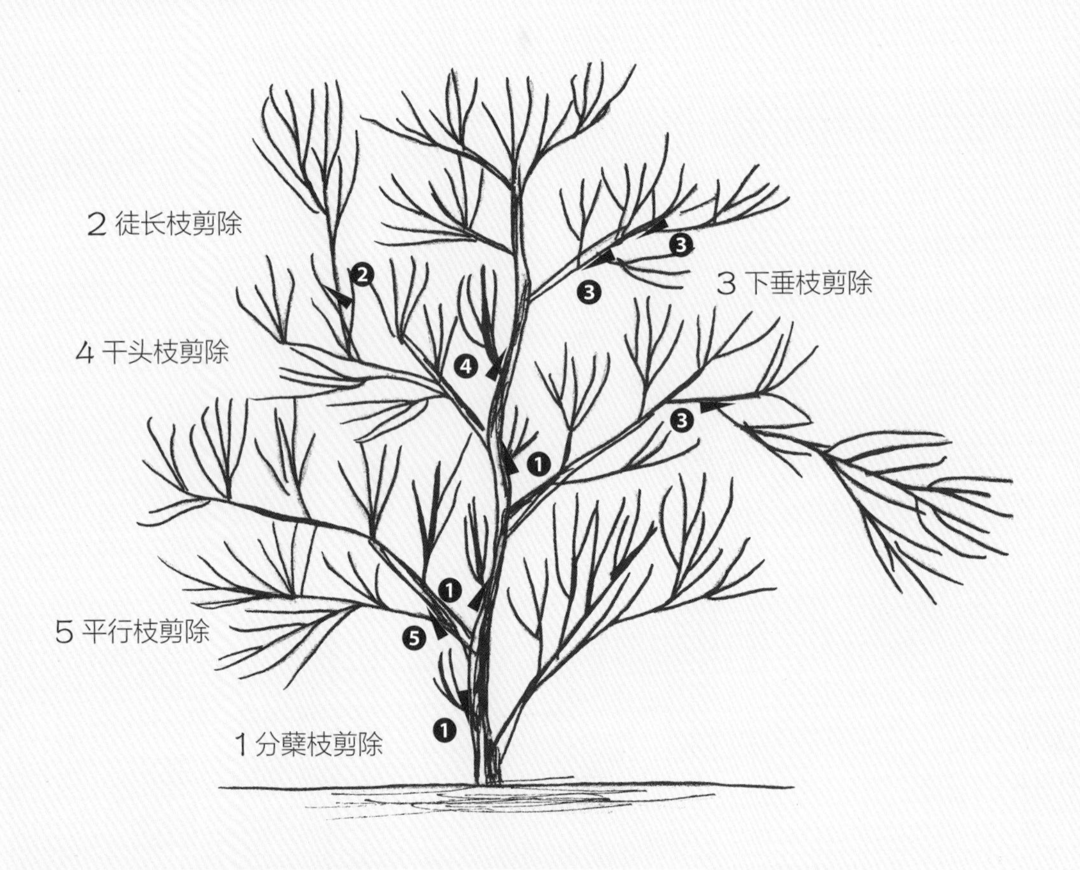

DATA 绿珊瑚

科名 大戟科
俗名 青珊瑚、绿玉树
学名 *Euphorbia tirucalli* L.
属性 常绿灌木
原产分布 马达加斯加群岛
特点解说 分枝多，绿色，粗圆而有节，但脆弱易断，叶多生于枝端，细小，线形，早落。花无花被，细小不显著，故主要是观赏其茎部枝干。全株多乳液，有剧毒，不可误食。性喜全日照至稍荫蔽、排水良好处，耐旱，耐盐，生性强健，贫瘠土壤也可生长良好。常用于盆栽、绿篱、庭园景观绿美化。

① 修剪作业前状况：树冠上部枝叶（实际上是绿珊瑚的变态叶柄）密集且偏左生长。

② 可视为“乔木”，以“十二不良枝判定法”先剪除主干上的干头枝。

③ 亦可剪除主干上新生的细长小枝。

④ 徒长枝可自分枝处锯除。

⑤ 各分枝上的徒长枝须剪除。

⑥ 可于分枝处下方短截修剪。

⑦ 树冠内部的忌生枝亦须剪除。

⑧ 各主干与主枝上的枯干干头枝必须贴切剪除。

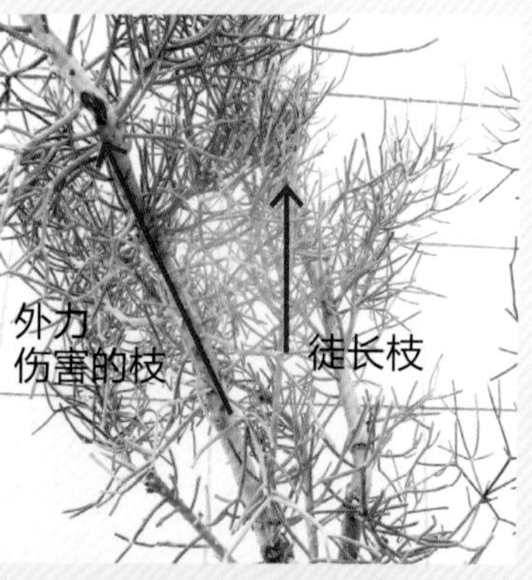

⑨ 逐步检视：仍有徒长枝及受到外力伤害的枝。

⑩ 再将徒长枝剪除。

⑪ 受到外力伤害的枝，可自其下方的枝上短截修剪。

⑫ 顶梢过于突出时，须于枝叶密集处的下方选择节的上方剪除。

⑬ 自转折处锯除过于弯曲不顺的枝干，让其平顺。

⑭ 锯除完成后的情况。

⑮ 可于该叶簇下方予以短截修剪，以维持整体末梢的疏密度一致。

⑯ 整体修剪作业完成。

注意：修剪时会流出许多乳汁，应慎防伤及眼睛及皮肤。

善用自然式修剪，
让花木更健康漂亮！

提升景观美质就从修剪开始！

《花木修剪基础全书（2016畅销增订版）》
中文简体字版©2019由河南科学技术出版社发行
本书经由北京玉流文化传播有限责任公司代理，台湾城邦文化事业股份有限公司麦浩斯出版事业部授权，同意经由河南科学技术出版社独家出版中文简体字版书。非经书面同意，不得以任何形式任意重制、转载。

豫著许可备字-2017-A-0070

图书在版编目（CIP）数据

花木修剪基础全书 / 李碧峰著. —郑州 : 河南科学技术出版社, 2019.7
ISBN 978-7-5349-9467-8

Ⅰ. ①花… Ⅱ. ①李… Ⅲ. ①花卉—修剪②观赏树木—修剪 Ⅳ. ①S680.5

中国版本图书馆CIP数据核字(2019)第116037号

出版发行：河南科学技术出版社
地址：郑州市郑东新区祥盛街27号
邮编：450016
电话：（0371）65737028
网址：www.hnstp.cn
责任编辑：冯 英
责任校对：李晓娅
责任印制：朱 飞
印 刷：河南瑞之光印刷股份有限公司
经 销：全国新华书店
开 本：787mm×1092mm 1/16
印 张：22
字 数：500千字
版 次：2019年7月第1版
2019年7月第1次印刷
定 价：128.00元

如发现印、装质量问题，影响阅读，请与出版社联系。